杜鹃兰生物学研究与应用

The Biological Studies and Applications of
Cremastra appendiculata (D. Don) Makino

张明生　著

科学出版社

北　京

内 容 简 介

基于国家二级重点保护野生植物杜鹃兰的重要价值及其资源保护与利用的重要性，作者课题组开展了系统研究工作，历经数十载，从基础研究到应用技术构建，基本弄清了该物种野生资源的濒危机制，并初步建立了其种质保育与资源可持续利用技术。本书不仅丰富了杜鹃兰资源研究的科学资料，同时也为研究拯救兰科濒危物种提供了科学借鉴。全书共分八章，从资源分布、基原鉴定、形态结构、生长发育、生殖特性与繁殖技术、生理生态适应性、药用价值、资源保护与利用等方面，全面阐述了课题组对杜鹃兰的系统研究成果。

本书作为兰科珍稀濒危药用植物专业领域系统研究的学术文献，可供植物学、中药资源学、植物生理学与分子生物学等专业有关高等院校和科研院所科技工作者参考，也适用于自然保护区、中药材生产行业等领域的技术和管理人员。

图书在版编目（CIP）数据

杜鹃兰生物学研究与应用/张明生著. —北京：科学出版社，2023.11
ISBN 978-7-03-077001-1

Ⅰ. ①杜… Ⅱ. ①张… Ⅲ. ①兰科–生物学–研究 Ⅳ. ①Q949.71

中国国家版本馆 CIP 数据核字（2023）第 220652 号

责任编辑：马 俊 韩学哲 孙 青 / 责任校对：郑金红
责任印制：肖 兴 / 封面设计：刘新新

科学出版社 出版
北京东黄城根北街 16 号
邮政编码：100717
http://www.sciencep.com

北京九州迅驰传媒文化有限公司印刷
科学出版社发行 各地新华书店经销
*

2023 年 11 月第 一 版 开本：787×1092 1/16
2024 年 11 月第二次印刷 印张：12 1/2
字数：296 000
定价：228.00 元
(如有印装质量问题，我社负责调换)

作 者 简 介

张明生，南京大学博士，贵州大学二级教授、学科学术带头人、博士生导师，美国农业部农业研究总署（USDA-ARS）访问学者，贵州省省管专家，贵州省"百"层次创新型人才，贵州省中药材现代产业技术体系首席科学家，贵州省特色资源植物抗逆种质选育科技创新人才团队领衔人，山地植物资源保护与种质创新教育部重点实验室副主任，贵州省植物生理与植物分子生物学学会副理事长，贵州省药学会中药民族药资源专业委员会副主任委员，中国农业生物技术学会常务理事，中国康复医学会中药学与康复专业委员会常务委员。

序

  药用植物资源是自然资源的重要组成部分，是国家战略性资源，是人类防治疾病、保证身体健康的前提，也是祖国传统医学宝库的物质基础。但随着人口剧增和人们崇尚自然、回归自然理念的日益提升，国内外市场对中药资源产品的需求量激增，开发利用资源与节约资源、保护资源之间的矛盾日益突出。长期以来，人们对药用植物资源保护的重要性认识不足，受"地大物博"传统观念的影响与经济利益的驱动，对天然资源疏于管理并对其进行过度开采利用，使得大量药用植物资源濒临枯竭。因此，对珍稀濒危药用植物资源进行科学保护与可持续利用的研究已迫在眉睫。

  杜鹃兰是具有重要药用价值的兰科珍稀濒危植物，因其对生长环境要求苛刻，且繁殖困难，加之人们的过度采挖，其野生资源面临巨大危机。鉴于此，该书作者率领课题组对杜鹃兰进行长期系统的深入研究，在弄清杜鹃兰的生物学特性、生理生态适应性、繁殖障碍原因等基础上，成功建立了杜鹃兰人工授粉结实技术、组培育苗技术、种子非共生和共生萌发技术，阐明了杜鹃兰种子及其促萌发真菌的共生互作机制，进而为该物种的种质保育与产业化开发奠定了良好基础，也为其他珍稀濒危兰科植物资源保护与永续利用提供了有效借鉴。

  该书研究工作系统全面，基础性、前沿性、科学性、实用性有机结合，结构精练，行文流畅，深入浅出，确系一部涉及药用植物资源学、植物生理学、植物发育生物学、生物化学与分子生物学、繁殖生物学、结构植物学、微生物学、植物生态学、生药学等多学科交融之丰硕成果。我有幸得以先期展读该书全稿，作为一个从事中药资源研究数十年的老兵来说，倍感亲切，无比欣慰，因此，乐于为之作序。

贵州中医药大学 教授

贵州省中医药研究院中药研究所 研究员

2022 年 10 月 15 日于贵阳

前　言

随着"回归自然""返璞归真"浪潮的掀起，加之人类疾病（如肿瘤、心脑血管疾病、慢性病、老年病、疑难杂症、现代文明病、精神和心理疾病等）病谱的嬗变、新药开发难度的增加、化学药物存在难以克服的毒副作用以及药源性疾病的不断增多，国际社会对传统医学有了新的认识。由于在生理调节、养生保健和抗老防衰方面，天然药物（包括中药）具有比较明显的特点和优势，作用温和、毒副作用小、适应多样的天然药物在维护健康与防治疾病（包括亚健康）方面的功效（临床疗效）逐渐得到认可，天然药物的开发与应用便成为世界各国医药产业发展的主流方向之一，这为中药产业的国际化提供了良好机遇。

中医药是中华民族灿烂文化和现代文明的重要组成部分，数千年来，以其独特的理论体系和浩瀚的文献资料，为中华民族的繁衍昌盛作出了巨大贡献。药用植物种质资源是中药材的基原，是中药生产的源头，是中药产业和中医药事业发展的基础。由于广泛利用的很大一部分中药材至今仍然来自野生环境，加之长期以来人们对生药资源的合理开发利用认识不足，以及生态破坏和环境污染，致使不少药用植物资源急剧减少，甚至濒临灭绝。因此，药用植物资源的永续利用面临巨大危机，亟待加强中药材的规模化人工种植。人工种植一方面能满足人类对中药材资源开发利用的需要，另一方面可缓解中药材野生资源的生存压力，是实现药用植物资源可持续利用的有效途径。

杜鹃兰为兰科重要珍稀濒危药用植物，其假鳞茎是重要、紧缺中药材。因其无性繁殖系数低、有性生殖障碍、对生境要求苛刻，加之人类过度采挖，致使其野生资源濒临枯竭，市场供需矛盾突出，及时开展其人工种植以满足药材市场需求的工作十分迫切。然而，物种的生物学特性、生理生态适应性、种子种苗繁育、药材产量与药效成分形成等基本信息均需要前期开展大量研究，才能为人工种植有效技术的构建提供科学依据。为此，本课题组于 30 年前便组织开展杜鹃兰的系统研究，本书即是对该珍稀濒危物种几十年研究工作的概括总结。

本书以杜鹃兰的繁殖生物学为主线，围绕其营养繁殖系数低、有性生殖障碍、共生真菌如何促进种胚发育等基本科学问题，重点阐述了杜鹃兰种子共生萌发机制以及人工繁育与资源保护（利用）等研究结果。全书由 8 章组成，从野外生境考察、种质保存、形态结构、生物学特性、生理生态适应性、生长发育、假鳞茎繁殖、离体繁殖、人工授粉结实、种子共生与非共生萌发、设施种植、药用成分、资源保护与可持续利用等方面系统介绍了课题组对杜鹃兰的研究成果。这项历经数十年的研究工作，不仅为杜鹃兰这一珍稀物种的种质保育与产业化开发奠定了良好基础，同时也为研究解决其他珍稀兰科植物资源保护与可持续利用问题提供了科学借鉴。

本书力求结构精练、全面系统、深入浅出、图文并茂、简明扼要，其特色在于注重基础性、瞄准前沿性、强调科学性、突出实用性。通过深化理论研究、强化技术应用以满足科技工作者以及产业开发单位和行业管理部门的实际需要。

除作者本人外，对本研究工作作出重要贡献的课题组成员有：吕享、高燕燕、彭斯文、田海露、吴彦秋、叶睿华、张丽霞、高晓峰、王汪中、刘思佳、彭思静、田莉、张玉琏、吉军、肖鑫。书稿编写过程中参阅了大量文献，谨向所引用文献的原作者致以诚挚的谢意。贵州中医药大学的何顺志教授为本书进行终审并作序；本研究工作得到国家自然科学基金项目"真菌白假鬼伞促进杜鹃兰种子萌发的途径及其机理（32270311）""杜鹃兰的生理生态适应性与人工种植适宜条件研究（30940011）""杜鹃兰新生假鳞茎抑制机理及其丛生芽诱导途径研究（81360613）""杜鹃兰种子萌发的限制因子及其作用机理研究（81660627）"以及贵州省科技计划重大专项课题"石漠化防治生物医药产业扶贫技术与示范（黔科合平台人才[2017]5411-06）"、贵州省中药材现代产业技术体系建设项目（GZCYTX-02）、贵州省山地农业关键核心技术攻关项目（GZNYGJHX-2023011）、贵州省科技创新人才团队建设专项资金项目（黔科合平台人才[2016]5624）、贵州省高层次创新型人才培养计划项目（黔科合人才[2015]4031号）、贵州省优秀青年科技人才培养计划项目（黔科通[2007]82号）和贵州省优秀科技教育人才省长专项资金项目（黔省专合字[2005]350号）的资助；研究工作的主要合作单位有黔南州中药材产业技术研究中心、贵州培力农本方中药有限公司、贵州绿石屹农业发展有限公司、大方县鑫源科技种植养殖农民专业合作社联合社等。对于以上支持和帮助，在此一并表示衷心感谢！

由于部分研究工作还在继续进行，加之作者水平有限，书中不足之处在所难免，诚恳希望广大读者提出宝贵意见，以便进一步修订完善。

2023 年 10 月于贵阳

目　　录

第一章　杜鹃兰本草考证与生药学鉴别

本草（materia medica）是中药（traditional Chinese medicine）的统称，是中草药（Chinese medicinal herb）的另一种说法，具有一定的药理作用，对人类具有调理和治疗作用。有大量关于中草药的著作以本草命名，如《神农本草经》《本草纲目》《本草图经》《本草拾遗》《大观本草》《海药本草》《本草衍义》《本草经集注》《新修本草》《滇南本草》《本草品汇》《精要本草》《本草乘雅》《本草乘雅半偈》《本草征要》《本草经解》《本草从新》《易读本草》《证类本草》《本草分经》《食鉴本草》《食疗本草》《汤液本草》《本草撮要》《得配本草》《本草害利》《本草简要方》《本草思辨录》《神农本草经赞》《新编本草备要》《本草纲目别名录》等。本草考证（research on materia medica）是用考古方法，对中药名称、产地、真伪、性味功用等方面的考查验证。本草考证之所以称之为考证，不是简单地堆砌资料，而是要在长期生产实践中发现问题，从古代本草资料中缕清其发展脉络，寻求其历史原因，根据事实的考核和例证的归纳，进而提出去伪存真的合理见解，提供可信的材料，作出正确的结论。

生药（crude drug）是来源于天然、未经加工或只经过简单加工的植物、动物和矿物类药材（medicinal meterial），具有"生货原药"之意。由于市场上药材的质量鱼龙混杂、真伪难辨，常常出现以次充好、以假乱真的现象，因此对中药材（Chinese medicinal material）进行生药学（pharmacognosy）鉴别很有必要。生药学鉴别（pharmacognostical identification）是根据中药材的形、色、气味、大小、质地、断面等特征以及简单理化反应，对其作出符合客观实际的结论，以区分中药材真、伪、优、劣的一种方法。

第一节　杜鹃兰本草考证

杜鹃兰为兰科 Orchidaceae 杜鹃兰属 *Cremastra* Lindl.的一种多年生草本植物（perennial herb），别名泥宾子（四川）、三道箍、三道圈、朝天一柱香（贵州），是中药名"山慈菇"的一种基原植物（original plant），以假鳞茎（pseudobulb）入药，为常用中药材。据《中华人民共和国药典》（2020 年版，一部）（国家药典委员会，2020）记载：山慈菇为兰科 Orchidaceae 植物杜鹃兰 *Cremastra appendiculata*（D. Don）Makino、独蒜兰 *Pleione bulbocodioides*（Franch.）Rolfe 或云南独蒜兰 *Pleione yunnanensis* Rolfe 的干燥假鳞茎（图 1-1），前者习称"毛慈菇"，后两者习称"冰球子"（本草上未见收载。其假鳞茎之性状类似杜鹃兰，但不及杜鹃兰饱满，顶端明显突起，有的呈长颈瓶状，即上部尖下部呈盘状，膨大部无突起环节；味淡、微苦而稍黏为其主要区别；组织构造及内含物与杜鹃兰相似，只是淀粉粒及针晶束均较小）。

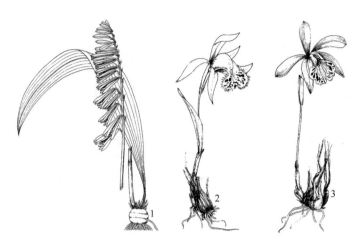

图 1-1   山慈菇的三种原植物
1. 杜鹃兰（匡柏生绘）；2. 独蒜兰（李爱莉绘）；3. 云南独蒜兰（李爱莉绘）。

以上 3 种植物检索表如下：

1. 假鳞茎聚生，彼此有一根状茎相连，叶脱落后顶端无残留的环状齿环。叶 1（2）枚，大，长达 45 cm，宽 4～8 cm。花葶侧生于假鳞茎顶端；花序总状，具多朵偏向一侧的花；花被片呈筒状，仅顶端略张开；唇瓣狭窄，近匙形，基部浅囊状，前部 3 裂，中裂片基部具 1 附属物（分布于贵州、四川、云南、浙江、江西、湖北、湖南、广东、陕西、西藏、台湾等省区）·········杜鹃兰 Cremastra appendiculata
1. 假鳞茎非聚生，叶脱落后顶端残留齿环。叶小，1 枚，宽 1.5～3.5 cm；花葶顶生；花仅 1～2 朵；花被片张开；唇瓣近宽倒卵形，前部不明显 3 裂，中裂片基部无附属物。
2. 花、叶（常幼叶）同时出现；花苞片明显长于花梗和子房（分布于安徽、浙江、湖南、湖北、广西、四川、贵州、云南、西藏等省区）·········独蒜兰 Pleione bulbocodioides
2. 花先生于叶，花苞片明显短于花梗和子房（分布于四川、贵州、云南、西藏等省区）
·········云南独蒜兰 Pleione yunnanensis

　　自古以来山慈菇的应用品种比较混乱，古今医书记载不一，属典型的多品种中药材（吕侠卿，1995）。现在专家学者的意见也不同。据综合考证和现在的研究证实，大多数学者认为杜鹃兰应是山慈菇正品之一。山慈菇之名始见于唐代《本草拾遗》（陈藏器，2002），曰："山慈菇，有小毒，生山中湿地，惟处州遂昌县所产者良，叶似车前，根如慈菇"。这种描述较为简单，准确考证是哪种植物还有一定难度，但根据叶片、根部、生境、产地等特征，可以推断陈藏器记载的山慈菇可能是兰科或百合科植物。据谢宗万（2004）考证，山慈菇应是兰科杜鹃兰 C. appendiculata 的假鳞茎。宋朝的《大观本草》（唐慎微，2002）在山慈菇条目下记载："春生苗，叶似车前，根似慈菇；零陵间又有团慈菇，根似小蒜，所主与此略同"。《大观本草》收载了两种植物，其中一种与《本草拾遗》描述的是同一种山慈菇（即杜鹃兰）。《本草从新》记载，山慈菇"有毛壳包裹者真，故今人俱称为毛菇"（吴仪洛，1990）。有人认为《本草从新》是以老鸦瓣为山慈菇正品，古人指的毛菇是在其外部有毛壳包裹，而不是鳞茎有须根（李琴华，2002）。在历代本草中，将百合科植物老鸦瓣作为山慈菇正品记载和应用的较多，从各种考证可以看出，老鸦瓣应作为山慈菇的正品之一收载。也有人建议以《本草拾遗》记载的兰科杜鹃兰假鳞茎为山慈菇正品（吴顺俭，2001）。

　　与杜鹃兰同科植物山兰 Oreorchis patens（Lindl.）Lindl 和独叶山兰 O. foliosa（Lindl.）

Lindl 的假鳞茎以及百合科老鸦瓣 *Tulipa edulis*（Miq.）Baker 和丽江山慈菇 *Iphigenia indica* Kunth et Benth 的球茎、防己科金果榄 *Tinospora capillipes* Gagnep.和青牛胆 *T. sagittata*（Oliv.）Gagnep.的块根、天南星科犁头尖 *Typhonium divaricatum*（L.）Decne 的块茎、马兜铃科大块瓦 *Asarum geophilum* Hemsl.和大叶细辛 *A. maximum* Hemsl.的根及根茎等均在不同地区作山慈菇入药。《中医大辞典》（李经纬等，1998）与《中华人民共和国药典》的观点相似，即山慈菇是杜鹃兰和独蒜兰的假鳞茎。《本草拾遗》记载的山慈菇可能是杜鹃兰，而《本草纲目》（李时珍，1959）记载的山慈菇除杜鹃兰以外，还可能包括老鸦瓣。《全国中草药汇编》（谢宗万，1996）与《中华本草》（胡熙明，1999）均认为杜鹃兰是山慈菇的基原植物之一。

第二节　杜鹃兰生药学鉴别

近年来的研究发现，山慈菇的药用功能越来越多，而基原植物杜鹃兰等野生资源却越来越缺乏，药材市场价格逐年上升，导致一些不法分子用伪品掺杂，使得市场上的山慈菇极为混乱。鉴于这种情况，一些学者提供了许多从生药学上加以鉴别的意见，如梁颖（2009）从药材的形态、性状和显微结构区分了山慈菇几种基原植物与白及的鉴别；郭立恒和周欢萍（1999）、潘恒勤（2000）、陈志英等（2001）、周李刚（2001）、王珏等（2002）、曾志坚等（2005）、干国平等（2005）、刘苗等（2009）也分别从不同方面介绍了鉴别山慈菇的优劣真伪及其与易混淆品种的区别；尹其昌和吴志利（2009）对山慈菇饮片质量标准进行了研究，为中药材山慈菇标准的建立提供了一些理论依据。

一、杜鹃兰药材外形特征

杜鹃兰药材来源于杜鹃兰的假鳞茎，俗称"毛慈菇"或"山慈菇"。一年生假鳞茎鲜重 0.2～0.8 g，平均重 0.39 g；二年生鲜重为 0.9～3.0 g，平均重 2.5 g；三年生以上鲜重 4.0～7.0 g，平均重 4.4 g。假鳞茎呈不规则扁球形或圆锥形，长 1.8～3 cm，膨大部直径 1～2 cm；表面黄棕色或棕褐色，有纵皱纹或纵沟；中部有 2～3 条微突起的环节，俗称"腰带"，节上有鳞片叶干枯腐烂后留下的丝状纤维；顶端渐突起，有叶柄痕（圆形蒂迹），其旁或有花葶痕；基部呈脐状，凹陷处有须根痕。

一般于夏季或秋季挖取杜鹃兰假鳞茎，一年生、二年生小球可作为种球，二年生、三年生以上大球可收获入药，除去茎叶、须根，洗净，清水浸泡 2～4 h，取出润透，切片，晒干；或洗净后置沸水锅上蒸至透心，取出摊开晒干或烘干，即为商品药材（图 1-2）。药材质坚硬，难折断，断面灰白色或黄白色，略呈角质；气微，味淡，嚼之具黏性。以个大、饱满、断面黄白色、质坚实者为佳。

二、杜鹃兰药材显微鉴别

杜鹃兰药材（毛慈菇）生品横切面（直径 1.5～2 cm。图 1-3）最外层为一层扁平的表皮细胞，其内有 2～3 列厚壁细胞，浅黄色，再向内为大的类圆形薄壁细胞，含黏液质，并含有淀粉粒。从药材粉末可见（图 1-4），淀粉粒单粒，圆球形、半圆球形或略呈

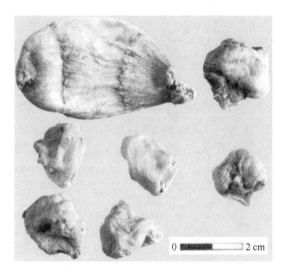

图 1-2　杜鹃兰药材表面及断面观

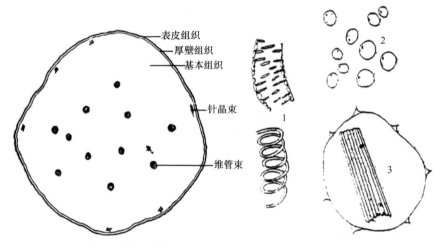

图 1-3　毛慈菇药材横切面简图（×16）　图 1-4　毛慈菇药材粉末图（×240）

1. 导管；2. 淀粉粒；3. 草酸钙针晶。

长圆形，偶有 2～3 复粒的，直径 12～72 μm，脐点点状及裂缝状，位于淀粉粒中央，层纹不明显。近表皮处的薄壁细胞中较多含有草酸钙针晶束，针晶长 70～150 μm。维管束散在，外韧型，导管螺纹及网纹，壁微木质化。后生表皮细胞呈块片状，表面观呈多角形，壁略增厚，黄棕色，有稀疏的细小壁孔。

第二章 杜鹃兰化学成分与药用价值

一种药用植物（medicinal plant）含有多种化学成分（chemical composition），但并非所有成分都能起到防病治病的作用。因此，通常将药用植物所含的化学成分分为活性成分（active composition）和无效成分（invalid composition）两类。所谓活性成分是指具有生物活性（bioactivity），能用分子式和结构式表示并具有一定的物理常数（如熔点、沸点、溶解度、旋光度等）的单体化合物（monomer compound），如秋水仙碱、麻黄碱、小檗碱、槲皮素等。如果尚未提纯成单体而只是某一种结构类型的混合物者，一般称为有效部分，如钩藤生物碱、麻黄生物碱、人参皂苷、芸香油等。对药用植物化学成分的认识不能被目前的研究水平所局限，随着药理实验和临床应用的不断进展，将会发现更多的有效成分。无论有效成分还是无效成分，都应进行研究，某些无效成分亦可有药用意义。例如，一些有机酸生物活性尚不明了，但因其能与本来不溶于水的有效成分生物碱结合，生成可溶于水的生物碱盐，就可使生物碱在液体制剂，如汤剂、口服液中充分溶解从而使其药效得以发挥。

药用植物化学成分的划分有多种方式。按有无活性划分，则有效成分和无效成分两大类。从合成途径划分，可分为初生代谢产物和次生代谢产物，初生代谢产物如糖类、蛋白质、脂类等，这类物质几乎每种植物均含有，是维持植物体正常生存的基本物质；次生代谢产物如生物碱、黄酮、皂苷等，这些物质不是每种植物都有，是植物体通过各自特殊代谢途径产生、反映科（属、种）的特征性物质，有效成分多为次生代谢产物。以物质基本类型划分，可分为无机物和有机物两大类。依理化性质划分，有酸碱性（酸性、碱性、中性）、极性（极性、中等极性、非极性）。从有机化学角度划分，分为组成元素/骨架母核（生物碱、苷、蒽醌、甾、萜等）。由生物活性、理化性质等混合划分，有黄酮类、强心苷、皂苷、生物碱、挥发油等。以上对药用植物成分的划分方式，可用于不同目的，了解它们有助于理解药用植物化学成分在各个方面的应用。

第一节 杜鹃兰的化学成分

成分分析结果表明，杜鹃兰假鳞茎（药用部位）含黏液、葡萄糖配甘露聚糖（gluco-mannan，葡萄糖∶甘露糖 =1∶2）、甘露醇、葡萄糖，以及秋水仙碱（colchicine）、异秋水仙碱（isocolchicine）、β-光秋水仙碱（β-lumicolchicine）、角秋水仙碱（cornigerine）和 N-甲酰-N-去乙酰秋水仙碱（N-formyl-N-de-acetylcolchicine）等多种生物碱。薛震等（2005）对黔东南的杜鹃兰假鳞茎化学成分进行了初步研究，从其乙醇提取物的石油醚、乙酸乙酯萃取部分中分离得到 6 个化合物，鉴定其结构分别为异赫尔西酚（isohircinol，Ⅰ）、4-甲氧基菲-2,7-二醇（flavanthrinin，Ⅱ）、对羟基苯乙醇（p-hydroxyphenylethyl alcohol，Ⅲ）、3,4-二羟基苯乙醇（3,4-dihydroxyphenylethyl alcohol，Ⅳ）、胡萝卜苷

（daucosterol，V）和β-谷甾醇（β-sitosterol，VI），化合物II～VI为首次从该植物中分离得到，化合物I为首次从天然资源中分离得到。夏文斌等（2005）从杜鹃兰乙醇提取物的乙酸乙酯萃取部分中分离得到 8 个化合物，鉴定为 cirrhopetalanthrin（I）、7-羟基-4-甲氧基菲-2-O-β-D-葡萄糖（7-hydroxyl-4-methoxy-phenanthrene-2-O-β-D-glucoside，II）、4-(2-羟乙基)-2-甲氧基苯-1-O-β-D-吡喃葡萄糖[4-(2-hydroxyethyl)-2-methoxyphenyl-1-O-β-D-glucopyranoside，III]、对羟基苯乙醇-8-O-β-D-吡喃葡萄糖（tyrosol-8-O-β-D-glucopyranoside，IV）、vanilloloside（V）、对羟基苯甲醛（p-hydroxybenzaldehyde，VI）、蔗糖（sucrose，VII）、腺苷（adenosine，VIII），化合物II～VIII为首次从杜鹃兰中分离得到。张金超等（2007a）对杜鹃兰的干燥假鳞茎进行了初步化学分离，从乙醇提取物的乙酸乙酯萃取部分分离得到 4 个化合物，分别为 5-羟甲基糠醛（5-hydroxymethylfurfural，I）、3′,5′,3″-三羟基联苄（3′,5′,3″-trihydroxybibenzyl，II）、3,3′-二羟基-2-（p-羟苄基）-5-甲氧基联苄[3,3′-dihydroxy-2-(p-hydroxybenzyl)-5-methoxybibenzyl，III]、3′,5-二羟基-2-(p-羟苄基)-3-甲氧基联苄[3′,5-dihydroxy-2-(p-hydroxybenzyl)-3-methoxybibenzyl，IV]，4 个化合物均为首次从该种植物中分离得到。为寻找与其功能主治相对应的有效成分，张金超等（2007b）再次对杜鹃兰的干燥假鳞茎进行化学分离，从乙醇提取物的石油醚、乙酸乙酯萃取部分分离得到 8 个化合物，分别为 β-谷甾醇（β-sitosterol，I）、大黄素甲醚（physcion，II）、2,7-二羟基-4-甲氧基-9,10-二氢菲（2,7-dihydroxy-4-methoxy-9,10-dihydrophenanthrene，III）、3′,3″-二羟基-5′-甲氧基联苄（3′,3″-dihydroxy-5′-methoxybibenzyl，IV）、3,4-二羟基苯酸（3,4-dihydroxybenzoic acid，V）、4-羟基苯甲酸（4-hydroxybenzoic acid，VI）、3,5-二甲氧基-4-羟基苯甲醛（3,5-dimethyoxy-4-hydroxybenzaldehyde，VII）、7-羟基-2-甲氧基-1,4-菲醌（densiflorol B，VIII），化合物II～VIII为首次从该种植物中分离得到。

一项日本专利报道了 2 个名为杜鹃兰素（cremastosine）I 和 II 的化合物，此外还有一个名为 cremastrine 的生物碱从该植物中得到，实验证实其有很好的活性（Ikeda et al.，2005）。尽管在专利中提供了上述物质的波谱学数据，但是未见相关结构。

作者对杜鹃兰假鳞茎（药材）、杜鹃兰内生真菌及其代谢物的主要成分进行了研究（张明生，2006；Zhang et al.，2006；Zhang and Yang，2008），其结果见表 2-1、表 2-2、图 2-1 和图 2-2。

表 2-1　杜鹃兰内生真菌提取物和真菌发酵液的主要成分

主要成分	内生真菌提取物/（g·100⁻¹g⁻¹ 干样）		内生真菌发酵液/（mg·100⁻¹mL⁻¹）	
	柱孢霉属	简梗孢霉属	柱孢霉属	简梗孢霉属
甘氨酸	0.136	0.263	0.061	0.247
丙氨酸	0.120	0.322	0.101	0.086
谷氨酸	0.889	0.972	0.135	0.481
甲硫氨酸	0.144	0.482	0.054	0.098
亮氨酸	0.283	0.125	0.153	0.084
丝氨酸	0.061	0.139	0.037	0.112
赖氨酸	0.087	0.179	—	—
苏氨酸	0.435	0.256	0.124	0.096

续表

主要成分	内生真菌提取物/（g·100⁻¹g⁻¹ 干样）		内生真菌发酵液/（mg·100⁻¹mL⁻¹）	
	柱孢霉属	简梗孢霉属	柱孢霉属	简梗孢霉属
色氨酸	0.161	0.317	0.019	—
缬氨酸	0.407	0.783	0.119	0.365
脯氨酸	0.290	0.346	0.082	0.103
酪氨酸	0.685	0.232	0.127	0.068
精氨酸	0.042	0.084	—	—
天冬氨酸	1.131	0.753	0.532	0.363
异亮氨酸	0.164	0.284	0.175	0.138
苯丙氨酸	0.453	0.726	0.166	0.375
还原糖	25.375	17.954	29.348	23.845
低聚糖	9.428	13.497	12.463	17.386
多糖	46.392	39.463	11.352	8.937
麦角甾醇	0.063	1.247	0.028	0.527
赤霉素	4.592×10^{-5}	2.331×10^{-5}	5.467×10^{-6}	8.937×10^{-6}
吲哚乙酸	2.903×10^{-6}	1.327×10^{-6}	6.395×10^{-7}	9.521×10^{-7}
玉米素	8.135×10^{-7}	1.314×10^{-6}	1.623×10^{-6}	1.065×10^{-6}
玉米素核苷	1.026×10^{-6}	7.639×10^{-7}	7.334×10^{-7}	2.953×10^{-7}
脱落酸	8.984×10^{-7}	1.483×10^{-6}	—	—

表 2-2 杜鹃兰三年生假鳞茎部分化学成分

氨基酸/（g·100⁻¹g⁻¹ 干样）		无机离子/（g·100⁻¹g⁻¹ 干样）		糖类、生物碱及内源激素/（g·100⁻¹g⁻¹ 干样）	
甘氨酸	0.417	Ca^{2+}	0.815	还原糖	11.234
丙氨酸	0.628	Co^{2+}	6.793×10^{-4}	低聚糖	23.391
谷氨酸	1.121	Cu^{2+}	1.036×10^{-3}	多糖	34.342
甲硫氨酸	0.364	Fe^{2+}	0.214	秋水仙碱	0.258
亮氨酸	0.345	K^+	1.312	赤霉素	5.562×10^{-6}
丝氨酸	0.237	Mg^{2+}	0.386	吲哚乙酸	8.841×10^{-7}
赖氨酸	0.576	Mn^{2+}	0.025	玉米素	2.504×10^{-7}
苏氨酸	0.315	Mo^{6+}	1.134×10^{-3}	玉米素核苷	1.386×10^{-7}
色氨酸	0.682	PO_4^{3-}	0.693	脱落酸	3.853×10^{-5}
缬氨酸	0.456	SeO_4^{2-}	1.263×10^{-4}		
脯氨酸	0.329	SO_4^{2-}	0.257		
组氨酸	0.203	Zn^{2+}	8.942×10^{-3}		
精氨酸	0.214				
天冬氨酸	0.863				
异亮氨酸	0.378				
苯丙氨酸	0.619				

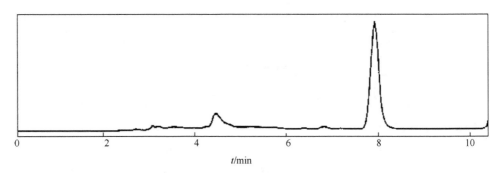

图 2-1　秋水仙碱标准样的高效液相色谱图

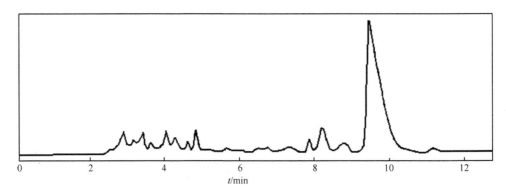

图 2-2　杜鹃兰假鳞茎有机溶剂萃取产物的高效液相色谱图

　　从表 2-1 可以看出，杜鹃兰内生真菌除含有大量的糖类（还原糖、低聚糖和多糖）外，氨基酸和内源植物激素也较全面而丰富，还含有麦角甾醇等抗菌物质。通过比较内生真菌提取物和真菌发酵液的成分，不难发现，除少数物质（如赖氨酸、精氨酸、脱落酸等）在真菌发酵液中几乎不能检出外，绝大多数成分相同。也就是说，内生真菌菌丝体产生的物质多数可以分泌到胞外，不过，胞外的量大多数少于胞内的量（发酵液中还原糖和低聚糖的含量较高，可能包含了菌丝培养基中的可溶性糖）。在自然条件下只有当菌丝体被植物组织消化后内生真菌所含物质才能释放出来，供植物组织利用，避免在体外被破坏，这也许更符合自然界中生物的生长规律和节约原则。

　　由表 2-2 可知，杜鹃兰假鳞茎含有丰富的糖类，全面的氨基酸、矿质元素及内源植物激素，秋水仙碱的含量也较高（图 2-1、图 2-2）。现代医学已证实微量元素和氨基酸是人体必需的物质，它们对人体的健康和生长发育起着重要作用，且人体中的氨基酸和微量元素水平与疾病的发生、发展有密切关系（赖应辉和吴锦忠，1997），铁、碘、钼、锰、锌、钴、硒、铜、铬、镁等必需微量元素在衰老、早衰及抗早衰等方面起着重要作用（Brossi，1990）。许多中草药中的多糖、生物碱具有提高机体免疫力和抗癌作用（Brossi，1990；张集慧等，1999）。另外，通过比较表 2-1 和表 2-2 可以看出，杜鹃兰假鳞茎与其内生真菌含有大多数同类物质，这说明宿主植物与内生真菌之间可能通过物质或信息的传递，使之具有相同或类似的代谢途径而导致相互间特定物质的产生。

第二节 杜鹃兰生物碱组织化学定位

植物组织化学定位方法能够直观、快速地反映药用植物的药效成分在其各器官中的分布情况。但该方法也存在一定缺陷，它只能定性地反映其药效成分的积累并粗略估计其含量，而且用单一的化学试剂有时会产生假阳性，因此，做组织化学定位时往往要用多种试剂相互验证。秋水仙碱等生物碱（alkaloid）是杜鹃兰药材的主要药效成分，研究它们在植株中的定位可为调控药效成分朝着药用部位定向转运提供理论依据。

根据生物碱与碘化铋钾和浓硝酸产生颜色反应的原理，课题组对杜鹃兰植株的根、假鳞茎、叶片及叶柄分别做徒手切片，并将其用改良的碘化铋钾（Dragendorff 试剂，由 0.85 g 次硝酸铋溶于 10 mL 冰乙酸和 40 mL 蒸馏水后，再与 20 mL 40%的碘化钾混合而成）处理 5 min 后，置于显微镜下观察并拍照（彭斯文等，2009）。为避免假阳性现象的出现，以浓硝酸处理的徒手切片进行验证。

一、杜鹃兰根中生物碱分布

先将杜鹃兰的根用浓硝酸进行处理，然后以中柱鞘为界，中柱鞘内侧有明显的棕红色反应，而中柱鞘外侧却无此现象（图 2-3-1）；碘化铋钾处理结果显示，在根的中柱鞘内侧有明显的血红色沉淀，其颜色较深，而中柱鞘外侧沉淀不明显（图 2-3-2、图 2-3-3）。浓硝酸处理与碘化铋钾处理的结果基本一致，说明杜鹃兰根部的生物碱集中分布在中柱鞘以内。

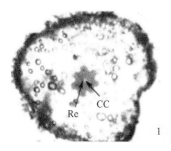 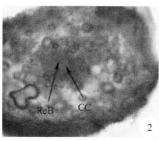 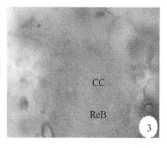

图 2-3 杜鹃兰根横切

1. 浓硝酸处理的根横切（×40）；2. 碘化铋钾处理的根横切（×40）；3. 碘化铋钾处理的根横切（×100）。
CC. 中柱；Re. 浓硝酸处理呈棕红色反应部位；ReB. 碘化铋钾处理呈血红色沉淀部位，示生物碱分布。

二、杜鹃兰假鳞茎中生物碱分布

杜鹃兰的假鳞茎经浓硝酸处理后，其皮层和维管束有明显的深蓝色反应，而中间的薄壁细胞颜色较浅（图 2-4-1）；碘化铋钾处理的假鳞茎则表现为皮层细胞和维管束有棕红色沉淀，而薄壁细胞中沉淀较少（图 2-4-2、图 2-4-3）。浓硝酸和碘化铋钾的处理结果基本一致，表明假鳞茎中生物碱主要积累在皮层和维管束中。

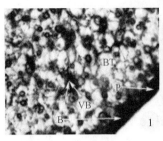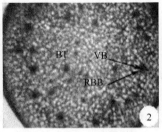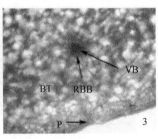

图 2-4　杜鹃兰假鳞茎横切

1. 浓硝酸处理的假鳞茎横切（×100）；2. 碘化铋钾处理的假鳞茎横切（×40）；3.碘化铋钾处理的假鳞茎横切（×100）。
B.浓硝酸处理呈深蓝色反应部位；BT. 基本组织细胞；P. 周皮；RBB. 碘化铋钾处理呈棕红色沉淀部位，示生物碱分布；
VB. 维管束。

三、杜鹃兰叶片中生物碱分布

　　杜鹃兰叶片经过浓硝酸处理后显示出浅蓝色反应，侧脉的颜色较主脉浅，叶肉细胞中则更浅（图 2-5-1）；用碘化铋钾处理叶片后，主脉有明显的棕红色沉淀，侧脉的较浅，而叶肉细胞中沉淀更不明显（图 2-5-2、图 2-5-3）。浓硝酸处理的结果与碘化铋钾处理的结果基本一致，证明杜鹃兰叶片中生物碱主要在叶脉内积累，尤其是主脉，而在叶肉细胞中很少分布。其原因可能是叶肉细胞合成的生物碱先由叶片侧脉收集，再集中运输到主脉所致。

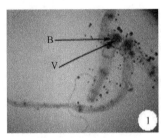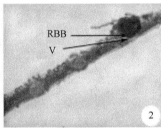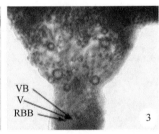

图 2-5　杜鹃兰叶片横切

1. 浓硝酸处理的叶片横切（×40）；2. 碘化铋钾处理的叶片横切（×40）；3. 碘化铋钾处理的叶片横切（×100）。
B. 浓硝酸处理呈蓝色反应部位；RBB. 碘化铋钾处理呈棕红色沉淀部位，示生物碱分布；V. 叶脉；VB. 维管束。

四、杜鹃兰叶柄中生物碱分布

　　用浓硝酸处理杜鹃兰叶柄，其切片上的维管束有明显深蓝色反应，其他部位则不明显（图 2-6-1）；叶柄经碘化铋钾处理后，除在维管束上有明显的棕红色沉淀外，其他部位几乎无此表现（图 2-6-2、图 2-6-3）。用浓硝酸和碘化铋钾分别处理叶柄的结果一致，说明杜鹃兰叶柄中生物碱集中积累于维管束内。

　　上述研究结果表明，杜鹃兰全株都有生物碱分布。用同样的试剂处理，根部产生的效果与其他部位的完全不同，说明根中生物碱的类型可能与其他部位的不同。从对假鳞茎、叶片和叶柄处理产生的效果（颜色深浅或沉淀多少）可以判断其生物碱含量由高到低的顺序为：假鳞茎＞叶柄＞叶片。由此可以初步推断，杜鹃兰假鳞茎中的生物碱可能

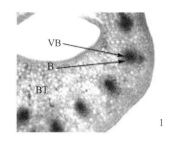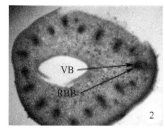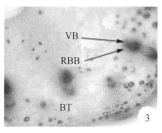

图 2-6　杜鹃兰叶柄横切

1. 浓硝酸处理的叶柄横切（×40）；2. 碘化铋钾处理的叶柄横切（×40）；3. 碘化铋钾处理的叶柄横切（×100）。
B.浓硝酸处理呈深蓝色反应部位；BT.基本组织细胞；RBB.碘化铋钾处理呈棕红色沉淀部位，示生物碱分布；VB.维管束。

不是假鳞茎本身产生的，而是由叶片产生后通过叶脉汇集到叶柄的维管束，最后转运到假鳞茎中储存所得。由于杜鹃兰植株中生物碱含量以假鳞茎最高，故通常以假鳞茎作为该药用植物的药材。

此外，作者采用紫外分光光度法和蒽酮比色法测定了杜鹃兰药材的生物碱和可溶性糖含量，结果显示：假鳞茎中的生物碱和可溶性糖含量随季节而变化，8 月生物碱含量最高（0.098%），4 月含量最低（0.041%）；1 月可溶性糖含量最高（0.141 g·g^{-1}），7 月含量最低（0.036 g·g^{-1}）。结合药材产量和药效成分的关系，可确定 8 月至翌年 1 月为杜鹃兰药材（假鳞茎）的适宜采收期。

第三节　杜鹃兰的药用价值

一、杜鹃兰的药理作用

目前，对于杜鹃兰药理作用的研究报道大多是针对从其假鳞茎中提取出的单体成分，其活性包括抗肿瘤、抗血管生成、降压和抑菌等作用。

（1）抗肿瘤作用：夏文斌等（2005）从杜鹃兰假鳞茎乙醇提取物中分离出的 cirrho-petalanthrin 对人结肠癌（HCT-8）、肝癌（BEL-7402）、胃癌（BGC-823）、肺癌（A-549）、乳腺癌（MCF-7）和卵巢癌细胞表现出非选择性中等强度的细胞毒活性，其半抑制浓度（half maximal inhibitory concentration，IC$_{50}$）依次为 11.24 μmol·L^{-1}、8.37 μmol·L^{-1}、10.51 μmol·L^{-1}、17.79 μmol·L^{-1}、12.45 μmol·L^{-1}、13.22 μmol·L^{-1}，这和山慈菇的传统抗肿瘤药效相吻合。

（2）抗血管生成活性：Shim 等（2004）利用活性跟踪法发现，从杜鹃兰假鳞茎的乙醇提取物中分离出的 5,7-dihydroxy-3-(3-hy-droxy-4-methoxybenzyl)-6-methoxychroman-4-one，无论在体外还是在体内实验中均表现出很强的抗血管生成活性。

（3）降压作用：杜鹃兰素 II 犬静脉注入 15 μg·kg^{-1} 可降低血压 39 mmHg，降压作用持续 30 min 以上（薛震等，2005）。日本的 Fujisawa 制药公司的一项专利报道（1982 年），从杜鹃兰全草中提取出的 cremastosine I 和 II 具有较强的降压活性。

（4）毒蕈碱 M3 受体阻断作用：Ikeda 等（2005）用活性跟踪法发现，从杜鹃兰 70% 乙醇提取物中分离出的 cremastrine 可以选择性地阻断 M3 受体。

（5）抗菌作用：郭东贵等（2009）将杜鹃兰假鳞茎提取物经大孔树脂（D-101）分离得到4个组分A、B、C和D，用倍比稀释法测定其抑菌活性，组分B和D对金黄色葡萄球菌和白色念珠菌表现出较强的抑菌活性，初步确定了山慈菇的抗菌性能和抗菌活性的有效组分，为进一步完善其抗菌谱、寻找活性成分以及更合理地开发利用奠定了基础。

从几种秋水仙碱的结构式（图 2-7）可以看出，秋水仙碱和角秋水仙碱在结构上较其他药物有很大的特殊性，即均带有双七元环结构，这从空间上提供了接近病灶的机会。此外，药理实验也从另一角度证明了秋水仙碱的作用：抑制细胞的异常分裂繁殖，主要抑制细胞有丝分裂。由于微管蛋白对秋水仙碱具有高度的亲和力，两者形成二聚体，使微管不能发挥装配功能，阻止纺锤体的形成，使染色体不能向两极移动，最终凝聚成团，使细胞分裂繁殖停止于中期。随之使细胞改变，细胞发生畸形和死亡，分裂旺盛、代谢水平高的细胞，更易受秋水仙碱攻击，高浓度秋水仙碱可以完全阻止细胞进入有丝分裂。

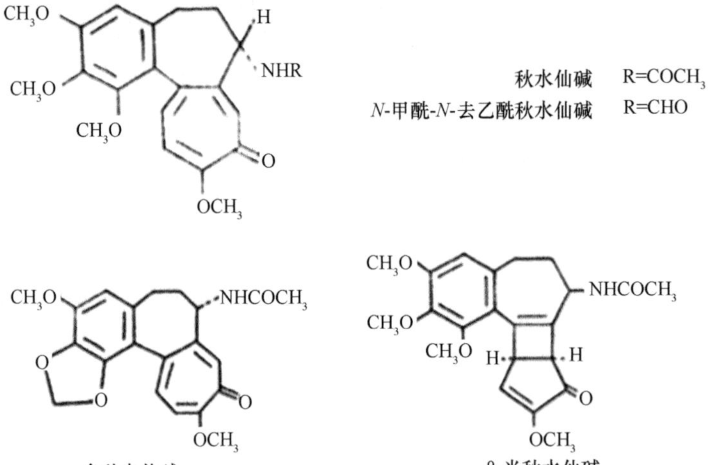

秋水仙碱　　　　R=COCH₃
N-甲酰-N-去乙酰秋水仙碱　　R=CHO

角秋水仙碱　　　　　　　　　β-光秋水仙碱

图 2-7　几种秋水仙碱的结构式

二、杜鹃兰的临床应用

杜鹃兰药材（毛慈菇或山慈菇）是重要紧缺中药材，味甘、微辛，性凉（寒），有小毒，归肝、脾经；具有清热解毒、润肺止咳、活血止痛、消肿散结等功效（国家药典委员会，2020），主要用于治疗痈肿疔毒、瘰疬痰核、蛇虫咬伤、癥瘕痞块等症。现代医学研究表明，毛慈菇内用于治疗乳腺癌、食管癌、胃癌、子宫癌、淋巴肿瘤及白血病等恶性肿瘤（Li，1996；Shim et al.，2004），外用于治疮毒、蛇虫及狂犬咬伤、皮肤烫伤或烧伤等。近年来，很多治疗癌症或肿瘤等中药配方专利均用到了杜鹃兰，仅 2009 年就有 7 项治疗癌症或肿瘤的专利（苏蹬全，2009 年；王秋贤，2009 年；杨杰生，2009 年；新乡市惜羽乳腺病研究所，2009 年；郑福脚，2009 年；郁慧，2009 年；赵志权，2009 年）与之有关。

包括杜鹃兰假鳞茎在内的药材"山慈菇"在中医临床上的应用形式大多数为复方制剂。早在 1958 年李咫威就报道了山慈菇能治疗乳房炎；屠伯言等（1980）用复方山慈菇治疗肝硬化，取得了明显的效果；山慈菇与紫金锭的复方制剂，广泛应用于口腔癌、食管癌、胃癌、甲状腺癌、乳腺癌等恶性肿瘤及胃炎、血管瘤、甲状腺瘤、乳腺增生、前列腺增生和一些皮肤病（范若莉和张庆伟，1991）；武广恒等（1998）用山慈菇的提取物来拮抗环磷酰胺对体细胞遗传损伤的诱变，结果表明，山慈菇对环磷酰胺诱发的体细胞遗传物质突变具有拮抗作用，由于体细胞突变是肿瘤发生的基础，因此阻止致突变物质对遗传物质的改变便可达到防癌的目的；黄越燕等（2002）探索了山慈菇复方制剂对再生障碍性贫血小鼠的药效作用，结果表明，山慈菇复方组有明显促进模型组小鼠外周血细胞回升及增强骨髓造血功能的作用，对模型组小鼠外周微循环也有一定改善作用。

秋水仙碱具有独特的结构和药理作用，为古老的抗肿瘤药物，在临床上用于抑制癌细胞生长，可治疗乳腺癌、皮肤癌、白血病等。此外，杜鹃兰等药用植物因含有秋水仙碱而具有的非抗肿瘤作用主要有：①治疗痛风性关节炎；②治疗特发性肺纤维化；③治疗特发性血小板减少性紫癜；④治疗腰椎间盘突出症；⑤治疗白塞氏病；⑥治疗急性脑出血；⑦降眼高压等。

第三章　杜鹃兰形态结构与生物学特性

植物的形态结构（morphology and structure）和生物学特性（biological characteristic）是植物与环境因子（environmental factor）相互作用的结果。形态是物体占有空间的形式，而结构则是物体各个组成部分的配置和排列方式，形态结构在生物学中占有十分重要的地位，是生物的突出特征之一。植物的形态结构与生长发育（growth and development）有着密切联系，形态结构是在生长发育基础上形成的，而它又反过来影响植物的生物学特性与生长发育。形态结构和生理功能（physiological function）是植物的两个基本属性，两者相互促进、相互制约，但结构是第一位的，没有结构便谈不上功能。植物形态结构对植物的生物学特性、生理功能和生产力（productivity）均有重要意义，在很大程度上决定植物的竞争能力与资源获取强度。

第一节　杜鹃兰的形态特征

杜鹃兰为兰科杜鹃兰属多年生草本植物（图 3-1）。本属植物为地生草本，地下具根

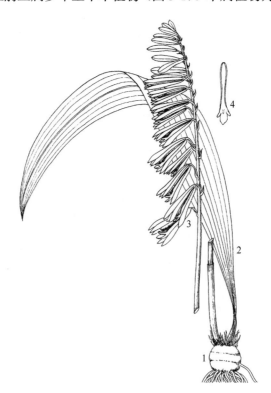

图 3-1　杜鹃兰 *Cremastra appendiculata*（D. Don）Makino
1. 假鳞茎；2. 叶；3. 花序；4. 唇瓣（匡柏生绘）。

状茎与假鳞茎。假鳞茎球茎状或近块茎状，基部密生多数纤维根，各年份形成的假鳞茎通过短的根状茎串联在一起形成假鳞茎串（pseudobulb string）。顶生 1 叶，很少具 2 叶，叶片狭椭圆形，长达 45 cm，宽 4～8 cm，顶端急尖，基部收窄为柄。花葶从假鳞茎上部一侧节上发出，直立或稍外弯，粗而长，中下部具 2～3 枚筒状鞘；总状花序疏生多朵花，花偏向一侧，紫红色，花苞片狭披针形，等长或短于花梗（连子房）；花被片呈筒状，顶端略开展；萼片和花瓣近等长，展开或多少靠合，倒披针形，长约 3.5 cm，中上部宽约 4 mm，顶端急尖；唇瓣近匙形，与萼片近等长，基部浅囊状，两侧边缘略向上反折，前端扩大为 3 裂，侧裂片狭小，中裂片长圆形，基部具 1 枚紧贴或多少分离的肉质附属物；合蕊柱纤细，略短于萼片，无蕊柱足；花粉团 4 个，成 2 对，两侧稍压扁，蜡质，共同附着于黏盘上。

杜鹃兰属植物有 3 种，即杜鹃兰 Cremastra appendiculata（D. Don）Makino、斑叶杜鹃兰 Cremastra unguiculata（Finet）Finet 和贵州杜鹃兰 Cremastra guizhouensis Q. H. Chen et S. C. Chen（陈谦海和陈心启，2003）。

杜鹃兰：假鳞茎密接，卵球形或近球形，长 1.5～3 cm，直径 1～3 cm，密接，有关节，外被撕裂成纤维状的残存鞘。叶通常 1 枚，无紫斑，生于假鳞茎顶端，狭椭圆形、近椭圆形或倒披针状狭椭圆形，长 18～35 cm，宽 4～8 cm，先端渐尖，基部收狭，近楔形；叶柄长 7～17 cm，下半部常为残存的鞘所包蔽。花葶从假鳞茎上部节上发出，近直立，长 27～70 cm；总状花序长 5～25 cm，具 5～22 朵花；花苞片披针形至卵状披针形，长 5～12 mm；花梗和子房 5～9 mm；花常偏花序一侧，多少下垂，不完全开放，有香气，狭钟形，淡紫褐色；萼片倒披针形，从中部向基部骤然收狭而成近狭线形，全长 2～3.5 cm，上部宽 3.5～5 mm，先端急尖或渐尖；侧萼片略斜歪；花瓣倒披针形或狭披针形，向基部收狭成狭线形，长 1.8～2.6 cm，上部宽 3～3.5 mm，先端渐尖；唇瓣与花瓣近等长，线形，上部 1/4 处 3 裂；侧裂片近线形，长 4～5 mm，宽约 1 mm；中裂片不反折，卵形至狭长圆形，长 6～8 mm，宽 3～5 mm，基部在 2 枚侧裂片之间具 1 枚肉质突起；肉质突起大小变化甚大，上面有时有疣状小突起；蕊柱细长，长 1.8～2.5 cm，顶端略扩大，腹面有时有很狭的翅。蒴果近椭圆形，下垂，长 2.5～3 cm，宽 1～1.3 cm。花期 4～5 月，果期 5～8 月。

斑叶杜鹃兰：假鳞茎疏离，卵球形或近球形，直径约 1.5 cm，疏离，有节。叶 2 枚，通常有紫斑，生于假鳞茎顶端，狭椭圆形，长 10～15 cm，宽 2～3 cm，先端渐尖，基部收狭成长柄。花葶从假鳞茎上部或近顶端的节上发出，直立，纤细，长达 30 cm，中下部有 2～3 枚筒状鞘；总状花序长 10～13 cm，具 7～9 朵花，花斜立，决不下垂；花苞片卵状披针形，长 4～5 mm；花梗和子房长 9～13 mm；花外面紫褐色，内面绿色而有紫褐色斑点，但唇瓣白色；萼片线状倒披针形或狭倒披针形，向基部明显收狭，长 1.7～2.2 cm，上部宽约 2.5 mm，先端急尖；侧萼片稍斜歪；花瓣狭倒披针形，长 1.5～2 cm，上部宽 1～1.5 mm；唇瓣长 1.3～1.5 cm，约在上部 3/5 处 3 裂，下部有长爪；侧裂片线形，长 1～1.5 mm；中裂片倒卵形，反折，与爪交成直角，长 5～6 mm，宽 2.5～3.5 mm，边缘皱波状，有不规则齿缺，先端钝或有齿缺，基部在 2 枚侧裂片之间具 1 枚肉质突起；蕊柱细长，长 1.2～1.3 cm。花期 5～6 月。

贵州杜鹃兰：地生草本，高60～70 cm；根状茎长约3 cm，直径2.5～4 mm。假鳞茎伸长，近圆柱状，长10～14 cm，直径1.3～1.5 cm，有4～5节，有撕裂成纤维的残存鞘。叶1～2枚，生于假鳞茎顶端，纸质，长圆状椭圆形或狭椭圆状披针形，长18～31 cm，宽3.5～9 cm，先端长渐尖，基部楔形并收狭成叶柄；叶柄长6～8 cm。花葶从假鳞茎近顶端的节上发出，长达54 cm，无毛；总状花序长18 cm，具20～28朵花；花苞片宿存，线状披针形，长10～15 mm，宽1～2 mm；花梗连子房长7～10 mm；花通常偏向花序一侧，多少下垂，不完全开放，狭钟形，黄色；萼片倒披针形，中部以下收狭，长2.8～3 cm，上部宽3～5 mm，先端急尖或渐尖；侧萼片稍斜歪；花瓣倒披针形或狭披针形，中部以下收狭，长2.5～2.8 cm，上部宽2～3.5 mm，先端渐尖；唇瓣与花瓣等长，线形，上部扩大并3裂；侧裂片近线状，长4～5 mm，宽1～1.5 mm；中裂片倒卵形，边缘多少波状，长6～8 mm，宽3～5 mm，靠近中央具1枚平滑的胼胝体；蕊柱长2.5～2.8 cm，先端略扩大。花期5月。本种近缘于杜鹃兰 *C. appendiculata*（D. Don）Makino，区别点在于其假鳞茎近圆柱状，长10～14 cm，直径1.3～1.5 cm；唇瓣中裂片靠近中央具1枚平滑的胼胝体。

第二节 杜鹃兰的器官结构

一、杜鹃兰根的结构

杜鹃兰为须根系，根肉质，较粗壮，直径0.2～0.3 cm。从根的显微结构（图3-2。彭斯文，2010）可以看出，根尖的根冠不发达，由2～3层不规则厚壁细胞组成；生长点细胞排列整齐、紧密，大部分细胞生长、分化成为伸长区的部分；伸长区范围较短，细胞近方形并很快停止伸长而分化形成成熟区；成熟区的细胞分化明显，从外至内依次为根毛、根被（多层表皮细胞构成）、皮层、中柱鞘和维管束，根毛多而密；根被由2～4层厚壁、多角死细胞组成，细胞扁长，排列较松散；皮层包括外皮层、皮层和内皮层。外皮层紧贴根被内侧，由一层体积较大、排列较规则的细胞组成，且大部分细胞为胞壁增厚的死细胞；皮层由6～8层薄壁细胞组成，靠近外皮层与内皮层的1～2层细胞体积相对较小，中部细胞体积较大，细胞中分布有针晶体和菌根真菌（菌根真菌入侵杜鹃兰根部后，在皮层中部细胞中形成大量菌丝球）；内皮层和中柱鞘均为单层厚壁、薄壁细胞相间组成，中柱鞘包围7个维管束，木质部与韧皮部交替分布（韧皮部与中柱鞘的厚壁细胞相连，木质部与中柱鞘的薄壁细胞相连）。髓部由等径薄壁细胞组成。

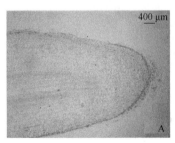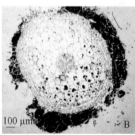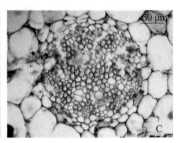

图3-2 杜鹃兰根的显微结构

A. 根尖纵切；B. 根尖横切；C. 中柱横切。

二、杜鹃兰假鳞茎的结构

杜鹃兰假鳞茎常多个紧密串生在一起，假鳞茎近球形，表面观有三条环带，故俗称之"三道箍"。假鳞茎由表皮、基本组织和维管束组成（图 3-3。彭斯文，2010）。表皮由 3～4 层厚壁细胞组成，细胞近方形，排列紧密，且角质化明显。基本组织紧接表皮的一层薄壁细胞较小，含有草酸钙针晶束；内部为大型的多角形或椭圆形薄壁细胞，细胞排列疏松，大型细胞之间夹杂着许多形状不规则并充满颗粒状物的细胞；基本组织中还分布有少数具针晶束的黏液细胞，同时含有淀粉粒。有约 20 个外韧型维管束散生于基本组织中，维管束大小各异，较大的维管束多分布于周围，近圆形，维管束鞘较为明显；较小的维管束多分布于中间，几乎没有维管束鞘。

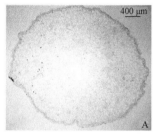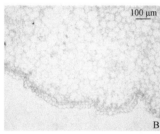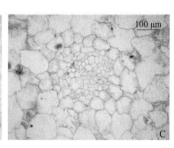

图 3-3　杜鹃兰假鳞茎的显微结构
A、B. 假鳞茎横切；C. 维管束。

三、杜鹃兰叶的结构

杜鹃兰植株通常只有 1 片叶，叶片由表皮、叶肉和叶脉组成。从叶片横切面的显微结构（图 3-4。彭斯文，2010）可以看出，上表皮由一层排列紧密、角质化程度较高的长方形细胞组成；下表皮也只有一层细胞，细胞近方形，较大且连接不很紧密。叶肉中栅栏组织和海绵组织的分化不明显，靠近上、下表皮的叶肉细胞小而多，其所含叶绿体也较多；叶片中间的叶肉细胞较大，排列疏松，所含叶绿体数量较少。平行叶脉，主叶脉为外韧型维管束，维管束鞘较为明显。

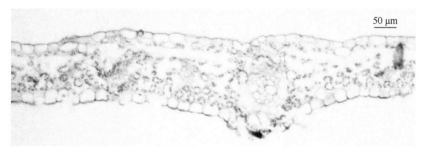

图 3-4　杜鹃兰叶片的显微结构

四、杜鹃兰花的结构

杜鹃兰花被 6 枚，外轮 3 枚萼片相似，内轮 2 枚侧瓣相似，中间 1 枚为特化的唇瓣（图 3-5A。彭斯文，2010），合蕊柱呈柱形（基部方柱形，上部圆柱形）。唇瓣上表皮由 1 层排列紧密的长扁形细胞组成；下表皮为 1 层大小不一致的细胞，且有些细胞向外突出；基本组织细胞近圆形或椭圆形，中间细胞较大，接近上、下表皮的 1～2 层细胞较小，外韧型维管束 4～8 个。侧瓣（图 3-5B）上、下表皮细胞各 1 层，上表皮细胞近长方形，排列紧密；下表皮细胞不规则，有的细胞向外突出（可能与分泌有关）；基本组织细胞近圆形或椭圆形，中间有 3 个外韧型维管束。合蕊柱（图 3-5C）表皮细胞 1 层，排列紧密，靠近唇瓣一侧的表皮细胞长方形（细长），另一侧表皮细胞近方形；基本组织细胞近圆形或椭圆形，细胞排列较紧密，近表皮的 2～3 层细胞体积小，中部细胞较大；外韧型维管束，花柱道明显。中萼片（图 3-5D）上、下表皮均由 1 层排列紧密且轻度角质化的长方形细胞组成；基本组织细胞近圆形或椭圆形，中间细胞大，接近表皮的 1 层细胞较小，萼片含 3 个外韧型维管束。侧萼片（图 3-5E）结构与中萼片基本相似，不同的是侧萼有 5 个外韧型维管束。

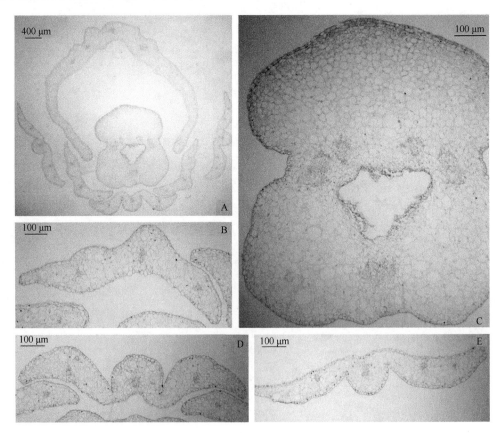

图 3-5 杜鹃兰花的显微结构

A. 花横切；B. 花瓣；C. 合蕊柱；D. 中萼；E. 侧萼。

第三节　杜鹃兰的生物学特性

杜鹃兰喜冷凉阴湿环境，为地生兰，生于海拔 500～2900 m 的山坡林下湿地或沟边阴湿处，以腐殖质土生长良好。光照强度是影响杜鹃兰生长发育的关键生态因子（Zhang et al.，2010），其次是海拔（温度）、降水量及土壤条件。透光率为 10%～20%的森林植被、海拔 1100～1300 m、年均温度 15℃左右、年降水量 1100 mm 以上、中性偏酸的腐殖土等条件是杜鹃兰生长发育适宜的生态环境条件。4 月中旬随气温上升而枯叶倒苗，花期 4～5 月，7 月初由顶端、中部或基部的不定芽抽生叶芽，8 月中旬出土，8 月底至 9 月上旬为出苗盛期，芽出土后逐步生长成一片叶，冬季为植株营养器官生长旺季。初春，三年生以上的假鳞茎顶端一侧抽生花芽，3 月下旬花芽出土，4 月下旬开始开花，花茎着生小花 5～22 朵（总状花序），由下至上渐开，花期 4～5 月，果期 5～8 月；蒴果近椭圆形，下垂，长 2.5～3 cm，宽 1～1.3 cm。杜鹃兰因其花的特殊构造，自然条件下结果率只有 1.3%～2.0%，必须借助于昆虫、人工等辅助授粉才能大量结实（Chung and Chung，2003），果实多于 7 月下旬后渐熟（陈德媛等，1998）。

通过对杜鹃兰生长发育过程的观察研究，作者发现了几个十分有趣的问题：①杜鹃兰植株在直射光下生长极其缓慢，且几乎不能抽葶开花；②杜鹃兰初夏开花后倒苗，初秋后假鳞茎抽生新苗，秋冬季节植株旺盛生长，这种"夏眠冬长"的生长特性在兰科植物中极为罕见；③在生长期内，杜鹃兰植株的叶片被损伤后不能自愈；④杜鹃兰的假鳞茎通过短的根状茎串联在一起，且无论多少个假鳞茎串联，每年均只有最新的一个假鳞茎出苗长成植株，由该植株再形成一个新的假鳞茎，而其他假鳞茎不能产生新植株和新假鳞茎，只有当串联的假鳞茎彼此分离独立出来后才能形成新植株并结出新的假鳞茎。引起上述问题的生理生态机制，均值得系统深入地研究。

第四章 杜鹃兰器官发生与有性生殖

植物的器官发生（organogenesis）是植物个体发育过程中，由器官原基分化发育进而演变为器官的过程。植物个体发育主要是胚后形态建成的过程，植物胚胎发育时仅产生茎顶端分生组织和根顶端分生组织以及子叶等基本结构，其他器官则是胚胎发育后细胞不断分裂、分化而产生并最终生长发育形成的。植物个体发育过程中，其细胞、组织和器官内一系列按一定时间与空间顺序发生质变的规律，是植物体遗传信息在内、外条件影响下顺序表达的结果。虽然外界环境条件对植物体的生长发育影响很大，但植物不同种属之间的器官形态建成差异要比同一物种不同环境下的形态建成差异明显，这表明植物体器官形态建成的调控主要是由自身的发育程序决定的，外源信号主要通过调控内源的发育程序而影响植物体生长发育过程。植物体各器官形态建成时间有早有晚，不同器官经过形态发生和组织分化，逐渐形成特定的形态结构并执行相应的生理功能。

植物的有性生殖（sexual reproduction）是由亲本产生有性生殖细胞（配子），经过两性生殖细胞（卵细胞和精子）的结合形成合子（受精卵），再由合子分化发育成为新个体的生殖方式。有性生殖中基因组合的广泛变异能够增加子代适应自然选择的能力，有性生殖产生的后代中随机组合的基因对物种可能有利，也可能不利，但至少会增加少数个体在难以预料和不断变化的环境中存活的机会，从而对物种有利。有性生殖加速了植物进化的进程，地球上生物进化的 30 余亿年中，前 20 余亿年生命停留在无性生殖阶段，进化缓慢，后 10 亿年左右进化速度明显加快，这除了地球环境的变化（含氧大气的出现等）外，有性生殖的发生与发展也是一个主要的原因（目前已知的 150 余万种生物中，从细菌到高等动植物，进行有性生殖的种类占 98% 以上，就说明了这一点）。

第一节 杜鹃兰的器官发生

一、杜鹃兰营养器官的组成

杜鹃兰植株的营养器官（vegetative organ）由根（root）、假鳞茎（pseudobulb）、根状茎（rhizome）和叶（leaf）组成（图 4-1。Zhang et al.，2010）。假鳞茎卵球形或近球形，长 1.5～3 cm，直径 1～3 cm，中部有 2～3 条微突起的环节，节间有不定芽，节上有鳞片叶干枯腐烂后留下的丝状纤维（残存鞘），多个假鳞茎通过根状茎连接聚生在一起（图 4-1 中 B、E、F、G）。肉质须根数条，由假鳞茎基部发出。叶大，叶片狭椭圆形、近椭圆形或倒披针状狭椭圆形，通常 1 片，稀 2 片，从假鳞茎顶端抽出，长 18～35 cm，宽 4～8 cm，先端渐尖，基部收缩近楔形，有 3 条主脉及许多弧形并行脉（图 4-1 中 A、G）；叶柄长 7～17 cm，下半部常为残存的鞘所包蔽。

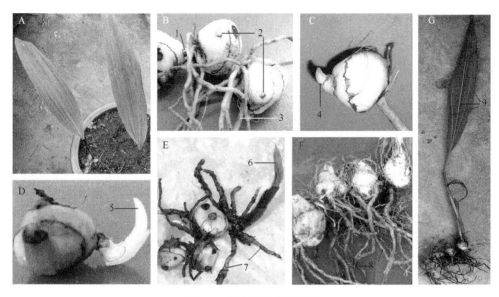

图 4-1　杜鹃兰的营养器官

A. 植株地上部分；B. 假鳞茎（1. 根状茎；2. 不定芽；3、7、8. 肉质须根）；C. 假鳞茎上的不定芽分化出节（4. 节）；
D. 假鳞茎不定芽节上部伸长（5. 膜质鞘包裹的伸长的不定芽）；E. 假鳞茎不定芽形成新苗（6. 刚突破膜质鞘的幼叶）；
F. 聚生的假鳞茎；G. 完整植株（9. 叶片的 3 条主脉）。

二、杜鹃兰营养器官的发生

从 9 月至翌年 2 月，是杜鹃兰营养器官生长的主要时期，此间，假鳞茎基部或中部的不定芽眼开始孕育不定芽（图 4-1B 中 2。Zhang et al.，2010），但萌生出的不定芽不继续分化发育，保持休眠状态，直到 5 月、6 月。植株的叶在 5 月随花的开放而干枯倒苗，随后，假鳞茎上的不定芽开始分化发育。几周后，不定芽分化形成由一个节分隔的上下两部分（图 4-1C 中 4），下部膨大，近球形，将来发育成新的假鳞茎；上部呈锥形并快速伸长形成膜质鞘包裹的幼叶（图 4-1D 中 5），7 月中旬、下旬，锥体尖端破土而出。之后，快速生长的幼叶突破膜质鞘（图 4-1E 中 6），很快成为植株有机养分生产的功能叶。在新叶生长的同时，新生假鳞茎基部产生多条肉质长须根（图 4-1E 中 7），为植株所需的水分、矿质等提供保障。通常情况下，杜鹃兰每年只产生 1 个假鳞茎，各年的假鳞茎通过根状茎连接聚生在一起，只有最新的假鳞茎上的不定芽能发育成新的植株（图 4-1E、图 4-1G）。

（一）杜鹃兰假鳞茎发生过程中的形态变化

杜鹃兰假鳞茎的形态发生（morphogenesis）过程可以分为 6 个时期（高晓峰，2016；Gao et al.，2016），即叶芽休眠期（图 4-2A）、叶芽萌动期（图 4-2B）、叶芽与根状茎伸长生长期（图 4-2C）、假鳞茎初始形成期（图 4-2D）、假鳞茎膨大期（图 4-2E）、假鳞茎充分发育期（图 4-2F）。在叶芽休眠期，杜鹃兰新生成熟的假鳞茎已为其花芽分化作好了准备，直到生殖生长到一定阶段，叶芽便开始萌动，但也有部分植株不进行生殖生长，休眠后直接进入叶芽萌动期。进入叶芽萌动期后，从假鳞茎上能明显看到叶芽突起，随着叶芽的继续分化生长，根状茎的分化与生长也相继开始，继而明显看到根状茎的出现和根状茎上根的突起。到了假鳞茎初始形成期，根状茎的伸长生长结束，在根状茎的顶端及芽的基部长出了环绕根状茎的一圈根，这是新生假鳞茎即将形成的标志，随即在根状茎顶端及芽的基部开始膨大形成新生假鳞茎，而后进入假鳞茎膨大期。新生假鳞茎经充分发育形成成熟的假鳞茎，以此分化发育成完整植株。从图 4-2 可以看出，杜鹃兰假鳞茎上通常有 2~3 个节，而繁殖假鳞茎的芽通常是由最新一个假鳞茎的下部第一或第二节间发出。杜鹃兰假鳞茎形态发生过程的整个周期一般从每年 3 月中下旬开始，到当年 11 月结束。

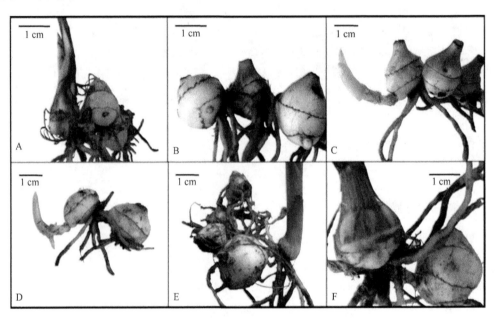

图 4-2　杜鹃兰假鳞茎发育过程的形态变化

A. 叶芽休眠期；B. 叶芽萌动期；C. 叶芽与根状茎伸长生长期；D. 假鳞茎初始形成期；E. 假鳞茎膨大期；
F. 假鳞茎充分发育期。

（二）杜鹃兰假鳞茎发生过程中的结构变化

通过对杜鹃兰假鳞茎发生过程的显微结构观察，可将其假鳞茎发生过程的结构变化分为 6 个阶段（高晓峰，2016；Gao et al.，2016），即叶芽休眠期（图 4-3A）、叶芽萌动期（图 4-3B）、叶芽与根状茎伸长生长期（图 4-3C~F）、根分化期（图 4-3G）、假鳞茎初始形成期（图 4-3H）、假鳞茎充分发育期（图 4-3I）。在叶芽休眠期，几乎整个叶芽都被少量鳞片包裹于假鳞茎内。到叶芽萌动期，能清晰地观察到顶端分生组织与叶原基，顶端分生组织外包被多层鳞片，且叶芽明显突向假鳞茎表皮。叶芽萌发后进入叶芽与根状茎伸长生长期，此时叶芽基部与假鳞茎之间形成根状茎；从根状茎的纵切面（图 4-3D）和横切面（图 4-3E）可以清晰地看到维管束位于根状茎的中央，呈规则的环状排列，在根状茎的节上能清晰地看到鳞片；叶芽顶端分生组织与叶原基亦清晰可见。进入根分化期后，根状茎中的维管束向表皮凸出并将突破表皮形成真根。根的形成标志着根状茎伸长生长的结束，随后进入假鳞茎初始形成期，此时期区别于前面各时期的主要特征是：

根已经形成且维管束散生于假鳞茎的基本组织中；假鳞茎膨大期与充分发育期其结构没有明显差异，假鳞茎主要由表皮、皮层、基本组织、维管束4部分组成，是典型的单子叶植物茎的结构；在部分表皮细胞和基本组织薄壁细胞中含有草酸钙针晶束（图4-3L）；从假鳞茎维管束的横切面（图4-3J）和纵切面（图4-3K）可以看到，维管束为外切型有限维管束，木质部和韧皮部清晰可见，维管束中的导管呈"V"形排列，且为梯形导管。

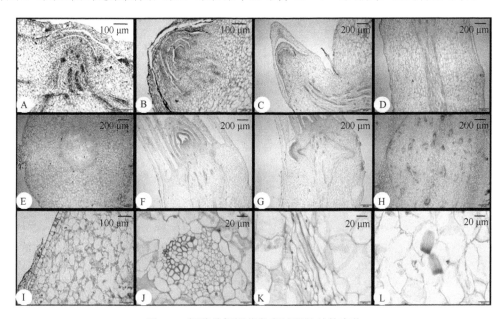

图4-3 杜鹃兰假鳞茎发育过程的结构变化

A. 叶芽休眠期（叶芽纵切）；B. 叶芽萌动期（叶芽纵切）；C～F. 叶芽与根状茎伸长生长期（C. 叶芽纵切；D. 根状茎纵切；E. 根状茎横切；F. 叶芽顶端纵切）；G. 根分化期（根状茎纵切）；H. 假鳞茎初始形成期（假鳞茎横切）；I. 假鳞茎充分发育期（假鳞茎纵切）；J. 维管束横切；K. 维管束纵切；L. 草酸钙针晶束。

三、杜鹃兰花的组成及特征

杜鹃兰的生殖器官（reproductive organ）包括花（flower）、果实（fruit）和种子（seed）。花的结构非常复杂，包括苞片、花被片、花萼、花瓣、唇瓣、合蕊柱等多个部分（图4-4。Zhang et al.，2010）。花苞片披针形至卵状披针形，长5～12 mm，等长于或短于花梗（连子房），花梗和子房5～9 mm；花被片呈筒状，先端略开展（整体呈狭钟形）；花由3个萼片、2个花瓣和1个唇瓣组成，有香气，紫红色、淡紫褐色或粉白色，两花瓣两侧对立，形状大小相同（图4-4B中7），三萼片形状大小相同，呈"品"字排开，中萼（图4-4B中9）与唇瓣对立，两侧萼片（图4-4B中8）分立于中萼两侧，略斜歪，侧萼、中萼和花瓣等长，倒披针形，长2～3.5 cm，中上部宽3.5～5 mm，从中部向基部骤然收狭而成近狭线形，先端急尖；唇瓣近匙形，与萼片、花瓣近等长，线形，基部浅囊状，两侧边缘略向上反卷，上部1/4处3裂，中裂片卵形至狭长圆形（图4-4B中3），长6～8 mm，宽3～5 mm，基部在两枚侧裂片之间具1枚肉质突起（胼胝体，图4-4B中5），肉质突起大小变化甚大，上面有时有疣状小突起，基部具1个紧贴或多少分离的附属物；侧裂片近线形，长4～5 mm，宽约1 mm（图4-4B中4）；合蕊柱在花的中央（图4-4B中6），细长，长 1.8～2.5 cm，顶端略扩大并具数枚雄蕊，末端的黄色帽状物为药帽（图 4-4C 中 10），药帽保护其下面的 2 对（4 块）花粉块（图 4-4D 中 13），连接 4 块花粉块的黏性物质称为黏盘（图 4-4D 中 12），花粉块下部有黏性分泌物的凹陷即为柱头（图 4-4C 中 11），位于雄蕊之下；合蕊柱和侧萼组成明显突起的萼囊（图 4-4A 中 1）；子房下位，未膨大之前与花梗难以区分（图 4-4A 中 2）。

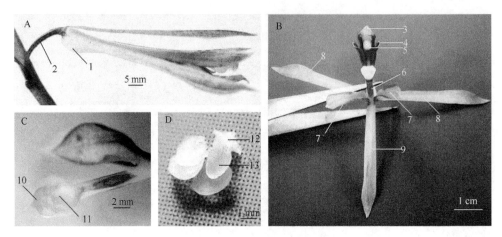

图 4-4　杜鹃兰花的结构

A. 花的外形（1. 萼囊；2. 子房）；B. 花的解剖结构（3. 中裂；4. 侧裂；5. 胼胝体；6. 合蕊柱；7. 花瓣；8. 侧萼；9. 中萼）；C. 合蕊柱（10. 药帽；11. 柱头）；D. 花粉块（12. 黏盘；13. 花粉块）。

四、杜鹃兰花器官的发生及其形态变化

从 9 月起，三年生以上假鳞茎顶端一侧（假鳞茎上部节上）开始花芽的孕育，随后，花器官发生一系列形态变化（图 4-5。Zhang et al.，2010）。翌年初春，花芽萌动（图 4-5A），外裹 3～4 层苞片，很快分化出无数小花蕾（图 4-5B）。3 月下旬，花芽出土（图 4-5C），花葶迅速延长，花序开始露出苞片（图 4-5D），很快长成 20～70 cm 高的花葶。花葶直立，粗壮，常高出叶外，疏生 2 枚筒状鞘，花葶上疏生 5～22 朵花形成总状花序（花序长 5～25 cm）。4 月下旬开始开花，开花顺序由下而上（图 4-5G）。幼小的花序，其小花一律顶端向上排列于花序轴上（图 4-5E）；而接近开放和已开放的花朵在花序轴上均以顶部下垂的形式排列（图 4-5F～H）。开花后所有花朵均偏向花序轴的一侧（图 4-5H）。

五、杜鹃兰果实的发生及其形态变化

自然条件下，杜鹃兰因其花的特殊结构而难以授粉结实，经人工辅助授粉后，其结实率很高，花期 4～5 月，果期 5～8 月。图 4-6 所示的是人工授粉后杜鹃兰花和果实的形态变化（Zhang et al.，2010），开花后未授粉的花朵一周后仍新鲜艳丽（图 4-6A 中的f），而及时授粉的花朵则不久便萎蔫（图 4-6A 中除 f 外的其余花朵）。授粉后子房逐渐膨大，经过一段时间的生长发育，最后形成果实，图 4-6 中 B、C、D 分别表示授粉后 20 d、40 d、80 d 的果实生长发育情况。杜鹃兰的果实为蒴果，近椭圆形，下垂，长 2.5～3 cm，宽 1～1.3 cm，3 心皮，侧膜胎座。种子众多，细毛状，原胚或发育不良，几乎不能萌发。

图 4-5 杜鹃兰花器官的发生与形态变化

A. 花芽发生（1. 花芽；2. 叶柄；3. 假鳞茎；4. 肉质须根）；B. 剥去苞片的花芽（5. 小花蕾；6. 花轴）；C. 花芽出土；
D. 花序出苞；E. 幼小花序；F. 接近成熟的花序；G. 开花顺序；H. 开花后的花序（小花偏向花轴一侧）。

图 4-6 杜鹃兰果实的生长发育

A. 授粉和未授粉的花（f. 未授粉的新鲜花朵）；B. 授粉后 20 d；C. 授粉后 40 d；D. 授粉后 80 d。

第二节　杜鹃兰的有性生殖

　　杜鹃兰植株开花后通过设置疏花程度、授粉时期和授粉方式等处理，比较不同处理下杜鹃兰植株的结实率，以及不同授粉方式的蒴果发育、种子（包括种胚）形态、种胚活力、种子有胚率、种子无菌萌发率，建立杜鹃兰人工授粉的适宜方法（田海露等，2019；彭斯文，2010）。以此为基础，研究杜鹃兰大小孢子形成与雌雄配子体发育、胚胎发生及种子萌发过程中种胚发育等过程，进而丰富杜鹃兰胚胎学资料。

一、杜鹃兰花药壁的发育

　　杜鹃兰花药由 4 个形态相似、大小基本一致的椭圆形花粉囊构成，两侧花粉囊之间由药隔分离，同侧花粉囊由薄壁细胞分隔（图 4-7A。田海露等，2019）。花药发育初期其横切面近桃形，是由原表皮包裹着的一群未分化的基本分生组织（图 4-7B）。之后，基本分生组织细胞迅速分裂，在花药内形成 4 个近等距排列的椭圆形花药雏形，每个花药雏形的分生组织分化出多个孢原细胞。孢原细胞经过平周和垂周分裂形成多层细胞，初期多层细胞以类似同心圆排列，圆中心细胞体积大、多边形、核大质浓，是初生造孢细胞；圆外围细胞体积小、排列紧密，为初生周缘层（图 4-7C）。初生周缘层细胞与初生造孢细胞通过分裂、分化，形成细胞形态差异明显的细胞层。初生周缘层细胞形成 4 层同心圆排列的细胞，与表皮一起共同组成花药壁，由表及里依次为表皮、药室内壁、中层、绒毡层（图 4-7D），初生造孢细胞分裂、分化形成小孢子母细胞（图 4-7E）。

　　表皮包裹在整个花药的最外面，由一层细胞构成，且通过垂周分裂增加细胞数目。在花药发育初期，表皮细胞在横切面上近正方形，且体积较大，细胞核明显可见。在初生造孢细胞有丝分裂形成小孢子母细胞时期，表皮细胞开始液泡化，之后细胞逐渐拉伸呈扁长方形，相对体积变小（图 4-7E）。在花药即将成熟时，表皮细胞液泡化明显，药隔远端与黏盘间仅由一层表皮细胞相连（图 4-7G）。花药中部的原形成层经过分裂、分化形成维管束，并和其他基本分生组织发育而来的薄壁细胞一起构成药隔（图 4-7J）。

　　药室内壁由一层位于表皮细胞下的扁长方形细胞构成。初生孢原细胞时期，药室内壁、中层和绒毡层细胞分化不明显，仅为一群同心圆式排列紧密、染色较深的细胞（图 4-7D）。初生造孢细胞有丝分裂时，药室内壁细胞径向伸长，细胞体积比中层、绒毡层更大（图 4-7F）。小孢子母细胞时期，药室内壁细胞与周围细胞有显著的形态差异，细胞呈扁长方形，且内容物逐渐消失，细胞质液泡化程度逐渐加深，但细胞核较明显。四分体时期，近药隔端药室内壁细胞出现横向多条纹的次生加厚（图 4-7H），药隔远端药室内壁细胞逐渐消失解体，且同侧花粉囊之间的薄壁细胞已全部消失（图 4-7G）。药室内壁出现带状的纤维加厚，自此药室内壁转化为纤维层，这种特性有利于花粉囊壁的开裂和花粉块的传播。

　　中层由 2 层细胞构成，细胞体积较小，细胞质丰富，细胞核所占比例较大（图 4-7F）。随着花粉的不断发育，至四分体时期，扁平状的中层细胞逐渐被分解吸收，在花粉成熟时中层细胞被吸收殆尽（图 4-7G）。

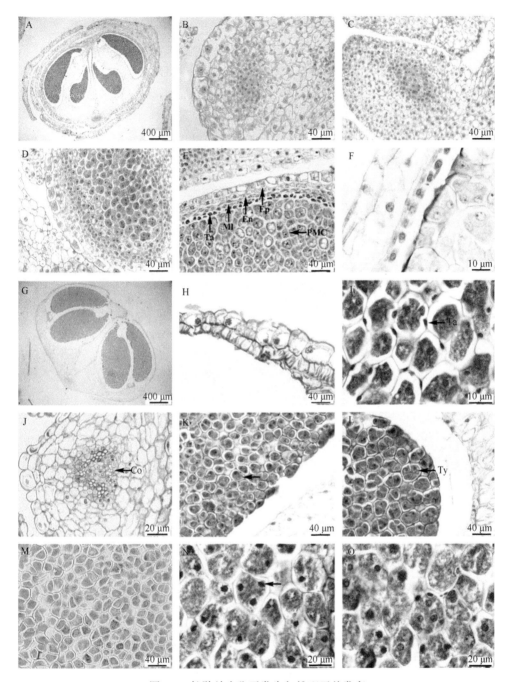

图 4-7 杜鹃兰小孢子发生与雄配子体发育

A. 花药横切图；B. 基本分生组织；C、D. 初生周缘层与初生造孢细胞；E. 小孢子母细胞与花药壁；F. 药室内壁细胞体积变大；G. 成熟花药横切；H. 纤维层形成；I. 变形绒毡层；J. 药隔；K. 二分体；L. 四分体；M. 胼胝质包裹四分体；N. 小孢子有丝分裂；O. 花粉粒发育后期。Ta. 绒毡层；Ml. 中层；En. 药室内壁；Ep. 表皮；PMC. 小孢子母细胞；Co. 药隔；Ty. 四分体。

　　绒毡层是花药壁最内的一层细胞（图 4-7E）。在初生造孢细胞时期，绒毡层与中层、药室内壁一起发育，此时的绒毡层细胞较小，排列紧密，细胞质较浓（图 4-7C）。初生造孢细胞即将发育成小孢子母细胞时，绒毡层细胞开始变大，细胞整体着色较深，其发育达到高峰期。小孢子母细胞发育后期，绒毡层细胞逐渐开始变小。至花粉成熟时，绒毡层细胞壁解体，始终保持单核状态（图 4-7F），原生质成为类似变形体的细胞，游离于四分体之间，形成变形绒毡层（图 4-7I）。

二、杜鹃兰小孢子发生与雄配子体形成

花药原表皮层下的基本分生组织分裂、分化形成多层孢原细胞，其细胞体积大、核大、质浓，排列紧密，且分裂能力较强（田海露等，2019）。随后孢原细胞平周分裂，外层分化为初生周缘细胞，内部多层为初生造孢细胞（图 4-7C）。经过约 90 d 的缓慢生长期，初生周缘细胞通过平周分裂形成 4 层同心圆排列的细胞，后期 4 层细胞自外向内分裂为 1 层药室内壁、2 层细胞的中层和 1 层细胞的绒毡层（图 4-7E）。初生造孢细胞通过分裂、分化发育为花粉母细胞，花粉母细胞聚集成群与花药壁细胞之间界限明显，细胞之间有胼胝质包裹（图 4-7E）。杜鹃兰花粉母细胞分裂方式与多数兰科植物不同，其胞质分裂为连续型。花粉母细胞形成后进入生长缓慢期，约 100 d 之后才进行第一次减数分裂，形成二分体（图 4-7K），初期二分体之间形成细胞壁，之后随即进行第二次减数分裂形成四分体（图 4-7L），四分体形状多样，以四面体为主，也有左右对称型。随着四分体发育，各个小孢子之间胼胝质逐渐形成（图 4-7M），小孢子聚集形成花粉小块，同一个花粉小块内的小孢子有丝分裂基本同步（图 4-7N），且逐渐发育成熟（图 4-7O）。至花药成熟，四分体仍未解体，成熟花粉粒（雄配子体）以四分体为单位聚集成花粉块，且雄配子体和四分体之间均有胼胝质包裹。在整个花药发育过程中，4 个花粉囊的发育和雄配子体形成过程中细胞分裂基本同步。

三、杜鹃兰大孢子发生与雌配子体形成

花朵形成早期，子房腔闭合（图 4-8A。田海露，2019）；花朵临近开放时，子房腔微张，胎座表皮下层的细胞通过平周分裂快速增长，形成圆锥状凸起（图 4-8B）。圆锥状细胞分裂、分化向子房腔内继续凸起形成二叉分支，且分支顶端表皮细胞通过有丝分裂形成许多指状突起，构成胚珠原基（图 4-8C）。最初指状突起仅由 2 层细胞构成，之后顶端的一个细胞发育为体积大、核大的圆形细胞，填充于 2 层细胞之间（图 4-8D），并通过分裂增加中层细胞个数，至中层细胞数为 10～15 个时，珠心表层细胞下的 1 个细胞发育为孢原细胞，孢原细胞经分裂形成造孢细胞。造孢细胞发育初期被 2 层矩形的珠心细胞包裹，随着造孢细胞的发育，珠心细胞由矩形发育为扁平形，造孢细胞吸收珠心细胞的营养，体积逐渐增大，直接发育为大孢子母细胞，且逐渐向珠心端移动（图 4-8E、图 4-8F）。

大孢子母细胞形成时，珠心基部的 2～3 个细胞分裂、快速生长，向造孢细胞方向扩展产生 2 层细胞构成的环状突起，发育成内珠被，包裹珠心，在珠心前端形成珠孔（图 4-8F）。内珠被发育到 4～6 个细胞时，外珠被开始发育，从珠心基部包裹内珠被向珠心处扩展，与内珠被一同包裹大孢子母细胞（图 4-8G）。外珠被发育时，珠心基部细

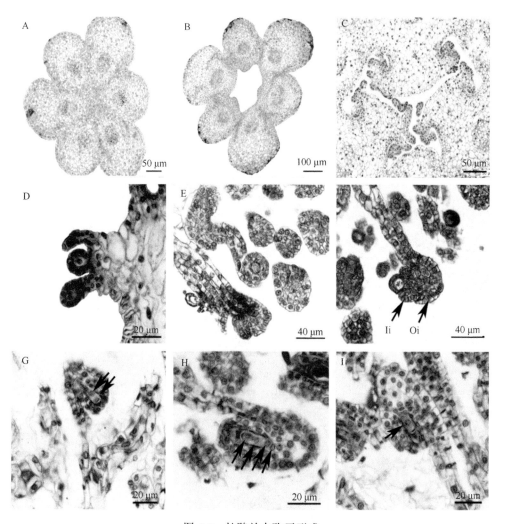

图 4-8　杜鹃兰大孢子形成

A. 开花前的子房横切；B. 花朵临近开放时子房横切；C. 开放时子房横切；D. 胚珠原基；E. 早期大孢子母细胞；F. 成熟大孢子母细胞；G. 二分体时期；H. 四分体时期；I. 功能大孢子。Ii. 内珠被；Oi. 外珠被。

胞在远珠柄侧分裂增殖，包裹珠心，最终与珠柄细胞于珠孔前端愈合，形成空气腔。因造孢细胞两侧的珠心细胞增殖速度不一致，使胚珠向一侧旋转，至大孢子母细胞分裂形成二分体时期，胚珠发生 180° 旋转，形成倒生胚珠（图 4-8G）。在珠被发育的同时，大孢子母细胞进行减数分裂，第一次减数分裂形成 2 个细胞，分别移向合点和珠孔端（图 4-8G），此时内珠被已包裹珠心，形成珠孔。随后 2 个细胞进行第二次减数分裂形成 4 个单倍体的大孢子，且大孢子沿珠心方向呈直线排列（图 4-8H），其中 3 个大孢子程序性死亡，仅 1 个功能性大孢子继续发育，形成单核胚囊（图 4-8I），即杜鹃兰属于单孢形胚囊（蓼型胚囊）。在大孢子发育成熟时，包裹胚囊的内侧一层珠心细胞逐渐被吸收，由起初的矩形变成扁长形，且染色较深。

授粉 44 d 左右，胎座上形成大量倒生胚珠（图 4-9A）。且胚胎基本发育至单细胞胚囊期，此时功能大孢子细胞体积增大，细胞核大（图 4-9B）。单细胞胚囊第一次有丝分裂产生 2 个核（图 4-9B），初期 2 个核位于胚囊腔中央，合点端的内珠被与外珠被开始分离，形成空腔（图 4-9C），外珠被通过细胞增殖基本与内珠被等长，后期 2 核分别移向胚囊两极（图 4-9D）。随后，2 个核几乎同时进行有丝分裂，在两极同时分别产生 2 个核，形成 4 核胚囊，此时紧贴胚囊腔的内珠被细胞由长方形变成扁长形，且内外珠被之间开始出现空隙（图 4-9E）。4 核胚囊分裂形成 8 核胚囊（雌配子体，图 4-9F），雌配子体两端的 4 个核各有 1 个移向胚囊中部，互相靠拢，形成中央极核，但是在精细胞进入胚囊前 2 个核并不融合（图 4-9G）。近合点端的 3 个核分化为反足细胞（图 4-9H），近珠孔端的 3 个核中 2 个分化为助细胞，另 1 个分化为卵细胞，此时外珠被已与珠柄端细胞接壤。授粉 70 d 左右，薄壁细胞形成的胎座逐步退化，种子基本形成，且逐渐从珠柄处与胎座脱离（图 4-9I）。

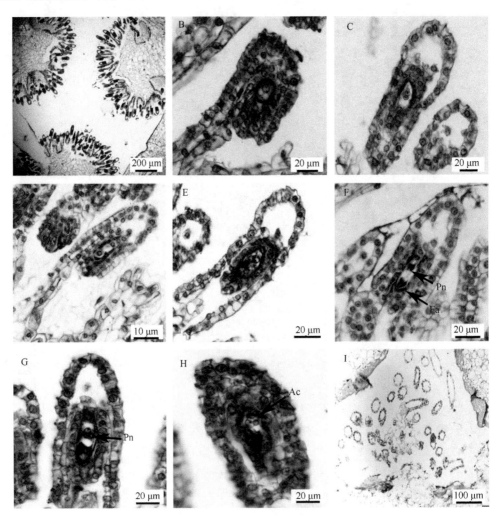

图 4-9 杜鹃兰胚囊发育

A. 授粉 44 d 的子房；B. 单核胚囊；C. 二核胚囊早期；D. 二核胚囊；E. 四核胚囊；F. 成熟胚囊；G. 中央极核；H. 反足细胞；I. 授粉 70 d 左右种子形成。Pn. 中央极核；Ea. 卵器；Ac. 反足细胞。

四、杜鹃兰授粉（人工授粉）与果实种子结构发育

杜鹃兰因其花的特殊构造，自然条件下几乎不能授粉结实，但通过科学的人工授粉（artificial pollination）可以实现其雌雄生殖细胞受精以及子房和胚珠发育，从而获得大量果实和种子（田海露等，2019）。杜鹃兰果实为蒴果，长卵圆柱形，表面具有六条棱，三粗三细相间排列，果实内腔充满数量巨大、细小如尘的种子。

（一）杜鹃兰人工授粉有效方式

在开花前对杜鹃兰植株进行疏花处理，采用同株同花、同株异花和异株异花授粉3种方式，以及不同授粉时期的对比实验（田海露等，2019）。结果表明，疏花处理可以显著提高其结实率，疏花至10~15朵花/株授粉效果较好；人工授粉时期对结实率有较大影响，花朵盛开期授粉的结实率最高；不经人工授粉（CK）的结实率为零，3种人工授粉方式的结实率均很高（表4-1）。

表4-1　不同授粉方式对结实率的影响

疏花处理/（朵/株）	结实率/%	授粉时期	结实率/%	授粉方式	结实率/%
15~20	81.67±3.33b	初开期	78.89±2.54b	同株同花授粉	96.11±3.47a
10~15	96.67±1.67a	盛开期	88.33±4.41a	同株异花授粉	96.67±2.89a
5~10	98.33±1.67a	谢花期	67.78±3.47c	异株异花授粉	97.78±2.55a
—	—	CK	0e	CK	0b

注：不同小写字母表示差异显著（$P<0.05$）。下同。

成熟杜鹃兰种子为细毛状狭长纺锤形，一端较钝、一端较尖，种皮有网纹，不同授粉方式下种子形态差异较大（图4-10和表4-2）。同株同花授粉的种子体积最大（$9.114×10^{-3}$ mm³），异株异花授粉的种胚体积最大（$1.346×10^{-3}$ mm³），异株异花授粉种子与胚的体积比最小、气腔最小，即种子最饱满。

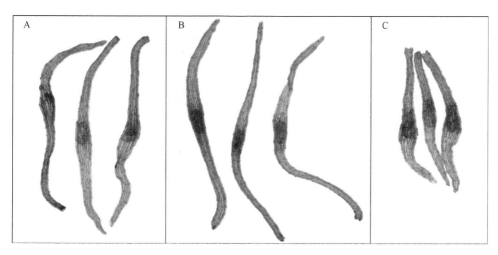

图4-10　不同授粉方式的种子形态（40×）

A. 同株同花授粉种子；B. 同株异花授粉种子；C. 异株异花授粉种子。

表 4-2 不同授粉方式对种子形态的影响

授粉方式	同株同花	同株异花	异株异花	CK
种长/mm	1.894±0.084	2.124±0.058	1.466±0.037	—
种宽/mm	0.135±0.007	0.114±0.001	0.147±0.004	—
种长/种宽	14.004±0.480	18.686±0.493	9.972±0.133	—
体积/10^{-3} mm^3	9.114±1.179a	7.184±0.228a	8.302±0.697a	—
胚长/mm	0.193±0.005	0.214±0.003	0.242±0.003	—
胚宽/mm	0.081±0.001	0.087±0.002	0.103±0.001	—
胚长/胚宽	2.383±0.031	2.474±0.057	2.353±0.036	—
体积/10^{-3} mm^3	0.663±0.044c	0.844±0.072b	1.346±0.034a	—
种子体积/种胚体积	13.809±2.223	8.540±0.464	6.182±0.683	—
气腔（种子体积－种胚体积）/种子体积	92.618±1.308a	88.267±0.642b	83.698±1.692c	—

  不同授粉方式下杜鹃兰种子的有胚率、胚活力和种子萌发率不同（图 4-11、图 4-12 和表 4-3）。人工授粉的种子有胚率均在 90% 以上，但处理间差异不显著；异株异花授粉种子的胚活力（82.40%）和萌发率（54.95%）均最高，即异株异花授粉可以提高杜鹃兰种胚质量。

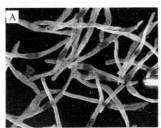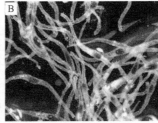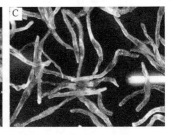

图 4-11 不同授粉方式对种子活力的影响（40×）
A. 同株同花授粉种子；B. 同株异花授粉种子；C. 异株异花授粉种子。

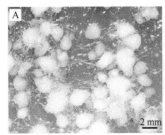

图 4-12 不同授粉方式对种子萌发的影响
A. 同株同花授粉种子；B. 同株异花授粉种子；C. 异株异花授粉种子。

表 4-3 不同授粉方式对种胚的影响

授粉方式	有胚率/%	胚活力/%	萌发率/%
同株同花	92.48±2.56a	76.65±2.36b	41.29±2.25b
同株异花	93.00±2.91a	74.42±3.54b	29.05±0.83c
异株异花	93.95±1.11a	82.40±1.51a	54.95±3.26a
自然传粉	—	—	—

授粉后 2～3 d 花瓣失水萎蔫，颜色变暗开始合拢，6 d 后花柄上部明显膨大，颜色呈浅绿色（图 4-13）。杜鹃兰蒴果长卵形，果皮具 6 条纵棱且呈 3 粗 3 细相间排列，粗棱对应的蒴果内部着生种子。成熟时果皮淡黄色，蒴果内种子众多且呈细毛状。不同授粉方式下蒴果生长曲线大致相同（图 4-14），蒴果生长前期子房迅速膨大，中期短时缓慢增长，然后又一次较快增长，之后呈微降趋势并趋于平稳。具体表现在，授粉后 0～20 d 蒴果纵径迅速增长，20～40 d 缓慢增长，40～60 d 又一次较快增长，100 d 后微降；横径于授粉后 0～70 d 迅速生长，其后生长缓慢。异株异花授粉的蒴果生长最快。

图 4-13　果实生长进程

A. 授粉前；B. 授粉 5 d；C. 授粉 15 d；D. 授粉 40 d；E. 授粉 60 d；F. 授粉 100 d。

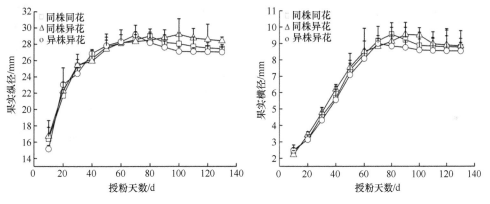

图 4-14　不同授粉方式对果实生长的影响

通过对杜鹃兰进行疏花程度、授粉花朵状态和不同授粉方式研究，明确了获得优质种子的人工授粉条件，为构建杜鹃兰人工种植中种子种苗的有性繁殖技术奠定了基础。

（二）杜鹃兰果实的结构发育

杜鹃兰的子房由 3 心皮组成 1 室，侧膜胎座，薄珠心（彭斯文，2010）。授粉后花瓣和萼片枯萎、凋谢，子房开始发育、生长膨大形成果实，合蕊柱一直保留至果实成熟。授粉后第 10 天果实雏形基本可见，3 心皮，6 条棱可以清楚分辨，3 条大棱（心皮）和 3 条小棱（果实附属结构）相间排列，组成一个近似三角形的心室（图 4-15A）。每条棱中有一内韧型维管束，维管束鞘不明显；外表皮由一层扁平细胞组成，细胞排列紧密，角质化程度比较高；基本组织由几层近圆形或椭圆形的细胞组成，细胞体积较大，近外表皮 1～2 层细胞相对较小。授粉后 20 d 果实体积增大很显著，细胞分化程度较高，外表皮细胞角质化程度增加，心室空间显著增大，近圆形，被向内突出的心皮分隔成3个扇形，种子着生在向内突出的心皮上（图4-15B）。大棱内切向方向的细胞增大、增长，呈盾形，将来发育形成果皮；小棱维管束外围的基本组织继续增大，形成一个突出的大半圆，其内细胞基本不变，因受外围挤压而呈楔形，细胞木质化，与大棱连接处间隙明显。授粉后40 d果实继续增大且果皮坚韧性增强，心室空间增大明显，呈六边形（图4-15C）。心皮切向方向细胞继续生长、拉伸，使其果皮相对变薄，果皮附属结构（小棱）明显突出。授粉后80 d果实基本上成熟，略有增大，心室空间增长不明显，种子脱离心皮而充满整个心室（图4-15D）。果皮及其附属结构的木质化程度更高以增加其机械保护能力，大棱和小棱间的间隙十分显著，很容易分离。

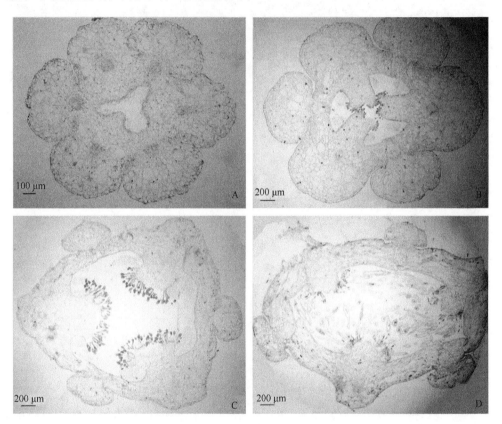

图4-15　杜鹃兰果实的结构发育

A. 授粉后第10天；B. 授粉后第20天；C. 授粉后第40天；D. 授粉后第80天。

（三）杜鹃兰种子的结构发育

授粉受精后杜鹃兰子房开始膨大，逐渐发育成果实，胚珠也相继发育成种子（田海露，2019）。但在杜鹃兰果实成熟时，其种子并未发育完全（图4-16），除种皮外，种胚为几个至几十个细胞组成的细胞团，即原胚（proembryo）；含有原胚的种子脱离母体后必须在特殊条件下经过继续发育使原胚变为成熟种胚后才能萌发，作者将此过程称为杜鹃兰种子的胚后发育（postembryonic development）。

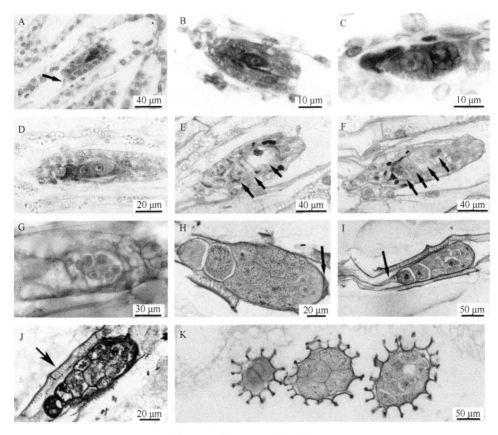

图 4-16　杜鹃兰种子的结构发育

A. 花粉管由珠孔伸入胚珠；B. 合子；C. 中央细胞融合；D. 合子第一次分裂；E. 基细胞第一次分裂；F. 四细胞原胚；
G. 多细胞原胚；H、I. 授粉 70 d 的种子；J. 授粉 80 d 的种子；K. 种子横切（种皮细胞内壁和径向壁加厚）。

1. 杜鹃兰种子的原胚发育

授粉后花粉在柱头腔内萌发，花粉管生长插入花柱并沿花柱伸长到达胚珠，从珠孔处穿越珠心进入胚囊（杜鹃兰为珠孔受精，图 4-16A）。花粉管生长过程中，精细胞进行一次有丝分裂形成 2 个精核，精核随着花粉管进入胚囊，1 个精核与卵细胞融合形成二倍体合子（图 4-16B），将来发育成胚；另 1 个精核进入胚囊后，中央细胞开始融合（图 4-16C）并与精核结合形成三倍体的胚乳细胞，胚乳细胞分裂形成部分胚乳组织。杜鹃兰经人工授粉后 45 d 左右胚囊发育成熟，50 d 左右完成双受精过程，双受精后不久胚乳组织消失。

杜鹃兰合子有 10 d 左右的休眠期，此间胚乳组织被吸收解体，合子体积增大、细胞质变浓（图 4-16B）。授粉后 60 d 左右，合子进行第一次不均等的横分裂形成 2 个细胞，近合点端为体积较小的顶细胞，近珠孔端是体积较大的基细胞（图 4-16D）。随后基细胞进行一次横分裂，形成胚柄原始细胞和中间细胞（图 4-16E），顶细胞接着进行 2 次横分裂，形成直线排列的四细胞原胚（图 4-16F），四细胞原胚经过多次连续的径向和纵向有丝分裂，形成多细胞的球形原胚（图 4-16G），原胚基部为胚柄细胞。授粉 70 d 后胚柄细胞末端形成类似管状的吸器，至成熟种子时期，吸器退化，仅在胚柄细胞上留有一个圆锥状残痕（图 4-16H、图 4-16I）。内珠被由 2 层细胞组成，合子形成时内珠被呈长方形包裹合子（图 4-16B），合子进行有丝分裂时，内珠被细胞逐渐由长方形变成扁长形包裹原胚，授粉 70 d 后内珠被细胞呈致密膜质结构且紧贴种胚，种胚前端可见内珠被残存的细胞（图 4-16G）。授粉 80 d 后胚体仍然保持球形原胚状态，外珠被发育成为一层细长细胞组成的、细胞外壁木质化且具网纹状结构的外种皮（图 4-16J），从种子横切面可以看到种皮细胞内壁和径向壁均木质化加厚（图 4-16K），种皮纵向延伸成纤毛，此时果实基本成熟。可以看出，在杜鹃兰果实成熟时，其种子的胚尚未发育成熟，仍然处于原胚阶段，故种子不能萌发。

2. 杜鹃兰种子的胚后发育与萌发过程

杜鹃兰种子发育过程中因缺乏胚乳供给营养，加之种皮致密而限制其透水透气性，致使其种胚在自然条件下停留在原胚阶段，必须经过人工构建非共生促进种胚发育条件，或自然环境中遇到促进种胚发育的共生真菌，或人工筛选促进种胚发育的共生真菌与之共生培养，以此解除种皮的物理屏障使之透水透气并能获得营养，进而完成种胚发育（胚后发育）后，方能实现其种子萌发。

杜鹃兰蒴果成熟时果皮呈黄绿色，蒴果外观形状近椭圆形，蒴果含有大量微小的种子。种子具内外种皮和近椭圆形的原胚，无胚乳。种子形状一端较钝，一端较尖，种皮浅褐色。种子切片显微观察结果可见，外种皮由 1 层细胞组成（图 4-17A），种皮细胞木质化加厚，细胞表层具纹理，无内含物；内种皮致密、薄膜状，紧贴种胚。种胚位于种子中间，胚体前端表面 1 层细胞体积较小，呈不规则四边形，细胞排列紧密且染色较深，细胞质浓厚，内含物较丰富；另一端（胚柄端）细胞数目较少，但细胞体积大（图 4-17B、图 4-17C）。

解除种皮物理屏障后的杜鹃兰种子，首先吸水膨胀，原胚细胞增殖、分化、发育加快，种胚体积逐渐增大，种皮和种胚颜色变浅，透明度增加。切片观察可以看到胚体前端表皮细胞平周分裂，形成 2 层较小且排列紧密的细胞，细胞质浓，细胞核明显；表皮以内的细胞通过有丝分裂不断增加细胞数量和体积，种胚开始突破种皮（图 4-17C、图 4-17D），但胚柄细胞数量和体积无明显变化。种胚分化发育中，胚体前端形成具有分生组织特点的细胞群，进一步分化形成生长点，胚柄端细胞分裂较慢但体积增大，种胚从球形胚发育形成梨形胚（图 4-17D）。生长点继续分化发育使种胚开始出现极性，胚体向一侧倾斜，倾斜方向的胚体中上部出现凹沟，胚柄细胞开始退化直至消失（图 4-17E、图 4-17F）。胚体顶端细胞分裂分化形成大量核大质浓、分裂旺盛的"生长锥（胚芽）"（图 4-17G～I）。生长锥侧面出现 2 个凹沟（图 4-17I），第一个凹沟的上部区域类似于禾本科植物的"顶端区"，将来分化发育形成叶鞘的大部分；第二个凹沟的下部即胚体基部为"胚根形成区"，将来分化发育形成根；第一个凹沟与第二个凹沟之间即胚体的中间区域，类似于禾本科植物的"器官形成区"，将来分化发育形成胚芽和胚轴。至此，杜鹃兰种子的胚后发育过程完成，成熟种胚结构形成（图 4-17I）。随着种胚发育成熟，快速生长且吸水膨胀，彻底突破种皮，并逐渐发育形成原球茎（图 4-17J～L）。原球茎表面有大量辐射分布的白色毛状物，切片观察毛状物内无内含物，是原球茎

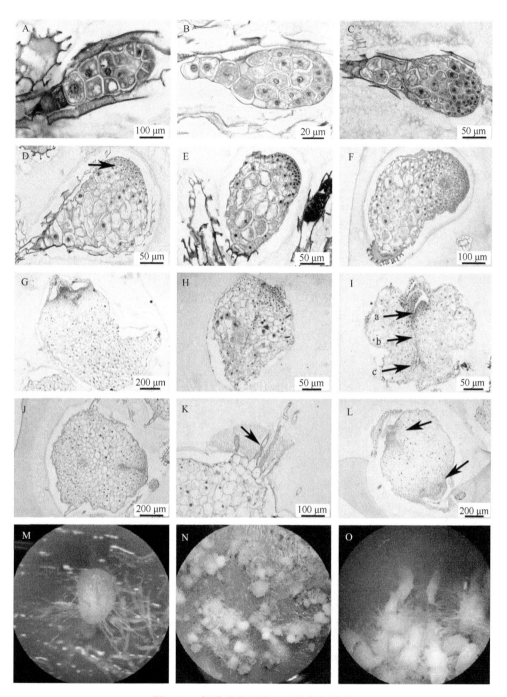

图 4-17　杜鹃兰种子的胚后发育与萌发

A. 成熟果实的种子；B. 种子吸水膨胀；C. 种胚一侧突破种皮；D. 胚体前端出现极性（箭头所指）；E、F. 种胚完全突破种皮；G. 生长锥形成；H. 胚轴形成；I. 成熟胚结构（a. 胚芽；b. 胚轴；c. 胚根）；J. 原球茎向外辐射出毛状物（假根）；K. 假根（箭头所指）；L. 具 2 个芽点（箭头所指）的原球茎；M. 原球茎和假根；N. 原球茎转绿；O. 原球茎出芽。

吸收水分和营养物质的组织结构（假根。图 4-17K）。原球茎进一步发育，由乳白色转变成绿色（图 4-17M～O），随后出芽抽叶。

(四)杜鹃兰原球茎发育成苗

杜鹃兰种子萌发形成原球茎后,原球茎继续生长、分化、发育形成幼苗。观察发现,杜鹃兰原球茎分化发育形成幼苗有两种方式:①原球茎直接分化形成根、茎、叶;②原球茎增殖形成原球茎串(簇),其中少数原球茎先分化成苗。

杜鹃兰原球茎成苗过程大致如下:原球茎分化出根状茎,根状茎顶端出芽、抽叶、生根、成苗(图4-18)。根状茎与叶之间形成一定的夹角,根从拐角处长出,根着生部位膨大为假鳞茎。杜鹃兰幼苗生长过程中,根状茎基部和节上可不断萌芽,从而有效提高增殖效率。

图 4-18　杜鹃兰原球茎成苗过程

第五章　杜鹃兰地下茎分枝发育与激素调控

杜鹃兰的地下茎（underground stem）由假鳞茎和根状茎组成，假鳞茎通过短的根状茎串联在一起，且无论多少个假鳞茎串联，每年均只有最新的一个假鳞茎出苗长成植株，由此植株再形成一个新的假鳞茎，而其他假鳞茎不能产生新植株和新假鳞茎，只有当串联的假鳞茎彼此分离独立出来后才能形成新植株并结出新的假鳞茎。也就是说，杜鹃兰地下茎的分枝发育受到新生假鳞茎的强烈抑制，这种现象类似于地上茎的顶端抑制。研究揭示新生假鳞茎的抑制机制，便可为有效构建杜鹃兰的无性繁殖技术提供理论依据，从而实现该珍稀物种的种质保育与资源可持续利用。

第一节　杜鹃兰假鳞茎侧芽休眠的内在机制

多年生植物的芽一般需经历"生长-休眠-生长"的周期性变化，以适应其生存环境。为探索杜鹃兰假鳞茎侧芽（lateral bud）休眠机制，课题组以三年生杜鹃兰为材料（图 5-1。Lv et al.，2017，2018；吕享等，2018a），设计剪切和不剪切（对照）两组实验，每组选取 420 株，进行 3 次重复实验，$n=140$。采取 3 种剪切方式：①近端剪切，即打顶（去掉一年生假鳞茎，下同。图 5-2CLP）；②远端剪切（去掉离顶端最远的假鳞茎，图 5-2COP）；③全部剪切（将假鳞茎串全部假鳞茎剪切分离，图 5-2 CAP）。处理完毕后，将分离的假鳞茎与剩余假鳞茎一起栽种于疏松腐殖土中，每组 60 株，3 次重复，$n=20$。检测分析方法：①显微观测，即采用光镜和扫描电镜观测侧芽发育过程及其相关细胞的形态变化；②生化分析，分别在处理 0 d、6 d、12 d、15 d、18 d、20 d、25 d 取侧芽和假鳞茎检测淀粉、可溶性糖、蛋白质和水分等；③基因表达量分析，分别在处理 0 d、6 d、12 d、15 d、18 d 取侧芽检测相关基因的表达量。

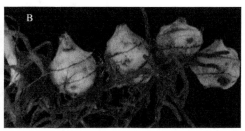

图 5-1　杜鹃兰植株及其假鳞茎串

A. 野生杜鹃兰植株；B. 假鳞茎串。

一、打顶对杜鹃兰假鳞茎侧芽萌发的影响

自然条件下，杜鹃兰假鳞茎串中除一年生假鳞茎上的侧芽能够萌发之外，其他侧芽

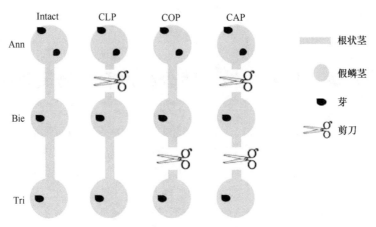

图 5-2　杜鹃兰假鳞茎剪切处理

Ann、Bie、Tri：分别表示一年生、二年生和三年生假鳞茎；Intact：假鳞茎串不做处理（对照）；CLP：去掉假鳞茎串中新生假鳞茎；COP：去掉假鳞茎串中最老假鳞茎；CAP：分离假鳞茎串中全部假鳞茎。下同。

均不能萌发而一直保持休眠状态。从图 5-3 可以清楚地看出假鳞茎串中各假鳞茎间的抑制关系。打顶处理后，CLP 组一年生和二年生假鳞茎均能萌发，萌发率达 98%，而三年生假鳞茎上的侧芽并未萌发，这可能是因为此时二年生假鳞茎对三年生假鳞茎有抑制作用；COP 组一年生和三年生假鳞茎上的侧芽能够萌发，其萌发率分别达到 99% 和 90%，而二年生假鳞茎上的侧芽未萌发，这极有可能是二年生假鳞茎上的侧芽受到一年生假鳞茎的抑制；CAP 组的一年生、二年生和三年生假鳞茎上的侧芽均能萌发，其萌发率分别在 99%、98% 和 90% 左右，显然这是由于一年生、二年生、三年生假鳞茎间的抑制关系因相互分离而解除所致，使其侧芽得以萌发成苗；对照组仅有一年生假鳞茎萌芽。从上述实验结果可以发现杜鹃兰侧芽萌发的一个规律，即假鳞茎串中的各个假鳞茎只要成为顶端假鳞茎，它的侧芽便能萌发并生长发育形成一个新的假鳞茎。

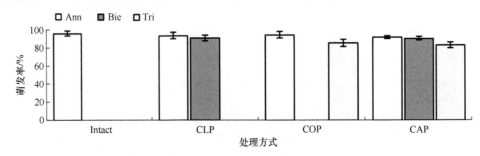

图 5-3　剪切处理的假鳞茎侧芽萌发率

二、杜鹃兰侧芽生长发育过程分析

（一）侧芽发育过程的形态变化

杜鹃兰侧芽生长发育过程按其各阶段的形态特征可分为 5 个时期。

（1）侧芽休眠期。侧芽紧紧贴附假鳞茎，芽尖外部由多层鳞片包裹，外层鳞片多为棕黄色或棕褐色（图 5-4A）。

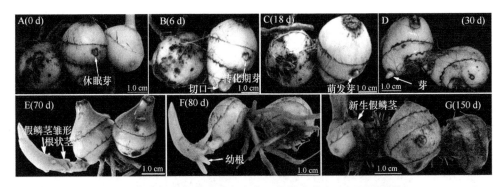

图 5-4　杜鹃兰侧芽发育形态变化（括号中数字为打顶后天数）

A. 侧芽休眠期；B、C. 侧芽萌动转化期；D. 侧芽伸长生长期；E、F. 假鳞茎初始形成期；G. 假鳞茎成熟期。

（2）侧芽萌动转化期。初期在形态上与休眠期无明显差异（图 5-4B），但生理上变化较大。紧接着，侧芽分生组织细胞快速分裂，侧芽横径明显增大，芽尖变成圆锥状凸起（图 5-4C）。

（3）侧芽伸长生长期。侧芽快速生长，伸长加粗，外包被新长出白色鳞片状附属物（图 5-4D）。

（4）假鳞茎初始形成期。侧芽基部与假鳞茎连接处逐渐分化出根状茎，将侧芽推出远离假鳞茎，侧芽基部膨大形成新生假鳞茎雏形且顶端快速伸长生长，新生假鳞茎基部分化出根，根着生点为新生假鳞茎与根状茎的分界点（图 5-4E、图 5-4F）。

（5）假鳞茎成熟期。由侧芽发育而成的新生假鳞茎顶端抽出叶，进而通过自养满足新生假鳞茎生长发育的营养供给而使其发育成熟（图 5-4G）。新生假鳞茎上再次形成新的侧芽，新生侧芽保持休眠状态直至翌年 3 月开始萌发，进入下一个营养生长周期。

通过对打顶解除休眠的侧芽生长速率的测定发现，打顶 18 d 后侧芽萌发现象明显，但侧芽伸长生长变化不明显，第 25 天后侧芽伸长生长开始变快，80 d 后芽长达 4 cm，而此时对照组侧芽仍处于休眠状态，形态上几乎没有任何变化（图 5-5）。因此，打顶可以解除假鳞茎侧芽休眠，同时可以认为杜鹃兰侧芽的休眠属于抑制性休眠。

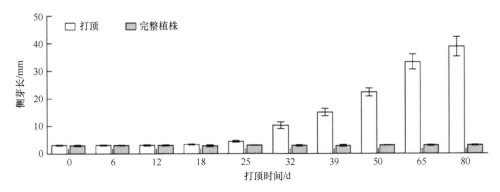

图 5-5　打顶后侧芽的生长速率

（二）侧芽发育过程的结构变化

通过石蜡切片显微观察，休眠期侧芽紧紧贴附于假鳞茎，仅能分辨叶原基、生长点和鳞片（图 5-6A）。至翌年 3 月，侧芽开始萌动，分生组织细胞快速分裂、增殖，生长点变大，鳞片细胞层数减少（图 5-6B）；侧芽萌发后，芽尖快速伸长生长，维管束开始形成（图 5-6C），鳞片层数及鳞片间的间距增加，侧芽基部开始根的分化（图 5-6D）；随着侧芽的继续生长，其腋芽原基开始形成（图 5-6E），腋芽随新生假鳞茎生长发育逐渐分化出鳞片（图 5-6F）；新生假鳞茎继续生长，叶柄分化形成，花芽原基也随之形成（图 5-6G）；新生假鳞茎进入膨大阶段，薄壁细胞快速分裂增殖，维管束形成（图 5-6H）；到 11 月，新生假鳞茎充分发育成熟（图 5-6I），其上的侧芽进入休眠，花芽继续发育。

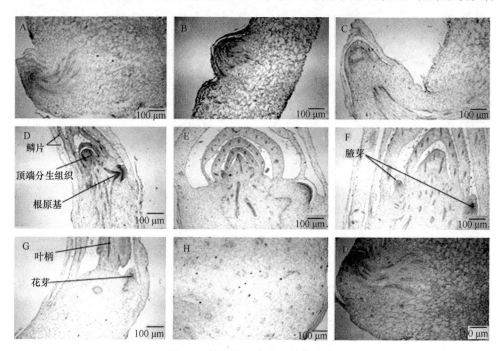

图 5-6 杜鹃兰侧芽发育结构变化

A. 休眠期侧芽；B. 萌动期侧芽；C. 伸长生长期侧芽；D. 侧芽芽端和根端分化；E、F. 腋芽分化发育；G. 新生假鳞茎上叶柄和花芽分化；H. 新生假鳞茎初始形成；I. 新生假鳞茎的腋芽发育成熟。

在杜鹃兰假鳞茎串中，一年生假鳞茎上侧芽能够萌发，而二年生及二年生以上假鳞茎侧芽则不能萌发。通过光镜和扫描电镜观察侧芽基部的细胞结构，并与打顶后侧芽基部的细胞结构相对照，结果发现，二年生及二年生以上假鳞茎侧芽薄壁组织细胞的细胞壁褶皱较深（图 5-7A~E），细胞间排列更紧密，细胞显著缩小（图 5-7B、图 5-7E、图 5-8）；打顶 6 d 后，薄壁组织细胞的细胞壁向内褶皱明显变浅变少，细胞壁骨架包裹的腔体变深变大（图 5-7C、图 5-7F），细胞也显著增大（图 5-8）。以上结果说明，杜鹃兰侧芽萌发与其基部薄壁组织细胞的生长状态密切相关。

（三）侧芽萌发过程的水分变化

通过检测杜鹃兰假鳞茎侧芽中总水分、自由水和束缚水含量，发现打顶后侧芽中总含水量一直呈上升趋势（图 5-9A），自由水含量与总含水量变化趋势一致（图 5-9B），束缚水含量则先下降后上升（图 5-9C），而对照组水分变化不大。这一结果说明，侧芽

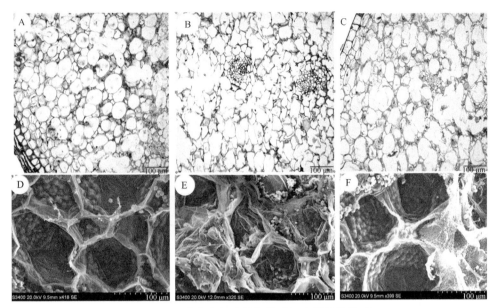

图 5-7　侧芽萌发与其基部薄壁细胞结构的关系

A～C. 一年生假鳞茎及打顶 0 d 和 6 d 的二年生假鳞茎显微结构；D～F. 对应 A～C 的超微结构。

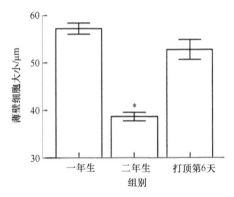

图 5-8　侧芽薄壁细胞大小变化

* 表示较打顶的第 6 天有显著差异。

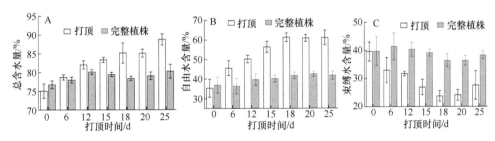

图 5-9　侧芽萌发过程中细胞水分状态变化

萌发与细胞内水分状态有较大关系，细胞内自由水含量增加，势必会促进相关酶活性基团的暴露，加速物质代谢活动，有利于侧芽分化、发育和生长所需相关物质的生物合成与运输转化。

（四）侧芽萌发过程的糖类物质变化

糖类是植物光合碳同化形成的供其生长发育所需物质和能量的重要初生代谢物。对杜鹃兰假鳞茎串进行打顶处理后，发现去除新生假鳞茎后余下的假鳞茎中的淀粉消耗更快（图 5-10），因为解除新生假鳞茎抑制作用后，老假鳞茎上的侧芽便可分化发育、出芽成苗，故而需要更多的淀粉水解供给营养。同时，从图 5-11 也可以看出，打顶后的假鳞茎及其侧芽可溶性糖含量均高于对照组，说明去除新生假鳞茎可诱导糖的重新分配，因为一般情况下营养物质优先供应植株或器官生长旺盛部位，只有当生长旺盛部位被去除后，其余部位才能得到较多的养分。

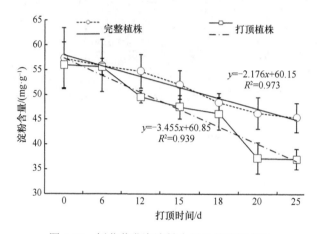

图 5-10　侧芽萌发中淀粉含量及其线性变化

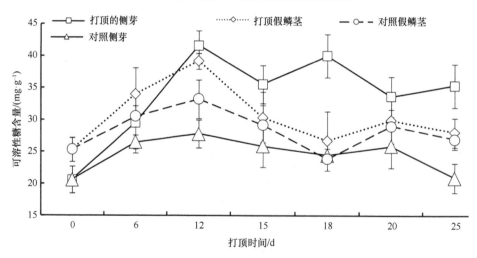

图 5-11　侧芽萌发中可溶性糖含量变化

（五）侧芽萌发过程的蛋白质变化

打顶后的假鳞茎及其侧芽中可溶性蛋白含量逐渐升高（图 5-12），侧芽基部薄壁组织细胞的细胞壁也发生了明显变化。通过 qRT-PCR 分析 3 个细胞壁扩张蛋白基因（*aEXPA1*、

EXPA2 和 *EXPA6*）的表达水平发现，*αEXPA1* 和 *EXPA6* 基因在打顶后的前 6 d 表达量增加迅速，之后增速放缓（图 5-13A、图 5-13C）；而 *EXPA2* 基因在打顶后的 6 d 里表达量几乎没有变化，随后则快速增加（图 5-13B），推测 *αEXPA1* 和 *EXPA6* 基因可能调控成熟薄壁组织细胞的扩张，而 *EXPA2* 基因对成熟细胞的细胞壁扩张是非必需的，这也可能与侧芽萌发过程中其分生组织细胞膨大和分裂有关。此外，侧芽萌发过程中细胞自由水含量增加与水通道蛋白基因（*PIP2*、*PIP1-2* 和 *δTIP*）转录水平密切相关，通过 qRT-PCR 分析水通道蛋白相关基因表达结果发现，打顶后 *PIP2* 表达量逐渐升高（图 5-14A）；*PIP1-2* 在打顶 0～6 d 下调，随后表达量逐渐升高（图 5-14B）；*δTIP* 在打顶后表达量逐渐下降（图 5-14C）。也就是说，细胞膜上的水通道蛋白基因（*PIP2* 和 *PIP1-2*）上调可促进自由水向细胞质渗透，而定位在液泡膜上的水通道蛋白基因（*δTIP*）表达水平与自由水含量呈负相关，暗示细胞质渗透压改变对 *δTIP* 转录水平有较大影响。

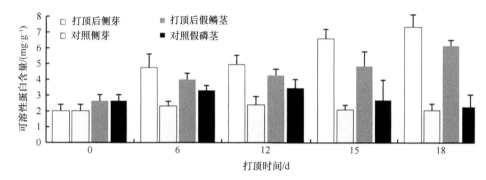

图 5-12　侧芽萌发中可溶性蛋白含量变化

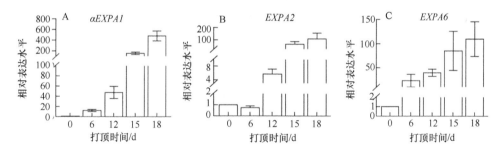

图 5-13　侧芽萌发中细胞壁扩张蛋白基因表达变化

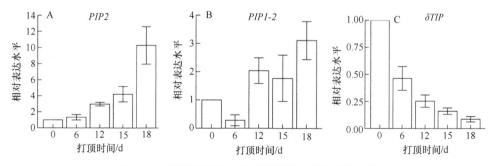

图 5-14　侧芽萌发中细胞水通道蛋白基因表达变化

综上所述，杜鹃兰假鳞茎侧芽休眠的内在原因，一方面是侧芽基部的薄壁组织细胞的细胞壁扩张蛋白基因表达下调，致使细胞壁延展性降低，细胞壁皱缩，限制了细胞的生长发育。另一方面，向侧芽分生组织细胞运输水分的水通道蛋白转录本减少，导致其细胞含水量降低而收缩，造成侧芽细胞内低自由水的微环境，进而抑制侧芽的生理活性及相关的生化反应，最终使侧芽处于休眠状态而不能萌发。

第二节 杜鹃兰地下茎分枝发育的激素调控

侧芽休眠受生长环境和基因的共同调节，众多研究证明，植物激素（phytohormone）是调控植物侧枝生长的重要内因（Wang et al.，2014；Rameau et al.，2015；Yang et al.，2018；Gao et al.，2018）。顶端优势是导致抑制性休眠最普遍的一种方式（Horvath et al.，2003），生长素中的吲哚乙酸（IAA）是最早报道与顶端优势有关的激素（Thimann and Skoog，1933），IAA 极性运输至侧芽，抑制其生长，而 IAA 并不直接作用于侧芽以抑制其发育（Prasad et al.，1993；Booker et al.，2003；Mason et al.，2014；Rameau et al.，2015），于是就有了 IAA 信号传递的第二信使假说（Sutherland and Robison，1966）。细胞分裂素（CTK）被认为是 IAA 第二信使的首选，IAA 的抑制作用可能是通过阻止 CTK 在茎和根中的合成与运输来实现的（Bangerth，1994；Tanaka et al.，2006）。在研究 IAA 抑制侧芽生长发育的机制中，发现 IAA 对 CTK 合成的抑制作用依赖于 AXR1 基因并通过 IAA 信号转导途径来实现（Nordström et al.，2004）。脱落酸（ABA）也可抑制侧芽的生长，González-Grandío 等（2016）研究发现，分枝酶基因（BRC1）通过上调合成关键酶基因（NCED3）的表达，可显著提高侧芽内 ABA 的积累，促发激素响应，从而抑制侧芽的发育。赤霉素（GA）对植物分枝发育也具有调控作用，GA 与 CTK 协同可促进木本植物分枝（Ni et al.，2015）。

从杜鹃兰假鳞茎串的打顶实验结果看出，打顶促进了二年生假鳞茎上的侧芽萌发并发育成新的植株，据此推测杜鹃兰地下茎也存在顶端优势（吕享，2018）。调控杜鹃兰分枝发育的生理机制尚不清楚，通过打顶探索诱导侧芽萌发过程中 IAA、CTK、ABA 和 GA 等内源激素含量变化规律，并结合相关基因表达情况及侧芽内部的生理生化变化分析，是揭示杜鹃兰地下茎分枝发育调控机制的有效途径。

一、植物激素对杜鹃兰侧芽萌发的影响

比较假鳞茎串中不同年份假鳞茎侧芽 IAA 含量，发现二年生、三年生假鳞茎侧芽 IAA 含量显著高于一年生假鳞茎侧芽（$P<0.05$）且二年生假鳞茎侧芽 IAA 含量最高。换言之，IAA 含量的高低决定假鳞茎侧芽能否萌发，低浓度 IAA 有利于侧芽激活与萌发，故杜鹃兰假鳞茎串中仅一年生假鳞茎侧芽能够萌发成苗。采用打顶、玉米素（ZT）和赤霉酸（GA₃）处理杜鹃兰假鳞茎及其侧芽，发现打顶 18 d 后多数二年生假鳞茎上的侧芽中至少有 1 个侧芽萌发；高浓度的 ZT 处理 1 周后观察到侧芽萌发，40 d 后 ZT 诱导二年生、三年生假鳞茎侧芽萌发率分别达到 52% 和 35%；GA₃ 处理与对照组一样，侧芽不萌发，即 CTK 对侧芽萌发有促进作用。

通过打顶诱导杜鹃兰二年生假鳞茎上的侧芽萌发，结果显示二年生假鳞茎中 IAA 含量快速下降（图 5-15A），打顶 15 d 后，IAA 含量降至最低；打顶 18 d 后侧芽开始萌发（图 5-15E），IAA 含量稍有升高，而后又开始下降（图 5-15A）。打顶后 CTK 含量先缓慢增加，6 d 后增加速度明显加快，15 d 后达到峰值（图 5-15B），随后开始下降。随着打顶时间的推移，IAA/CTK 值逐渐减小，侧芽萌发后又稍有增大，20 d 后基本维持在 4.8 左右（图 5-15C）。

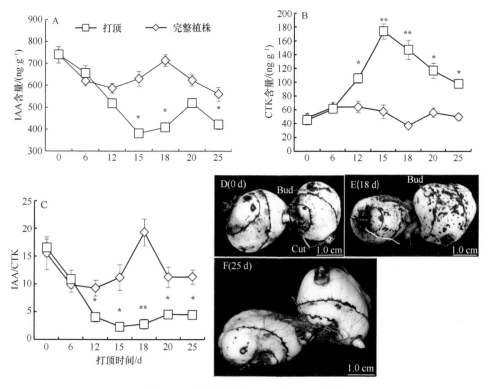

图 5-15　侧芽萌发中 IAA 和 CTK 变化

ABA 与植物侧枝生长存在紧密联系已有报道（Yao and Finlayson，2015；González-Grandío et al.，2016；Holalu and Finlayson，2017）。我们的研究发现，打顶后杜鹃兰假鳞茎侧芽中 ABA 含量开始缓慢下降，然后快速下降，最后维持在 100 ng·g^{-1} 左右（图 5-16A），与对照组比较，打顶 15 d 后侧芽中 ABA 含量显著降低（$P<0.05$），18 d 后达到极显著水平（$P<0.01$），在此期间侧芽萌发，说明 ABA 对侧芽分化发育和萌发生长有抑制作用；打顶后侧芽中 GA$_3$ 含量逐渐升高（图 5-16B），与对照组相比，打顶 15 d 后 GA$_3$ 含量显著增加（$P<0.05$），20 d 后达到极显著水平（$P<0.01$），在此期间侧芽萌发，说明 GA$_3$ 对侧芽分化发育和萌发生长有促进作用。GA$_3$/ABA 信号调控途径的动态平衡被认为与调控侧芽休眠或萌发有关（Duan et al.，2004；Mornya and Cheng，2013；Zheng et al.，2015），在调控杜鹃兰假鳞茎侧芽休眠和萌发的过程中，GA$_3$ 与 ABA 之间的拮抗作用也证明了这一点。与对照相比，打顶的前 15 d，GA$_3$/ABA 值只有微小变化；打顶 15 d 后 GA$_3$/ABA 值显著升高（图 5-16C，$P<0.05$），此间侧芽伸长生长较快，根状茎开始分化形成。

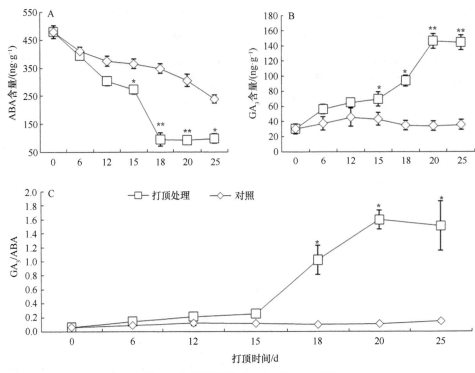

图 5-16　侧芽萌发中 ABA 和 GA$_3$ 变化

二、*IPT* 基因介导 CTK 含量变化对侧芽萌发的影响

为了验证生长素对细胞分裂素水平的调控，采用 qRT-PCR 分析打顶对侧芽内细胞分裂素合成酶关键基因（*IPT*）表达的影响。结果表明，IAA 含量降低后，*IPT* 表达量明显上调（$P<0.05$）；侧芽萌发后，IAA 含量开始增加，*IPT* 表达量却下调（图 5-17），此时侧芽内 CTK 含量也降低，说明生长素水平的改变可引起 *IPT* 基因表达量变化，进而调控细胞分裂素水平以间接影响杜鹃兰假鳞茎侧芽的分化、发育和生长。侧芽萌发后，细胞分裂素水平因 *IPT* 表达量下降而降低，结合侧芽形态发育的进程分析，可初步判断侧芽进入伸长生长阶段后对细胞分裂素需求降低。

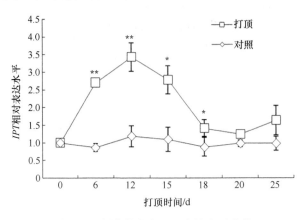

图 5-17　侧芽萌发中 *IPT* 表达水平变化

综合上述研究结果可以看出，杜鹃兰地下茎（假鳞茎串）分枝发育的生理机制与已报道的植物地上茎分枝发育机制十分相似。在杜鹃兰中，生长素也倾向于调控 *IPT* 的表达来控制假鳞茎侧芽中的 CTK 水平，从而间接地调控侧芽的萌发和生长（图 5-18）。ABA 和 GA$_3$ 在侧芽萌发、生长过程中也起着一定的调节作用，但没有 IAA 和 CTK 的作用明显。

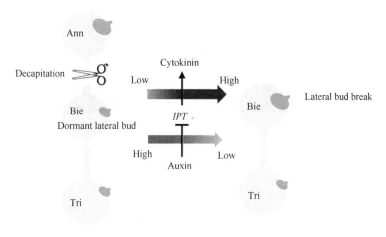

图 5-18　假鳞茎侧芽萌发的激素调控

图中"→"和"⊥"分别表示促进和抑制作用。

第三节　杜鹃兰地下茎分枝发育的分子调控机制

转录组（transcriptome）有广义和狭义之分：广义的转录组是指在某一特定生理条件下所有 RNA 转录产物的集合，RNA 包括 mRNA 和非编码 RNA（tRNA、rRNA、lncRNA、microRNA 和 circRNA 等）；狭义的转录组仅指 mRNA 转录产物的总和。同一生物体虽然具有相同的遗传背景，但其不同组织器官中的细胞是如何定向定时分化从而实现其不同功能的？此问题一直困扰着科学界。随着生命科学和生物技术的不断进步，已明确同一个生物体中不同组织器官或同一组织器官中的不同细胞在生长发育的不同阶段或在不同环境中所表达出来的整套基因是不一样的，最终诱导其分化为不同的表型并行使不同的功能，这就为研究不同发育阶段或不同处理下基因表达差异提供了现实可行性。研究探讨打顶诱导杜鹃兰多年生假鳞茎侧芽萌发过程中的不同发育阶段所有参与翻译蛋白质的 mRNA 表达差异，便可解析杜鹃兰地下茎分枝发育的分子调控途径。为此，课题组开展了以下研究工作（Lv et al.，2017，2018；吕享等，2018b）。

一、转录组测序与拼接质量分析

选取三年生杜鹃兰 360 株（其假鳞茎串上一年生假鳞茎侧芽刚萌发，图 5-19A），随机分成 3 组，每组 120 株，以 40 株为 1 份，作为 1 个生物学重复样。其中第一组的 120 株分别取下一年生假鳞茎上萌发的侧芽和二年生假鳞茎上的侧芽，并分别命名为 G1 和 D2。分别命名 G1、D2 的生物学重复样为 G1_1、G1_2、G1_3 和 D2_1、D2_2、D2_3，其他 240 株全部打顶处理，一年生假鳞茎和剩余串联的二年生、三年生假鳞茎继续培养。打顶 6 d 后，立即取下二年生假鳞茎上的休眠侧芽（图 5-19B），命名为 TD2，生物学重复样命名为 TD2_1、TD2_2 和 TD2_3；打顶 18 d 后，切取二年生假鳞茎上的萌发初期侧芽（图 5-19C），命名为 TG2，其生物学重复样命名为 TG2_1、TG2_2 和 TG2_3。将取下的所有芽立即液氮速冻，然后转移至 −80℃ 冰箱保存，备用。

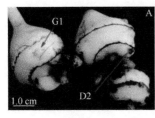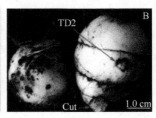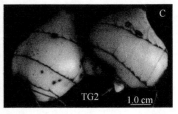

图 5-19　用于实验的杜鹃兰假鳞茎及其侧芽

A. 三年生假鳞茎串（其上一年生假鳞茎侧芽刚萌发）；B. 打顶 6 d 时的假鳞茎；C. 打顶 18 d 时的假鳞茎。G1. 一年生假鳞茎萌发侧芽；D2. 二年生假鳞茎休眠侧芽；TD2. 打顶 6 d 时的二年生假鳞茎休眠侧芽；TG2. 打顶后二年生假鳞茎萌发侧芽；Cut. 打顶时留下的切口。

为探索植物激素在杜鹃兰侧芽发育中的作用，对 G1、D2、TD2 和 TG2 几个不同状态下的侧芽共 12 个 RNA 样品进行了 RNA 测序，并建立 cDNA 文库。共产生 618 793 678 条 Raw reads，经去除带接头（adapter）的 reads，去除 N（N 表示无法确定碱基信息）的比例大于 10% 的 reads，去除低质量 reads（质量值 Qphred≤20 的碱基数占整个 reads 50% 以上的 reads），获得 597 053 172 条 Clean reads；经 Clean reads 个数与长度乘积转化为 G 单位，每个样品的 Clean bases 均大于 6G，测序时碱基错误率均低于 0.02%，Phred 数值大于 20、30 的碱基占总体碱基的百分比分别在 96%～98% 和 90%～93%，GC 含量分布在 46%～50%，测序基本无 GC 含量分离现象。上述评估结果说明测序质量合格且较好（表 5-1）。

表 5-1　假鳞茎侧芽 RNA 测序结果

Sample	Raw reads	Clean reads	Clean bases/Gb	Error/%	Q20/%	Q30/%	GC content/%
G1_1	48 451 288	46 640 074	7.00	0.02	96.62	91.63	48.16
G1_2	53 695 306	51 981 244	7.80	0.02	97.19	93.01	49.33
G1_3	56 169 226	53 749 702	8.06	0.02	96.46	91.35	47.67
D2_1	56 176 712	53 803 124	8.07	0.01	97.54	93.68	47.01
D2_2	55 346 934	53 003 636	7.95	0.02	96.72	91.87	47.48
D2_3	50 324 224	48 136 950	7.22	0.01	97.54	93.71	46.71
TD2_1	46 568 478	45 272 406	6.79	0.01	97.39	93.41	47.49
TD2_2	48 746 182	46 913 750	7.04	0.02	96.18	91.02	46.33
TD2_3	45 843 728	44 538 914	6.68	0.02	96.91	92.45	46.57
TG2_1	49 637 968	48 035 784	7.21	0.01	97.71	94.10	49.57
TG2_2	54 961 460	53 625 420	8.04	0.02	96.58	91.49	48.75
TG2_3	52 872 172	51 352 168	7.70	0.02	96.25	90.95	49.10
summary	618 793 678	597 053 172	89.56				

　　Raw reads：统计原始序列数据，以四行为一个单位，统计每个文件的测序序列的个数；Clean reads：计算方法同 Raw reads 和 Raw bases，只是统计的文件为过滤后的测序数据；后续的生物信息分析都是基于 Clean reads；Clean bases：测序序列的个数乘以测序序列的长度，并转化成以 G 为单位；Error rate：碱基错误率；Q20、Q30：Phred 数值大于 20、30 的碱基占总体碱基的百分比；GC content：碱基 G 和 C 的数量总和占总的碱基数量的百分比。

　　Clean bases 成功拼接了 220 673 639 条核苷酸序列、432 246 个转录本、239 712 个 unigenes，长度在 201～15 577 bp，其平均长度为 921 bp，N50 为 1282 bp，N90 为 431 bp（图 5-20A）。unigenes 长度在 501～1000 bp、1001～2000 bp 以及大于 2001 bp 的 unigenes 分别有 78 285 个、49 961 个和 21 878 个（图 5-20B），长度在 501 bp 以上的 unigenes 约占总基因的 62.63%，其中 2000 bp 以上的约占 9.13%。BUSCO 评估结果显示（表 5-2），有大量的单拷贝基因，其 S 值为 80.3%；同源蛋白未全覆盖率（F 值）为 4.0%，说明拼装的基因完整性较好。

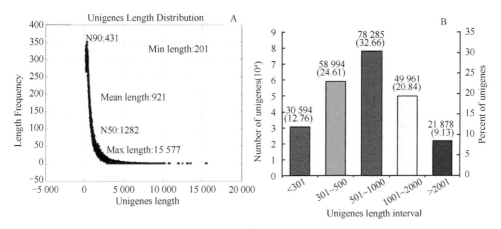

图 5-20　组装的基因长度分布
A. 基因长度频率分布；B. 基因长度条数分布。

表 5-2　BUSCO 评估转录组拼接质量

Number of unigenes	Evaluation items	Ratio/%
1247	Complete BUSCOs（C）	86.6
1157	Complete and single-copy BUSCOs（S）	80.3
90	Complete and duplicated BUSCOs（D）	6.3
58	Fragmented BUSCOs（F）	4.0
135	Missing BUSCOs（M）	9.4
1440	Total BUSCO groups searched	

二、基因功能注释

　　对拼接的 239 732 个基因在七大公共数据库（NR、NT、KO、SwissProt、GO、PFAM、KOG）中进行注释。从表 5-3 可知，有 110 579 个基因在 NR 数据库成功比对，成功注释率达 46.12%，为七大数据库之首；有 82 151 个基因在 SwissProt 数据库注释成功，占 34.26%；有 80 072 个基因在 GO 数据库中成功比对，注释率为 33.4%；在 7 个数据库中至少 1 个数据库注释成功的基因数目为 129 293 个，注释率为 53.93%；在 7 个数据库中都注释成功的基因有 15 199 个，注释率为 6.33%。基因功能注释率不高可能与杜鹃兰为无参基因组植物有关。

表 5-3　非冗余基因与公共数据库的 BLAST 比对分析

	Number of unigenes	Percentage/%
Annotated in NR	110 579	46.12
Annotated in NT	55 635	23.2
Annotated in KO	41 991	17.51
Annotated in SwissProt	82 151	34.26
Annotated in PFAM	78 507	32.74
Annotated in GO	80 072	33.4
Annotated in KOG	32 164	13.41
Annotated in all Databases	15 199	6.33
Annotated in at least one Database	129 293	53.93
Total unigenes	239 732	100.00

　　对上述注释率相对较高的五大数据库进行维恩图分析，结果显示五大数据库共注释成功的基因有 18 631 个（图 5-21A）。对 NR 注释的结果进行同源性分析（基于 BLAST 比对序列算法，临界值为 E-value<10～5），极强同源性的序列占 2.1%（2322 unigenes，E-value=0），强同源性的序列占 48.1%（53 188 unigenes，0< E-value<10～45），同源性序列占 49.7%（54 957 unigenes，10～45<E-value<10～5）（图 5-21B）。NR 成功注释的序列相似性分析，有 30.3% 的序列具有高度相似性（33 505 unigenes，相似度>80%），较高相似度的基因序列占 44.6%（49 318 unigenes，60%<相似度<80%），相似度序列占

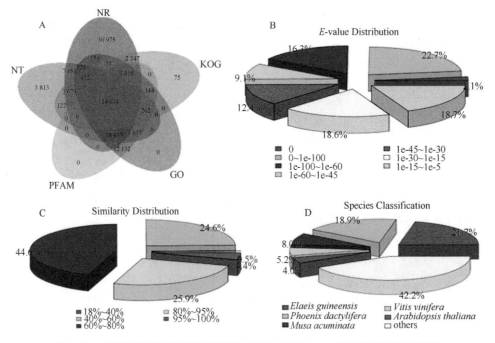

图 5-21　功能注释的维恩图和组装的非冗余基因与 NR 数据库同源比对特征

A. 维恩图表示与五大数据库（NR、NT、KOG、GO、PFAM）比对的基因数，每个椭圆形表示与一种数据库成功比对的基因数，重叠区域为共有比对的基因数，非重叠区为独有比对上的基因数；B. E 值，E 值越小同源性越强，E 值阈值设置为 10～5；C. NR 数据库比对上的物种分布图；D. NR 数据库比对上的相似度分布图。

24.6%（27 202 unigenes，相似度<40%）（图 5-21C）。以上结果说明 NR 注释的结果是相对准确的，NR 数据库注释的基因主要分布在油棕（*Elaeis guineensis*，21.7%）、椰枣（*Phoenix dactylifera*，18.9%）、小果野蕉（*Musa acuminata*，8.0%）、葡萄（*Vitis vinifera*，5.2%）、拟南芥（*Arabidopsis thaliana*，4.0%）等物种（图 5-21D）。

拼接的 unigenes 于 GO 数据库 BLAST 比对，注释成功的基因进行 GO 聚类分析，注释成功的 80 072 个基因聚类至第一层级的三大类（图 5-22），分别为生物学过程（biological process）、细胞组分（cellular component）和分子功能（molecular function）。在生物学过程中聚集有 25 个子分类，其中以涉及有 46 161 个基因的细胞过程（cellular process）、43 343 个基因的代谢过程（metabolic process）、33 171 个基因的单一组织器官过程（single-organism process）和 15 003 个基因的生物学调控（biological regulation）为高富集第二级分类代表；对于细胞成分，聚集了 21 个子分类，其中以涉及有 25 817 个基因的细胞（cell）、25 805 个基因的细胞组分（cell part）、18 130 个基因的细胞器（organelle）和 15 912 个基因的大分子复合物（macromolecular complex）为高富集第二级分类代表；在分子功能层级中聚集了 11 个子分类，其中以涉及有 41 973 个基因的结合（binding）和 34 181 个基因的催化活性（catalytic activity）为高富集第二级分类代表。

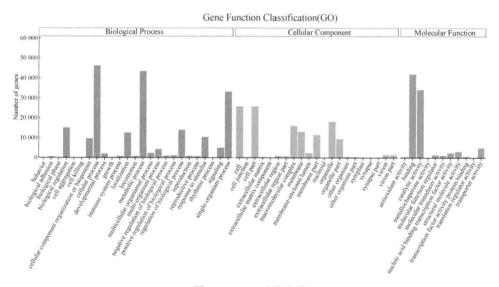

图 5-22　GO 功能分类

横坐标表示子分类，纵坐标表示注释到每个子分类上的基因数，分配到同一子分类上的基因标注在同一柱子上。

采用 KOG 数据库比对，成功注释了 32 164 个基因，被富集在 25 个分类上（图 5-23）。KOG 比对上的基因具有相同起源，或旁系同源基因，亦或直系同源基因。富集最高的分类是翻译后修饰（posttranslational modification）、蛋白周转（protein turnover）、分子伴侣（molecular chaperones），富集了 4379 个基因（占总注释基因的 14.13%）；其次是翻译（translation）、核糖体结构（ribosomal structure）和生物发生（biogenesis），富集了 4119 个基因（占 13.86%）；再者是一般功能预测（general function prediction only），富集有 3887 个基因（占 12.53%）。

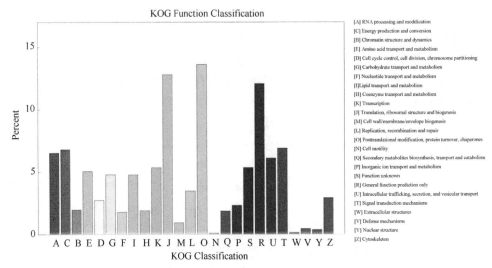

图 5-23 推测蛋白质的 KOG 分类

由 KOG 数据库比对注释的基因 32 164 个，被映射到 KOG 数据库上的相关蛋白质分列在 25 个子集上。

KEGG 数据库蕴含关于细胞代谢和基因产物功能通路的系统分析，基于通路分析有助于进一步确定基因的生物学功能。拼接的基因在 KEGG 数据中成功比对并注释了 41 991 个基因，其中 35 114 个基因被分配到 5 个生化代谢通路（图 5-24）：细胞过程（2153 个），环境信息处理（1343 个），遗传信息处理（9966 个），新陈代谢（20 395 个），环境适应（1257 个）。基因富集最多的是新陈代谢通路群，其次是遗传信息处理，再次是细胞过程。这些结果为探索杜鹃兰地下茎分枝发育提供了大量有用信息。

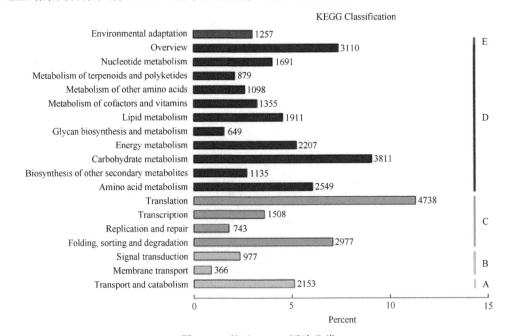

图 5-24 基于 KEGG 通路分类

横坐标表示分组占总注释基因的比例，纵坐标表示 KEGG 集合名。依据 KEGG 代谢通路可将基因分配在 5 个分支上（A. 细胞过程；B. 环境信息处理；C. 遗传信息处理；D. 新陈代谢；E. 环境适应）。

三、基因表达水平分析

将 Trinity 拼接得到的转录组作为参考序列，将每个样品的 Clean reads 在参考序列上做 Mapping。12 个样品的 Mapped 率均为 69%～79%（表 5-4）。

表 5-4　Reads 与参考序列比对情况

Sample name	Total reads	Total mapped number	Mapped rate/%
G1_1	46 640 074	36 363 250	77.97
G1_2	51 981 244	41 237 932	79.33
G1_3	53 749 702	41 293 516	76.83
D2_1	53 803 124	39 921 268	74.20
D2_2	53 003 636	40 824 342	77.02
D2_3	48 136 950	34 252 008	71.16
TD2_1	45 272 406	32 878 914	72.62
TD2_2	46 913 750	32 538 772	69.36
TD2_3	44 538 914	31 638 374	71.04
TG2_1	48 035 784	35 114 158	73.10
TG2_2	53 625 420	39 729 784	74.09
TG2_3	51 352 168	38 078 970	74.15

Total reads：测序序列经过测序数据过滤后的数量统计（Clean data）；
Total mapped：能定位到参考序列上的测序序列的数量统计。

对基因 FPKM 分布密度分析（图 5-25A），结果显示 D2 与 TD2 基因表达模式相对接近，依曲面图的左侧判断，仍存有一定的差异；TG2 与 G1 基因表达模式相对接近，但依两者的曲面图，差异较为明显。从盒形图的 FPKM 值散点分布特点分析（图 5-25B），TD2 与 TG2 的最大值表达模式接近，但上四分位数、中值、下四分位数和最小值差异

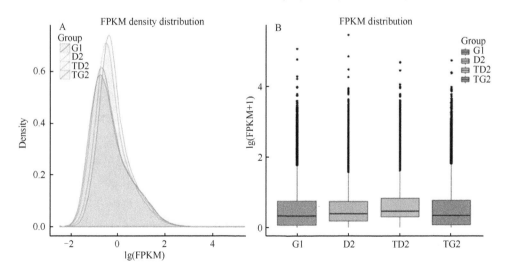

图 5-25　基因表达水平比对

比较明显；TD2 与 D2 的 5 个统计量差异也较为明显；G1 与 TG2 的 5 个统计量都比较接近。上述结果说明 D2、TD2、TG2 整体表达模式和表达水平均存在较大的差异，G1 与 TG2 表达模式相对接近，可能均为萌发的侧芽，生长状况接近，这也间接地说明取样的准确性。

为了更清楚地呈现各比较组之间的特异与共表达的基因数目，采用维恩图展示，5 对比较组合共有 1 个上调基因（图 5-26），该基因 ID 号为 Cluster-26967.34736（功能注释：expansin-A6-like），它是一种扩展蛋白（expansin）基因，该基因在生长的各种植物细胞组织和成熟的果实中表达，转录翻译后的蛋白质参与植物细胞壁舒张。杜鹃兰假鳞茎侧芽被抑制时，Cluster-26967.34736 基因活性也受到抑制，表达量低或不表达；解除抑制后，该基因表达量显著增加，薄壁组织细胞的细胞壁从皱缩状态逐渐舒展。进一步对 TG2 与 TD2 和 TD2 与 D2 的差异表达基因（differentially expressed genes，DEGs）进行维恩图展示其表达模式（图 5-27），结果表明 TG2 与 TD2 和 TD2 与 D2 组合分别有 97.5% 的 DEGs（3015 unigenes）和 1.98% 的 DEGs（51 unigenes）为特异表达，仅有 0.52% 的 DEGs（16 unigenes）为共表达，这说明从 TD2 到 TG2 时期，参与侧芽生长发育的结构基因和调控基因明显增多。

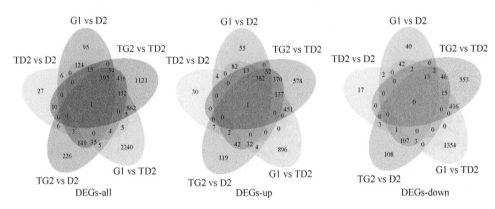

图 5-26　DEGs 维恩图展示

各色椭圆代表一对样品比较出的差异基因数，重叠区为共有差异基因，非重叠区为本对样品比较的特有差异基因。

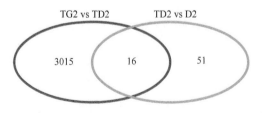

图 5-27　TG2 vs TD2 和 TD2 vs D2 的 DEGs 表达维恩图

为了预测 DEGs 与杜鹃兰假鳞茎侧芽生长的关系，将打顶诱导侧芽萌发过程的 3 个关键时期两两比较所得的 DEGs 进行 GO 富集分析。结果表明，在生物学过程中，TD2 与 D2 的 DEGs 主要富集在碳水化合物代谢过程（carbohydrate metabolic process）、油脂代谢过程（lipid metabolic process）及各种糖的细胞内外代谢；细胞成分主要富集在维管蛋白复合物（tubulin complex）、微管（microtubule）及细胞壁（cell wall）；分子功能主要富集在催化活性（catalytic activity）和水解酶活性（hydrolase activity）（图 5-28A）。上述结果暗示，在 TD2 时期，杜鹃兰假鳞茎侧芽已被激活，并在为侧芽萌发作铺垫，如运输系统的构建与完善、细胞壁结构修饰等。TG2 与 TD2 和 TD2 与 D2 组合相比，生物学过程富集最显著的差异条目是蛋白质磷酸化（protein phosphorylation），细胞组分上无明显差异，分子功能上 TG2 与 TD2 组合更多是富集在转移酶活性（transferase activity）、蛋白激酶活性（protein kinase activity）和酶抑制剂活性（enzyme inhibitor activity）等方面（图 5-28B）。杜鹃兰假鳞茎侧芽萌发过程与维管系统和细胞壁结构变化有着密切的关系，在 TG2 时期，转录水平、翻译水平及翻译后水平调控十分活跃，这也间接地说明 TG2 时期比 TD2 时期的基因表达更广泛。

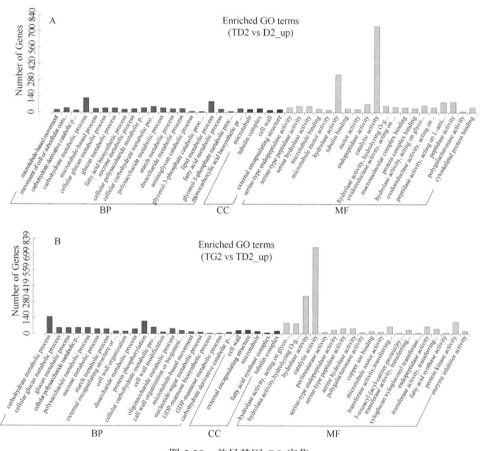

图 5-28　差异基因 GO 富集

A、B 分别为 TD2 与 D2 和 TG2 与 TD2 的上调基因 GO 富集。柱状图中横坐标为 GO 三个大类的下一层级 GO terms，纵坐标为注释到该 term 下的差异基因个数。BP. 生物学过程；CC. 细胞成分；MF. 分子功能。

为了探讨变化最显著的转录组差异表达基因的代谢通路，对 TG2 与 TD2 组合的 DEGs 进行 KEGG 富集分析，富集分析采用散点图进行展示，所呈现的为富集最显著的 20 条代谢通路（图 5-29A）。在 20 条代谢通路中，有 2 条代谢通路与植物激素有关，分别是玉米素生物合成（zeatin biosynthesis）和植物激素信号转导（plant hormone signal transduction），其所在圆点颜色为红色，即显著富集（*q*-value< 0.05）。对 TG2 与 TD2_up

分析，也得到一致的结果（图 5-29B），说明这些和激素代谢相关的基因与杜鹃兰假鳞茎侧芽萌发有关。对所有 DEGs 的代谢通路富集分析，同样获得一致结果（图 5-29C），说明玉米素在杜鹃兰假鳞茎侧芽萌发过程中起着正调控作用。

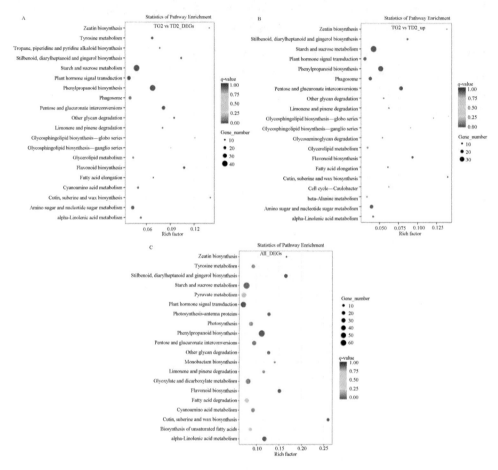

图 5-29　KEGG pathway 富集散点图

纵坐标表示 pathway 名称，横坐标表示 pathway 对应的 Rich factor，q-value 大小用点的颜色来表示，q-value 越小则颜色越接近红色，每个 pathway 下包含的差异基因多少用点的大小来表示。

为了进一步阐明相关 DEGs 表达模式，对 DEGs 编码的激素代谢、信号转导及与分枝发育相关的转录因子进行热图聚类分析。从图 5-30 可以看出，在 TD2 时期，生长素代谢关键酶基因（dioxygenase for auxin oxidation gene，*DAO*）和 IAA 水解酶基因（IAA-amino acid hydrolase ILR1-like 6，*ILL6*）为高表达（图 5-30A），说明打顶后通过生长素分解代谢途径以降低侧芽及其基部组织中的生长素水平。响应低 IAA 水平的信号转导分子有 *ARF15*、*ARF18*、*GH3.11*、*IAA4* 和 *SAUR32*。TD2 时期细胞分裂素生物合成关键酶基因（*IPT5* 和 *CYP735A2*）为高表达，提示细胞分裂素在侧芽内生物合成增加。在 TG2 时期，IAA 合成关键酶基因（*YUCCA*）为高表达，提示侧芽中 IAA 的生物合成在增加，并推测 *YUCCA* 可能受侧芽生长发育信号的调控，此期 IAA 运输蛋白基因（*PIN3*、*PIN1*、*LAX2* 和 *LAX3*）也为高表达，参与 IAA 信号转导的信号分子（*ARF8*、*AUX 22E*、*GH3.8*、*IAA1*、

IAA3、*IAA27* 和 *SAUR6B* 等）较 TD2 时期也更多，说明 IAA 在侧芽萌发期具有更广泛的调控作用。同时，TG2 时期细胞分裂素的氧化分解代谢关键酶基因（*CKX5*）出现高表达，细胞分裂素合成关键酶基因（*IPT5*）被下调，细胞分裂素响应因子（*ARR3*、*ARR5*、*ARR7*、*ARR8*、*ARR9* 和 *ARR15*）高表达（图 5-30B）。将与植物形态建成有关的三大家族（TCP、WRKY 和 MYB）的转录因子筛选出来并进行表达模式分析，获得 3 个有文献报道参与分枝发育调控的转录因子（图 5-30C），其中负调控转录因子 1 个（*BRC1*，在 TD2 和 TG2 时期均为低表达），正调控转录因子 2 个（*WRKY71* 和 *MYB13*，在 TD2 时期高表达）。另外，WRKY 家族基因更多是在 TD2 时期高表达，TCP 家族基因却更多是在 TG2 时期出现高表达。

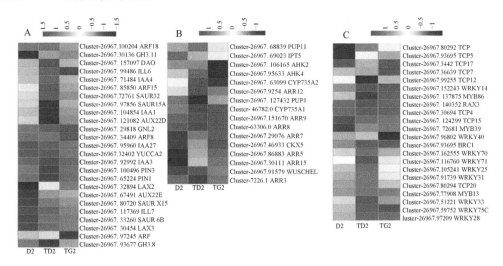

图 5-30　差异基因表达水平分析

A. 生长素；B. 细胞分裂素；C. 转录因子。红示高表达，蓝示低表达；从红到蓝示 lg（FPKM+1）从大到小。

　　综上所述，杜鹃兰地下茎分枝发育的分子调控机制可总结为图 5-31。生长素依赖其信号转导途径调控细胞分裂素生物合成的关键酶基因以控制假鳞茎侧芽中细胞分裂素水平，细胞分裂素再通过其信号转导途径调控 *WUSCHEL* 基因表达，进而控制侧芽分生组织干细胞的分裂，同时下调分枝负调控因子 *BRANCHED1* 的表达，最终促进侧芽萌发。另外，发现分枝正调控因子 *WRKY71* 在杜鹃兰侧芽转化期时高表达，推测可能与分枝激素平衡重建有关。

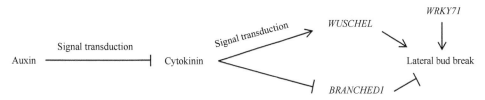

图 5-31　转录组预测杜鹃兰地下茎分枝发育分子调控途径

图中"→""⊥"分别表示促进和抑制作用。

第六章　杜鹃兰生理代谢与生态适应性

植物的生理代谢（physiological metabolism）是依照其遗传基因的潜势，在特定环境条件的制约下有序进行的，随着发育进程而形成不同器官、合成不同物质、产生不同表型。遗传基因的负载者——DNA 和 RNA，以及响应外界环境条件、调节体内生理活动的植物激素，催化细胞生化反应的酶，调节植株水分状况的渗透物质，参与同化物合成的光合色素，等等，它们既是生理代谢的产物，又反过来影响代谢，进而促进植物的生长发育与适应环境。在植物与环境的互作关系中，一方面，环境对植物施加生态影响，改变植物的形态结构和生理生化特性；另一方面，植物对环境产生适应性，以自身的变化或变异（形态结构、生理生化、生长发育、遗传基础）来适应外界环境。植物的生态适应性（ecological adaptability）就是植物在生存竞争中为适应环境而形成的特定性状的一种表现。本章通过杜鹃兰生长发育中的重要生化成分含量和光合生理特性等的变化，及其对主要生态因子的响应和共生真菌互作等方面的考查，以了解该物种的生理代谢与生态适应性背景。

第一节　杜鹃兰假鳞茎形态发生过程中主要生化成分变化

一、假鳞茎可溶性糖含量变化

杜鹃兰假鳞茎形态发生过程中，其新老假鳞茎可溶性糖（soluble sugar）含量的变化规律基本一致，但整体呈现出二年生＞三年生＞一年生的趋势（图 6-1。Gao et al.，2016）。在叶芽休眠期，新老假鳞茎中可溶性糖含量均出现了最大值，一年生、二年生、三年生分别为 23.94 mg·g^{-1}、34.21 mg·g^{-1}、39.02 mg·g^{-1}；紧接着，可溶性糖含量急剧下降，而后又出现小幅度回升，出现这种变化的可能原因是，植株越冬使假鳞茎积累了大量可溶性糖，随着气温回升和休眠期结束，细胞复苏、叶芽萌动等生理过程大量消耗可溶性糖；随后的小幅度回升可能是由于可溶性糖的消耗反馈诱导糖的合成代谢途径。叶芽萌动至芽萌发前，新老假鳞茎的可溶性糖含量均下降至最低，一年生、二年生、三年生假鳞茎的可溶性糖含量最低值分别为 9.15 mg·g^{-1}、12.79 mg·g^{-1}、7.99 mg·g^{-1}，因为可溶性糖是叶芽萌动的物质和能量基础。叶芽萌发后，新老假鳞茎可溶性糖含量开始均有一定的上升，但随着叶芽与根状茎的伸长生长，新老假鳞茎中可溶性糖含量出现了不同的变化趋势，一年生假鳞茎基本保持不变，二年生假鳞茎呈现下降趋势，三年生假鳞茎则表现为缓慢上升，这是因为杜鹃兰一年生假鳞茎在叶芽萌发过程中可溶性糖的消耗和生成速率趋于一致；而二年生假鳞茎紧接着一年生假鳞茎，其可溶性糖被一年生假鳞茎竞争夺取而下降；三年生假鳞茎远离一年生假鳞茎，其可溶性糖的生成大于消耗。进入假鳞茎初始形成期，一年生与三年生假鳞茎可溶性糖含量呈缓慢上升趋势，而二年生假鳞茎则基本保持不变,此时期假鳞茎的新根已经形成,且叶芽已出土,植株能从土壤和空气中获取基本物质,所以新老假鳞茎的可溶性糖含量变化都不大。到了假鳞茎膨大期,一年生假鳞茎可溶性糖含量逐渐上升,二年生和三年生假鳞茎可溶性糖含量缓慢下降,因为新生假鳞茎充分发育膨大需要消耗大量来自新生假鳞茎的物质和能量。至假鳞茎充分发育期,一年生与二年生假鳞茎可溶性糖含量逐渐上升,这是因为此时期植株叶片已完全展开且进行充分光合作用,合成大量糖类物质向假鳞茎运输所致;相反,三年生假鳞茎可溶性糖含量急剧下降,这可能是因为在新生假鳞茎充分发育过程中可溶性糖消耗过多且光合作用新合成的糖类物质未能运输至三年生假鳞茎。可见,杜鹃兰假鳞茎中可溶性糖的含量变化与假鳞茎的发育进程有着密切的相关性。

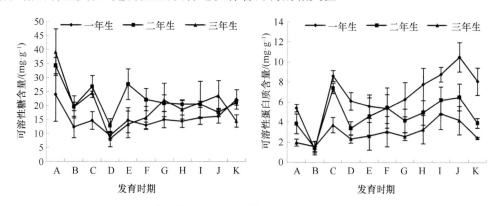

图 6-1 新老假鳞茎可溶性糖和可溶性蛋白质含量变化

A～C. 叶芽休眠期; D. 叶芽萌动期; E～H. 叶芽与根状茎伸长生长期; I. 假鳞茎初始形成期; J. 假鳞茎膨大期; K. 假鳞茎充分发育期

二、假鳞茎可溶性蛋白质含量变化

杜鹃兰假鳞茎形态发生过程中,新老假鳞茎可溶性蛋白质(soluble protein)的变化规律也基本一致,但与可溶性糖不同,其表现是一年生>二年生>三年生,说明一年生假鳞茎的代谢活力最强(图 6-1。Gao et al., 2016)。可溶性蛋白质含量变化在叶芽萌发前与可溶性糖的变化规律相同,只是可溶性蛋白质含量最高值和最低值出现的时期与可溶性糖不同。在休眠期,新老假鳞茎的可溶性蛋白质均出现了最低值,且一年生、二年生、三年生假鳞茎可溶性蛋白质含量非常接近(分别为 1.30 mg·g^{-1}、1.43 mg·g^{-1}、1.58 m·g^{-1}),说明休眠阶段杜鹃兰假鳞茎的代谢活动很弱。进入叶芽萌动期,除三年生假鳞茎的可溶性蛋白质含量缓慢上升外,一年生和二年生假鳞茎的可溶性蛋白质含量均急剧上升,一年生、二年生、三年生假鳞茎可溶性蛋白质含量峰值分别为 8.60 mg·g^{-1}、7.38 mg·g^{-1}、3.72 mg·g^{-1},因为叶芽萌动蕴含着复杂的代谢反应,需要大量的功能蛋白(如酶)参与;接着,叶芽萌发,新老假鳞茎的可溶性蛋白质含量均下降,以二年生假鳞茎的变化最大,这是因为此时期可溶性蛋白质大量朝向结构蛋白转化。在新生假鳞茎发生的后面几个阶段,新老假鳞茎的可溶性蛋白质含量整体呈现上升趋势,说明此期间新老假鳞茎的代谢活力越来越强。到了充分发育阶段,新老假鳞茎的可溶性蛋白质含量呈整体下降趋势,说明随着新生假鳞茎的发育完全,新老假鳞茎的代谢活力也逐渐减弱。综上所述,杜鹃兰假鳞茎的形态发生与其可溶性蛋白质含量变化同样有着较为紧密的相关性。

三、假鳞茎生物碱含量变化

以杜鹃兰二年生假鳞茎为实验材料，每月中旬取样测定其生物碱（alkaloid）含量，结果见图6-2。假鳞茎中生物碱含量在一年中有2次波动，即12月下旬至2月下旬和6月下旬至9月下旬，8月生物碱含量最高，4月含量最低（彭斯文，2010）。

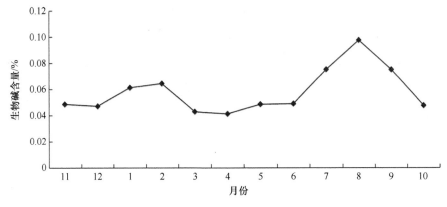

图6-2 二年生假鳞茎生物碱含量变化

杜鹃兰不同年龄假鳞茎的生物碱含量有一定差异，总的变化趋势是随假鳞茎年龄的增长生物碱含量有所下降，但除了一年生假鳞茎的生物碱含量稍高以外，其他年龄的假鳞茎生物碱含量变化不大（图6-3）。

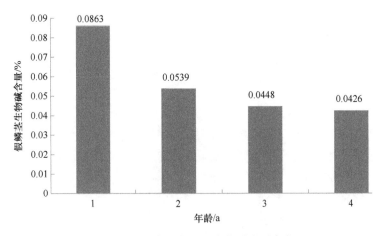

图6-3 不同年龄假鳞茎生物碱含量变化

综上所述，杜鹃兰假鳞茎中的生物碱和可溶性糖含量随季节而变化，8月生物碱含量最高（0.098%），4月含量最低（0.041%）；1月的可溶性糖含量最高（0.141 g·g^{-1}），7月的含量最低（0.036 g·g^{-1}）。所以，8月至翌年1月可作为杜鹃兰药材（假鳞茎）的适宜采收期。

第二节 杜鹃兰新生假鳞茎发育中新老假鳞茎
内源激素含量变化

一、新老假鳞茎 IAA 含量变化

杜鹃兰新生假鳞茎发育过程中，新老假鳞茎内吲哚乙酸（indoleacetic acid，IAA）含量变化较复杂（高晓峰，2016）。在叶芽休眠期内，一年生假鳞茎 IAA 含量由最大值 1548.70 ng·g^{-1} 急剧下降到最小值 1011.26 ng·g^{-1}，二年生假鳞茎 IAA 含量也下降到最低值 1089.17 ng·g^{-1}，而三年生假鳞茎 IAA 含量却由 1014.99 ng·g^{-1} 上升至 1057.33 ng·g^{-1}。由图 6-4I 可以看出，在叶芽萌动前，一年生假鳞茎中 IAA 含量最低，这与其他研究发现低浓度的 IAA 能够促进芽的萌发的观点相符。叶芽萌动后至叶芽与根状茎伸长生长期，IAA 含量整体呈现上升趋势，二年生和三年生假鳞茎分别达到最大值 1560.45 ng·g^{-1} 和 1420.89 ng·g^{-1}，这可能是叶芽顶端产生的生长素向下运输的结果；随着新生假鳞茎的初始形成及分化膨大，新老假鳞茎的 IAA 含量均呈下降趋势，接着假鳞茎膨大至发育成熟，一年生和三年生假鳞茎 IAA 含量基本保持不变，二年生假鳞茎 IAA 含量呈先下降后上升的趋势，这样的变化趋势可能是因为新生假鳞的形成导致的，顶端产生的生长素基本都用于新生假鳞茎的生长发育，而很少运输到早期的假鳞茎中。

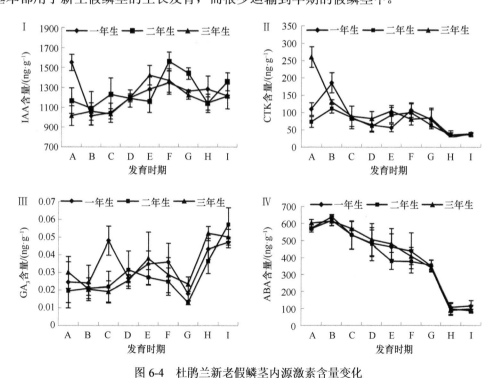

图 6-4 杜鹃兰新老假鳞茎内源激素含量变化

A、B. 叶芽休眠期；C. 叶芽萌动期；D～F. 叶芽与根状茎伸长生长期；G. 假鳞茎初始形成期；H. 假鳞茎膨大期；I. 假鳞茎充分发育期。下同。

二、新老假鳞茎 CTK 含量变化

杜鹃兰新老假鳞茎中细胞分裂素（cytokinin，CTK）含量在新生假鳞茎整个发育过程中的变化趋势见图 6-4II（高晓峰，2016）。在叶芽休眠期内，一年生、二年生假鳞茎中 CTK 含量呈明显上升趋势，且分别达到一个峰值 186.09 ng·g^{-1} 和 111.64 ng·g^{-1}，而三年生假鳞茎中 CTK 含量则从最大值 260.09 ng·g^{-1} 急剧下降至 132.05 ng·g^{-1}，即在叶芽萌动前，一年生假鳞茎积累大量的 CTK，为其分化出芽做准备。在叶芽与根状茎伸长生长期内，二年生和三年生假鳞茎中 CTK 含量呈先升后降的变化趋势，而一年生假鳞茎中 CTK 含量呈先降后升的变化，这可能是新老假鳞茎中 CTK 相互传递运输的结果；至假鳞茎初始形成期和膨大期，新老假鳞茎的 CTK 含量均显著下降至最低值，一年生、二年生和三年生假鳞茎 CTK 含量分别为 27.58 ng·g^{-1}、35.20 ng·g^{-1} 和 33.75 ng·g^{-1}，这是因为该时期是新生假鳞茎生长发育最快的时期，需要大量的 CTK，早期的新老假鳞茎中的 CTK 向新生假鳞茎中转移，以满足新生假鳞茎的生长发育所需；随着假鳞茎充分发育成熟，新老假鳞茎 CTK 含量有小幅上升趋势。

三、新老假鳞茎 GA$_3$ 含量变化

杜鹃兰新老假鳞茎中赤霉素（gibberellin，GA$_3$）含量在新生假鳞茎整个发育过程也表现出较为复杂的变化（图 6-4III。高晓峰，2016）。在叶芽休眠期内，新老假鳞茎 GA$_3$ 含量均小幅下降，而该时期 ABA 含量上升（图 6-4IV），这与叶芽的休眠息息相关；叶芽萌动前，一年生假鳞茎的 GA$_3$ 含量急剧上升至最大值（0.048 ng·g^{-1}），二年生和三年生假鳞茎变化不大，这说明 GA$_3$ 能解除叶芽的休眠，促进叶芽萌发；叶芽萌发后，一年生假鳞茎 GA$_3$ 含量迅速下降，二年生和三年生假鳞茎 GA$_3$ 含量均呈上升趋势，这可能是一年生假鳞茎中的 GA$_3$ 运输至二年生和三年生假鳞茎中所致；叶芽与根状茎伸长生长期，新老假鳞茎 GA$_3$ 含量的变化趋势均不同，一年生假鳞茎上升，二年生假鳞茎下降，三年生假鳞茎呈先升后降趋势，该时期一年生假鳞茎 GA$_3$ 含量最高，此时正是新生假鳞茎初始形成前的根分化期，说明高浓度的 GA$_3$ 能促进根的分化形成；随着新生假鳞茎的初始形成，新老假鳞茎的 GA$_3$ 含量明显下降，一年生和二年生假鳞茎均达最低值（分别为 0.018 ng·g^{-1} 和 0.013 ng·g^{-1}），这可能是因为该时期根状茎伸长生长停止，导致 GA$_3$ 含量的下降；至假鳞茎膨大期与充分发育期，GA$_3$ 含量又明显上升，二年生假鳞茎在充分发育期达最大值（0.057 ng·g^{-1}），三年生假鳞茎在膨大期达最大值（0.052 ng·g^{-1}），因为这两个时期是杜鹃兰新生假鳞茎生长发育最快的时期，也是杜鹃兰植株生长最旺盛的时期，高浓度的 GA$_3$ 正好促进细胞和植株的伸长生长。

四、新老假鳞茎 ABA 含量变化

杜鹃兰新生假鳞茎形态发生过程中，除叶芽休眠期外，新老假鳞茎的脱落酸（abscisic acid，ABA）含量均呈显著下降趋势（图 6-4IV。高晓峰，2016）。叶芽休眠期，新老假

鳞茎中 ABA 含量小幅上升，一年生、二年生和三年生假鳞茎均达到最大值，分别为 639.95 ng·g⁻¹、617.78 ng·g⁻¹ 和 613.54 ng·g⁻¹，这是因为 ABA 有促进休眠作用；随着叶芽萌动，新老假鳞茎 ABA 含量急剧下降，且一年生假鳞茎下降最快，叶芽萌动前一年生假鳞茎 ABA 含量最低，这说明一年生假鳞茎解除休眠最快；在新生假鳞茎膨大期，一年生和二年生假鳞茎 ABA 含量达最小值，分别为 106.50 ng·g⁻¹ 和 89.16 ng·g⁻¹，三年生假鳞茎至假鳞茎充分发育期达最低值（88.03 ng·g⁻¹），这是因为这两个时期是杜鹃兰新生假鳞茎及植株生长发育最旺盛时期，故促进生长发育的内源激素占优势，ABA 减少。

五、新老假鳞茎激素比例变化

在杜鹃兰新生假鳞茎发育过程中，新老假鳞茎内 IAA/CTK 和 IAA/ABA 的值呈现规律性的变化（图 6-5。高晓峰，2016）。在叶芽休眠期内，一年生和二年生假鳞茎内 IAA/CTK 值呈现下降趋势，三年生假鳞茎 IAA/CTK 值呈上升趋势，IAA/ABA 值在新老假鳞茎中均呈现下降趋势；叶芽萌动前，新老假鳞茎内 IAA/CTK 和 IAA/ABA 的值均达到最低值。植物生长发育过程中，低 IAA/CTK 值有助于芽的萌发，高 IAA/CTK 值促进生根。到叶芽与根状茎伸长生长期，新老假鳞茎内 IAA/CTK 值和 IAA/ABA 的值变化较为复杂，呈现先上升后下降再上升的趋势，在新生假鳞茎初始形成前，也就是在根分化期，IAA/CTK 值相对较高，说明高 IAA/CTK 值有利于根的分化；随着假鳞茎的初始形成至假鳞茎膨大期长成幼苗，新老假鳞茎内 IAA/CTK 和 IAA/ABA 的值急剧上升，说明高 IAA/CTK 和 IAA/ABA 的值有利于幼苗的生长；到假鳞茎充分发育期，一年生和三年生假鳞茎 IAA/CTK 的值下降幅度较大，二年生假鳞茎 IAA/CTK 的值仍呈上升趋势，而新老假鳞茎 IAA/ABA 的值变化不大。

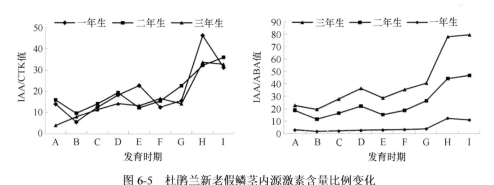

图 6-5　杜鹃兰新老假鳞茎内源激素含量比例变化

第三节　杜鹃兰的光合生理特性

一、不同光照强度对杜鹃兰光合器官和叶绿素含量的影响

杜鹃兰是喜阴植物，实验以遮阳网的网眼密度和层数不同实现光照强度（此处以透光率表示）控制，设置 4 个光强梯度，即透光率依次为 20%～25%、8%～10%、4%～6%、0.6%～1%，11 月下旬（杜鹃兰营养生长旺期）测定相关指标（彭斯文，2010）。结

果发现,不同光照强度对杜鹃兰光合器官形态和叶绿素含量有不同程度的影响(表 6-1),随着透光率的降低(光照强度降低),叶片长宽比和叶柄长度均增加,而叶绿素相对含量在中度遮光时较高。这说明,弱光条件下,杜鹃兰叶柄和叶片伸长有利于向高处伸展而获取较多的光照,而适度荫蔽有利于叶绿素的合成。叶绿素是植物进行光合作用(photosynthesis)的重要色素,其含量的多少反映植物叶片光合能力的强弱。

表 6-1 光照强度对杜鹃兰光合器官和叶绿素含量的影响

透光率/%	叶片长宽比	叶柄长/mm	叶绿素相对含量
20~25	4.29±0.35	16.0±4.9	41.4±4.8
8~10	4.94±0.61	34.5±9.8	45.0±2.2
4~6	5.01±0.41	42.7±9.4	44.1±1.8
0.6~1	6.25±1.37	73.7±25.7	38.3±2.3

二、不同光照强度对杜鹃兰光合速率的影响

实验设计同上,11 月下旬测定杜鹃兰叶片净光合速率(Pn)。不同光照强度下杜鹃兰叶片 Pn 的变化有一定差异,但总的趋势是 Pn 随着光照强度减弱而下降。轻度遮光条件下 Pn 日变化呈"双峰"曲线,峰值分别在 10 时和 13 时,且中午 12 时左右出现光合"午休";中度和重度遮光条件下 Pn 日变化呈"单峰"曲线,峰值均在 13 时;13 时以后,各遮光处理的 Pn 下降趋势趋于一致,到 17:30 左右,Pn 均接近于 0,过后为负值。

三、杜鹃兰植株生物量与折干率的变化

11 月下旬测定杜鹃兰植株营养器官的生物量(biomass)及其折干率,结果见表 6-2。在透光率为 8%~10%处理下杜鹃兰单株生物量(鲜重)最高,透光率为 0.6%~1%处理的单株生物量(鲜重)最低;根和假鳞茎的鲜重占比与光照强度呈正相关,而叶的鲜重

表 6-2 杜鹃兰植株的生物量和折干率

透光率/%	营养器官	鲜重/g	器官鲜重占比/%	干重/g	折干率/%	药材干重占比/%
	根	0.904	0.205	0.099	0.109	
20~25	假鳞茎	1.837	0.417	0.244	0.133	0.363
	叶	1.666	0.378	0.329	0.198	
	根	1.381	0.171	0.172	0.125	
8~10	假鳞茎	2.905	0.361	0.373	0.128	0.313
	叶	3.768	0.468	0.648	0.172	
	根	0.608	0.164	0.068	0.112	
4~6	假鳞茎	1.195	0.323	0.151	0.126	0.278
	叶	1.897	0.513	0.323	0.170	
	根	0.489	0.133	0.054	0.110	
0.6~1	假鳞茎	0.962	0.261	0.109	0.113	0.237
	叶	2.229	0.606	0.297	0.133	

占比与光照强度呈负相关（彭斯文，2010）。也就是说，随光照强度增加，杜鹃兰植株表现出"头轻脚重"；而随着光照强度减弱，杜鹃兰植株则表现出"头重脚轻"。假鳞茎和叶的折干率以及药材干重占比均与光照强度呈正相关，这与光照增强加速植株水分蒸腾相吻合。

第四节　杜鹃兰的生态适应性

一、杜鹃兰的地理分布

一般认为杜鹃兰属植物仅有 2 个种，即杜鹃兰 *Cremastra appendiculata*（D. Don）Makino 和斑叶杜鹃兰 *C. unguiculata*（Finet）Finet，分布于印度、尼泊尔、不丹、泰国、越南、日本和我国秦岭以南地区。中国 2 种均产（斑叶杜鹃兰仅见于中国和日本）。

杜鹃兰为东亚广布种，主产于中国，向南可达越南与泰国，向西南分布到印度东北部和尼泊尔，不丹、锡金、日本也有分布（陈谦海，2004）。在中国分布于贵州、四川、云南、河南、山西、浙江、江西、江苏、安徽、湖北、湖南、广东、陕西、甘肃、西藏、台湾等省区，尤其以贵州、四川为多（李经纬等，1995；沈连生，2000；郑宏钧和詹亚华，2001）。在贵州主产于梵净山、贵阳、雷山、都匀、荔波、石阡、贵定、安龙等地（陈谦海，2004；张华海，2010）。

21 世纪以来，先后在我国发现了贵州杜鹃兰 *C. guizhouensis* Q. H. Chen & S. C. Chen（陈谦海和陈心启，2003）、麻栗坡杜鹃兰 *C. malipoensis* G. W. Hu（Hu et al.，2013）、秀丽杜鹃兰 *C. amabilis*（Sima & H. Yu）H. Jiang（徐志辉等，2010），在日本发现了无叶杜鹃兰 *C. aphylla* T. Yukawa[遊川和知久，1999；Yagame et al.，2018。分布于东亚的杜鹃兰变种 *C. appendiculata* var. *variabilis*（Blume）I. D. Lund 被我国兰科专家归并]，使全球杜鹃兰属植物种类由 2 种增加到了 6 种，我国由 2 种增加到了 5 种，即杜鹃兰 *C. appendiculata*（D. Don）Makino、斑叶杜鹃兰 *C. unguiculata*（Finet）Finet、贵州杜鹃兰 *C. guizhouensis* Q. H. Chen & S. C. Chen、麻栗坡杜鹃兰 *C. malipoensis* G. W. Hu、秀丽杜鹃兰 *C. amabilis*（Sima & H. Yu）H. Jiang。

二、杜鹃兰的生境条件

杜鹃兰对其生境要求较为苛刻，这也是该物种濒危的可能原因之一。课题组从杜鹃兰野生资源主要分布区抽样调查并结合人工设施栽培研究发现，光照强度是影响其生长发育的关键生态因子，其次是海拔（温度）、降水量及土壤条件（张丽霞，2008）。透光率为 10%～20% 的森林植被、海拔 1100～1300 m、年均温度 15℃左右、年降水量 1100 mm 以上、中性偏酸的腐殖土等条件是最适宜于杜鹃兰生长发育的生态环境条件（表 6-3）。

表 6-3　贵州省杜鹃兰主要分布区抽样点生态环境调查

环境条件	贵阳花溪高坡	铜仁梵净山	黔东南雷公山	黔南都匀摆忙
透光率/%	12～18	10～13	11～15	13～20
海拔/m	1180～1290	1100～1300	1150～1280	1160～1250

续表

环境条件	贵阳花溪高坡	铜仁梵净山	黔东南雷公山	黔南都匀摆忙
年均气温/℃	14.3	15.5	15.6	15.8
年均降水量/mm	1130	1800	1160	1430
土壤 pH	5.3~6.5	5.6~6.8	5.7~6.6	5.8~7.2
土壤类型	腐殖土	腐殖土	腐殖土	腐殖土
气候类型	亚热带湿润温和型气候	中亚热带山地季风湿润气候	亚热带季风湿润气候	亚热带季风湿润气候
植被类型	常绿落叶阔叶混交林	常绿落叶阔叶混交林	常绿落叶阔叶混交林	常绿落叶阔叶混交林

三、杜鹃兰的环境微生物

(一) 杜鹃兰的根际微生物

从贵州省杜鹃兰野生资源主要分布区采集杜鹃兰根际土壤，分离、培养、鉴定其根际微生物有 8 个属（表 6-4。张丽霞，2008）。不同分布区的杜鹃兰根际微生物种类有差异，但均有木霉属和青霉属。同时，根际微生物丰度与土壤质地和养分有很大关系，养分含量高的林下腐殖土中根际微生物丰度高。

表 6-4　贵州省杜鹃兰主要分布区的根际微生物

序号	主要特征	鉴定结果
1	菌丝平铺于培养基上迅速生长，菌落质地较稀疏，白色，薄绒状，后期在表面呈环纹状或簇状产生绿色、墨绿色或黄绿色的分生孢子堆。培养基背面变为黄色或黄绿色。分生孢子梗细长、无色，产孢瓶体在小分枝上常对生或轮生，分生孢子淡色、浅黄绿色，球形，多聚生于产孢瓶体口部	木霉属 (*Trichoderma*)
2	菌丝浅绿、黄绿、青绿或灰绿色，有时无色。分生孢子梗从菌丝上垂直生出，无足细胞，顶端排列成帚状的间枝，分枝一次或多次，顶层为小梗，由小梗再生成分生孢子，分生孢子串生呈不分枝的链状	青霉属 (*Penicillium*)
3	菌落初白色，菌丝短，平铺生长，长势较慢，中间变为青色。分生孢子梗直立，顶端球形，顶部着生小梗，分生孢子单孢，球形	曲霉属 (*Aspergillus*)
4	假根褐色，匍匐菌丝弓状弯曲，包囊梗从假根处生出，直立，单生或集生，单枝或分枝；孢子囊大型，顶生，球形或椭圆形，褐色至黑色	根霉属 (*Rhizopus*)
5	菌丝无假根和匍匐菌丝的分化，孢囊梗直接由菌丝体生出，一般单生、不成束，有单轴式即总状分枝和假轴状分枝两种类型	毛霉属 (*Mucor*)
6	菌落初墨绿色，菌丝稀疏，基质褐色。分生孢子梗不成束，在顶部附近分枝，末端生小梗	拟青霉属 (*Paecilomyces*)
7	菌落平坦、粉状，表面白色，培养基背面呈不显著的淡粉红色。分生孢子梗或小枝可多次分叉，聚集成团，分生孢子球形，生于从瓶状细胞延伸而成的小枝梗顶端，瓶状细胞多变化，往顶端逐渐变细	白僵菌属 (*Beauveria*)
8	菌落白色，菌丝棉絮状，基质浅褐色。分生孢子梗单生，少数种分生孢子梗轮辐状，分生孢子单细胞圆形或长圆形，多细胞镰刀状，两端尖	镰孢属 (*Fusarium*)

(二) 杜鹃兰的内生真菌

课题组采用组织分离法（获得兰科植物内生真菌的有效方法之一）从野生杜鹃兰植株根部分离获得部分内生真菌（endophytic fungi），主要有念珠菌属 *Candida*、毛霉属

Mucor、假鬼伞属 *Coprinellus*、小克银汉霉属 *Cunninghamella*、青霉属 *Penicillium* 和木霉属 *Trichoderma* 6 个属（高燕燕，2022）。日本研究者采用组织分离和 OTU 分析杜鹃兰根状茎中内生真菌，发现其内生真菌均属于假鬼伞属（Suetsugu et al.，2022；Yagame et al.，2013）。然而，任玮等（2021）采用组织分离法从杜鹃兰根中分离获得 19 种不同种属真菌，包括肉座菌科 Hypocreaceae、从赤壳科 Nectriaceae、炭角菌科 Xylariaceae、线孢虫草菌科 Ophiocordycipitaceae、木霉属等；同时，采用变性梯度凝胶电泳方法对不同海拔地区的杜鹃兰根部内生真菌进行分析，发现不同海拔下内生真菌种类丰富度不同，其优势菌群也呈现出显著性差异。上述研究结果说明，不同分布区域和组织部位对杜鹃兰内生真菌种类影响较大，也进一步证实了 Curtis（1939）的观点，即兰科真菌种类分布情况与物种栖息地有关而不是与物种有关，两者之间存在明显生境专一性。

（三）杜鹃兰等兰科植物及其内生真菌的共生关系

兰科 Orchidaceae 是植物界第二大科，种类繁多，超过 28 000 种（Christenhusz and Byng，2016），是被子植物门第三大家族（Chase et al.，2015），具有很高的观赏和药用价值。兰科植物濒危的主要原因与它们具有的三大特点有关：①奇特花形结构导致传粉困难；②种子细小且无胚乳，甚至仅具未分化的原胚；③生活史中需与真菌形成共生关系。

兰科植物成年植株对共生真菌的依赖程度不同，一般来说，地生类兰科植物较附生类依赖程度更高。研究兰科植物与其共生真菌的关系以及利用共生真菌来促进种子萌发和幼苗生长，已成为兰科植物繁殖生物学与兰科产业发展研究的重要方向。杜鹃兰为混合异养型兰科植物，能够通过自身光合作用获取部分碳，然而超过 80% 的碳通过腐生型真菌从周围木材中获取（Suetsugu et al.，2022；Hynson et al.，2016）。作者观察到杜鹃兰整个生活史均与腐生型真菌共生。目前已报道的与兰科形成共生关系的鬼伞科 Psathyrellaceae 真菌均为腐生菌（Padamsee et al.，2008；Vašutová et al.，2008），这可能与腐生菌在自然条件下具备较强的降解枯枝落叶和腐朽木材能力有关，以此满足杜鹃兰等偏好腐生菌降解产物作为营养的需要，如白假鬼伞与杜鹃兰的关系就是如此。

自然条件下，大多数兰科植物共生真菌具有释放纤维素酶、果胶酶、木质素降解酶等胞外酶的能力，它们能够以环境中枯枝落叶等的纤维素、木质素为直接碳源，在相应降解酶的作用下将其降解为糖类，通过菌丝源源不断地将分解产物传递给宿主，促进宿主生长发育和繁衍生息；实验室条件下，以纤维素为碳源，也有利于兰科植物与真菌共生关系的建立。

兰科植物种子萌发和植物体随后的生长发育往往需依赖与之共生的真菌，只有当这些真菌与兰科植物种子或根形成共生的菌根关系后，植物体才能正常生长发育。因此，了解与兰科植物共生的真菌种类，探索兰科植物及其共生真菌间的互作机制，将为兰科植物种质保育与野生变家种的人工种植提供有价值的理论依据。

（四）杜鹃兰等兰科植物种子与其促萌发真菌的互作关系

将从杜鹃兰植株根部分离获得的 6 个属真菌分别与杜鹃兰种子进行共培养，结果发

现白假鬼伞 *Coprinellus disseminatus* 能有效促进杜鹃兰种子萌发（这类真菌称为"促萌发真菌"。高燕燕，2022；Gao et al.，2022b），该真菌与 Yagame 等（2013）报道的两株杜鹃兰种子促萌发真菌 *Coprinellus domestics* 和 *Coprinellus callinus* 同属于鬼伞科 Psathyrellaceae 假鬼伞属 *Coprinellus*，但本课题组得到的促萌发真菌来自于杜鹃兰根部，这与 Yagame 等认为杜鹃兰根真菌主要定植在根状茎而不是根的结论不一致，说明杜鹃兰植株根和根状茎中都有可能存在杜鹃兰种子促萌发真菌。有趣的是，假鬼伞属真菌不是典型的兰科菌根真菌，目前报道的这三株杜鹃兰种子促萌发真菌均为鬼伞科假鬼伞属真菌，也就是说杜鹃兰种子与鬼伞科真菌存在较为严格的种属专一性。

有研究者提出，自然环境下几乎所有兰科植物种子都需要与真菌共生才能完成萌发过程，当种子萌发形成原球茎时，由于原球茎缺少叶绿体不能进行光合作用，必须依赖真菌提供营养（Leake，2004；Fochi et al.，2017）。随后，原球茎继续生长发育至子叶形成（部分兰科植物不一定具有子叶，如鬼兰 *Dendrophylax lindenii*），此时，兰科植物所需的营养部分来自光合作用产物，部分来自真菌，这一类植物被称为部分真菌异养型兰科植物；但还有超过 200 种兰科植物不能进行光合作用，其整个生命周期依赖共生真菌提供营养，这一类兰科植物被称为完全异养型兰科植物（Stöckel et al.，2014）。

碳源作为植物生长发育必需的营养物质之一，种子萌发异养阶段只能依靠促萌发真菌提供碳源（McKendrick et al.，2002）。促萌发真菌大多营腐生生活，能够将周围环境中的有机物分解（基质），真菌侵入种子后，便将基质和种胚连接起来形成一个共生系统，通过菌丝传递不同种类营养物质以促进种子萌发。Smith（1966）率先证实促萌发真菌能够降解纤维素，其水解产物通过菌丝输送给种子，促进种子发育。部分促萌发真菌能够以淀粉为碳源，将其转变为糖，改变培养基 pH，进而与种子建立共生关系（Mehra et al.，2017）。侵入种胚的菌丝通过消化降解种胚细胞内少量的营养物质（脂肪或蛋白质），将其转化为淀粉粒，作为直接能源促进种子萌发（朱国胜，2009）。促萌发真菌除了从周围环境中分解有机物、输送营养物质外，侵入种子细胞内的菌丝作为激发子，诱导种子产生几丁质酶等作用于真菌细胞壁，将其降解并作为营养物质被种胚吸收（郭顺星和徐锦堂，1990；曾旭等，2018）。

自然生态系统中，氮也是植物生长的重要因子之一，共生萌发过程中，促萌发真菌不断从周围环境中获取氨基酸等不同形式的氮，有机氮能够更好地促进兰科植物生长发育，无机氮如硝酸盐、铵盐等则会抑制兰科植物的生长（Fochi et al.，2017）。例如，美胞胶膜菌与长药兰属植物种子共生时，真菌能够为种子萌发提供铵盐和氨基酸，但不能提供硝酸盐（Fochi et al.，2017）；Kuga 等（2014）采用 ^{15}N 同位素标记 NH_4NO_3 作为氮源，发现角担菌属真菌能够将 ^{15}N 传递给种子，促进其发育。

综上所述，促萌发真菌与兰科植物种子共生互作过程中，主要通过两种途径为兰科植物种子萌发提供营养：①菌丝通过分解周围环境中的有机物，将得到的碳水化合物或其他来源的营养物质传递给种子，促进种子萌发；②侵入的菌丝被种子降解，菌丝溶解释放 C、N、P 等被种胚吸收。

第七章　杜鹃兰生殖障碍与人工繁殖

杜鹃兰的药用价值高，故市场需求量较大。而因其对生境要求苛刻，且自然条件下有性生殖（sexual reproduction）困难，无性繁殖（asexual reproduction）系数低，加之人类过度采挖，使其野生资源极为匮乏。为有效保护这一重要珍稀种质资源并实现其永续利用，本课题组在研究明确其假鳞茎串中新生假鳞茎的抑制机制后（Lv et al.，2017，2018；吕享等，2018a），建立了提高无性繁殖系数的假鳞茎繁殖技术；在了解其花的特殊结构限制及传粉媒介缺乏的现状后（Zhang et al.，2010），建立了人工授粉高效结实技术（Zhang et al.，2010）；在弄清其成熟果实中种胚（embryo）未完成发育且种皮致密致使种子不能萌发的基础上，通过海量筛选获得促进种子萌发的共生真菌并配套菌材拌种种子，成功建立了种子直播育苗技术，从而为杜鹃兰规模化人工种植提供了种苗保障。

第一节　杜鹃兰的生殖障碍

一、杜鹃兰无性繁殖障碍

杜鹃兰无性繁殖主要通过植株的假鳞茎完成，但其繁殖系数极低，即存在繁殖障碍。

1. 障碍原因

作者研究发现（张明生，2006；Zhang et al.，2010），杜鹃兰的假鳞茎每年形成一个新的假鳞茎，各年份形成的假鳞茎通过短的根状茎串联在一起形成假鳞茎串，新生假鳞茎对串联的其他假鳞茎有强烈的抑制作用，致使多个串联的假鳞茎中，每年均只有最新的一个假鳞茎出苗长成植株，由此植株再形成一个新的假鳞茎，而其他假鳞茎不能产生新植株和新假鳞茎。

2. 障碍解除

针对杜鹃兰无性繁殖障碍原因，课题组研究揭示了新生假鳞茎抑制作用形成的生理和分子机制（吕享，2018），以此为基础，建立了提高繁殖系数的假鳞茎无性繁殖技术，即机械剪切法和外源激素法。

二、杜鹃兰有性生殖障碍

（一）杜鹃兰自然授粉障碍的原因

杜鹃兰为总状花序，每朵花因花朵较大且先端较重而下垂，致使合蕊柱上雄蕊的花粉块被倒置于柱头的下方，加之花粉块有药帽盖住，故而难以实现自然授粉；同时，杜鹃兰虽为虫媒花，但因其蜜腺缺乏昆虫青睐的气味而难以引来昆虫传粉，而且因生境破坏使传粉昆虫无法生存。因此，作者认为，杜鹃兰花结构的特殊性和传粉昆虫的缺失是导致其自然授粉障碍的根本原因。

（二）杜鹃兰种子萌发障碍的原因

通过人工授粉，杜鹃兰结实率可以达到 98%（田海露等，2019）。可是，杜鹃兰种子在自然环境下几乎不能萌发，即使在人工培养基上萌发也极其困难。研究发现（王汪中，2017），杜鹃兰种子萌发（seed germination）的障碍主要有以下三个方面。

1. 种皮限制

杜鹃兰种子的内种皮致密膜质，外种皮的细胞内壁和径向壁均木质化加厚，致使种皮的透水性和透气性受到严重限制，而充足的水分和氧气是种子萌发的必要条件。

2. 种子无胚乳

杜鹃兰种子发育过程中由中央细胞受精形成的少量胚乳组织在双受精后不久便消失，使细小如尘的种子先天性营养不良。

3. 种胚发育不良

杜鹃兰果实成熟时，其种子的胚并未发育完全，尚处于只有几个至几十个细胞组成的原胚阶段，这是杜鹃兰种子难以萌发的最主要原因。

（三）杜鹃兰种子萌发障碍的解除措施

1. 破除种皮限制

采用 2% NaOH 溶液浸泡种子 15 min，或使用刀片划破种皮，均可实现杜鹃兰种子在培养基上萌发（王汪中，2017），适宜的培养基可以替代内源营养（胚乳）。以 NaOH 处理裂解种皮较为合适，因为杜鹃兰种子十分细小，以刀片划破种皮很难操作。培养条件以光照强度 $1.25\sim2.5\ \mu\text{mol}\cdot\text{m}^{-2}\cdot\text{s}^{-1}$、温度（$23\pm2$）℃、pH5.5～6.0 较为适宜。

2. 促进种胚发育

对杜鹃兰种子进行低温沙藏、植物生长调节物质处理及真菌共生萌发，均可促进其种胚发育，进而实现种子萌发（王汪中等，2017；田莉等，2021；彭思静等，2021；高燕燕，2022；Gao et al.，2022a）。不过，低温沙藏达到种胚发育成熟的时间很长，且因杜鹃兰种子细小不便操作，故不宜采用。

课题组从野生杜鹃兰植株中分离获得一株能有效促进其种胚发育和种子萌发的共生真菌（称"促萌发真菌"，图 7-1），将该真菌与杜鹃兰种子共培养 3 周左右，其种胚便发育成熟且种子萌发率约 72%，6 周时萌发率达到 80%（高燕燕，2022；Gao et al.，2022b）。通过形态学结合 ITS 测序鉴定，该真菌属于担子菌门 Basidiomycota、伞菌纲 Agaricomycetes、伞菌目 Agaricales、鬼伞科 Psathyrellaceae、假鬼伞属 *Coprinellus* 的白假鬼伞 *Coprinellus disseminatus*（Pers.: Fr.）Kuhner，其形态及进化地位见图 7-2。

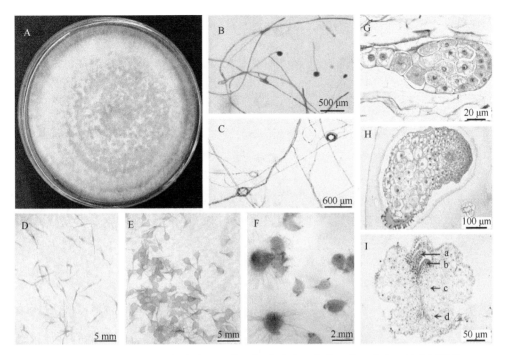

图 7-1　促萌发真菌（白假鬼伞）及其对杜鹃兰种子萌发（种胚发育）的作用效果

A. 菌落形态；B、C. 菌丝显微结构；D. 没有接菌的种子（对照，未萌发）；E. 接菌种子萌发形成原球茎（初期）；F. 接菌种子萌发长大的原球茎；G. 刚成熟果实的种胚（原胚）；H. 接菌种子 2 周后的种胚（原胚细胞增殖分化）；I. 接菌种子 3 周后的种胚（成熟胚，此时的种子能萌发）。a. 子叶；b. 胚芽；c. 胚轴；d. 胚根）。

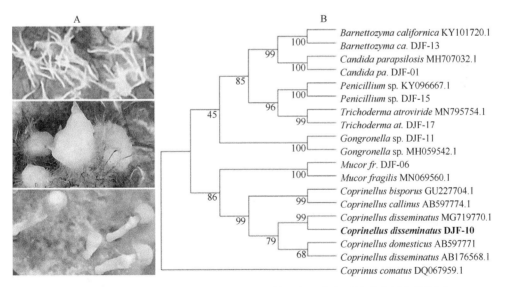

图 7-2　白假鬼伞 *Coprinellus disseminatus* 的形态及其在系统进化树中的位置

A. 菌丝体和子实体；B. 系统进化树。

杜鹃兰种子萌发的过程实质上就是完成种子的胚后发育过程，首先是种子吸水膨胀，种胚体积增大，胚体前端从种皮一侧突破种皮，然后种胚继续生长，胚柄脱离种皮，种胚由球形原胚发育成梨形胚，最终发育为具有成熟种胚结构的原球茎。随着原球茎的发育，其表皮细胞产生向外辐射的白色透明、具有吸收水分和营养功能的绒毛状根，原球茎由白变绿。原球茎发育成幼苗有两种方式：一种是原球茎直接分化形成根、茎、叶；另一种是原球茎先增殖形成丛生状的原球茎，各原球茎再渐次分化成苗。

第二节　杜鹃兰的无性繁殖与组织培养

种子种苗繁育技术是中药材人工种植首先必须解决的关键问题。由于杜鹃兰的有性生殖存在很大障碍，而无性繁殖极其缓慢，加之其植株生长发育对环境的苛刻要求，致使其人工种植至今仍不能规模化进行。因此，为真正实现对该宝贵资源的永续利用并使之造福于人类，则必须在了解该物种繁殖生物学特性的基础上，研究构建其人工繁殖技术体系，为最终开展其规模化人工种植提供保障。

一、杜鹃兰无性繁殖

1. 机械剪切法

由于杜鹃兰假鳞茎串中新生假鳞茎的抑制作用，因此可以将假鳞茎串中连接各假鳞茎的根状茎切断，使各假鳞茎分离，然后以单个假鳞茎栽种。每个假鳞茎当年可以新增一个假鳞茎，新老假鳞茎间又以一段短的根状茎相连，可依此剪切。

2. 外源激素法

杜鹃兰假鳞茎串中新生假鳞茎的抑制作用，是通过新生假鳞茎将其生长素向老的假鳞茎运输积累形成的，因此可以用生长素运输抑制剂（N-1-氨甲酰苯甲酸萘酯、2,3,5-三碘苯甲酸等）涂抹新老假鳞茎间的根状茎，以阻断生长素运输，进而使老假鳞茎上的不定芽得以萌发（吕享等，2018b）；同时，也可用玉米素涂抹老假鳞茎上的不定芽使其萌发。上述处理试剂的作用浓度为 10 mg·g^{-1}。

然而，由于杜鹃兰每个假鳞茎每年只能新增一个假鳞茎，因此，无论采用机械剪切还是外源激素处理，均难以实现其规模化繁殖。

二、杜鹃兰组织培养

植物组织培养（tissue culture）是将植物离体的器官、组织或细胞，在营养基质（培养基）上、人工控制条件下使培养体定向生长、分化与发育形成再生器官或完整植株的技术。其特点是繁殖快，周期短，周年生产，整齐一致，无病虫害，性状稳定，适于工厂化育苗。

近 20 年来，有关兰科植物的组织培养与快速繁殖研究虽取得了突破性进展，但在兰科部分种属的快繁生物技术上仍存在相当大的困难，杜鹃兰的繁殖便是一例。课题组对杜鹃兰的组织培养进行了多年研究，建立了以下组培快繁技术。

（一）以假鳞茎作外植体的组织培养

以带顶芽或不定芽的假鳞茎切块为外植体进行组织培养，建立杜鹃兰试管苗的组培快繁技术（张明生等，2005）。

1. 外植体制备

将新采集的杜鹃兰假鳞茎置流水下洗净泥土后，放入烧杯中，以自来水（加2滴洗洁精）震荡15～20 min，此间用毛笔刷洗假鳞茎表面，再经流水冲洗1 h。在超净台上，先用75%乙醇表面消毒15 s，无菌水冲洗3次，再用0.1% HgCl₂溶液浸泡10 min，最后用无菌水冲洗5次。用解剖刀将假鳞茎切成带顶芽或不定芽眼的小块，以此作为诱导拟原球茎的外植体。注：原球茎（protocorm）是指兰科植物种子萌发过程中由一团尚未分化的薄壁细胞组成的、缩短的、呈珠粒状的、由胚性细胞组成的，上端有顶端生长点和叶原基、下端有很多不定根、初具球茎形态的球状体。拟原球茎（protocorm-like body，PLB）则是以兰科植物茎尖、根尖、茎节段、花序枝、叶片等为外植体进行组织培养诱导产生的类似原球茎的结构，也称类原球茎。

2. 培养条件

（1）拟原球茎诱导和增殖培养基：MS+2.0 mg·L⁻¹ 6-苄氨基嘌呤（6-BA）+0.5 mg·L⁻¹ 2,4-二氯苯氧乙酸（2,4-D）+10 mg·L⁻¹ 杜鹃兰假鳞茎内生真菌提取物（浸膏）+500 mg·L⁻¹ 聚乙烯吡咯烷酮（PVP）。

（2）芽和根分化及试管苗生长培养基：1/2 MS+0.5 mg·L⁻¹ 萘乙酸（NAA）+0.5 mg·L⁻¹ 吲哚丁酸（IBA）+10 mg·L⁻¹ 内生真菌提取物+500 mg·L⁻¹ PVP。

上述两种培养基均加入3.0%蔗糖和0.8%琼脂，pH 5.8。培养室温度（25±1）℃，光照度25.0 μmol·m⁻²·s⁻¹，光照时间12 h·d⁻¹。

3. 生长与分化情况

（1）拟原球茎的诱导与增殖：将外植体接种到拟原球茎诱导培养基上12 d后，外植体上不定芽眼开始露白，接着萌出不定芽（图7-3A）。随着不定芽的生长，约40 d后，

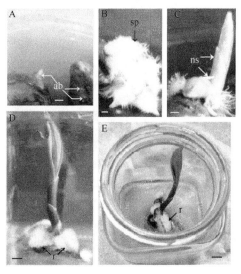

图7-3　杜鹃兰拟原球茎诱导及植株再生

A. 带有不定芽（ab）的假鳞茎切块（bar=2.5 mm）；B. 由不定芽诱导产生的拟原球茎簇（sp。bar=1 mm）；C. 由拟原球茎簇产生的新芽（ns。bar=1.25 mm）；D和E. 带有根（r）的杜鹃兰再生植株（bar=3 mm）。

其基部和表面陆续产生带有白毛的淡绿色拟原球茎。将拟原球茎从基部切下，转移到拟原球茎增殖培养基上，使拟原球茎快速增殖形成拟原球茎簇（图7-3B）。

（2）芽和根分化与试管苗生长：选择直径约0.5 cm、生长健壮的拟原球茎接种到芽和根分化及试管苗生长培养基上，10 d左右拟原球茎分化出芽（图7-3C），3周后开始出现根，随即叶片抽出，4周时长出3～5条粗壮的根（图7-3D、7-3E）。此后，试管苗生长迅速，40 d左右即可移栽。

4. 炼苗与移栽

将培养试管苗的培养容器口敞开，室温下放置1～2 d后，小心地将试管苗自培养容器中取出，用水洗净其根部残留的培养基，栽入盛有棉籽壳（多菌灵浸泡2～3 h，自来水冲洗5次）的花盆中，以白色塑料薄膜覆盖保湿，弱光，温度控制在25℃左右，每隔2 d浇水一次，约3周后长出新根，此时即可移栽。移栽时，盆底垫碎石，上覆盆土（腐殖质∶蛭石∶沙=2∶1∶1）并栽入试管苗，成活率可达90%以上。

（二）以种子作外植体的组织培养

1. 杜鹃兰原球茎增殖培养

以杜鹃兰种子萌发的原球茎为实验材料，研究不同基本培养基、不同植物生长调节物质、活性炭、温度、光照强度对杜鹃兰原球茎增殖和生长的影响，以及原球茎多倍体的诱导（吴彦秋等，2016，2017）。

（1）培养基组分对原球茎增殖和生长的影响：不同类型基本培养基对杜鹃兰原球茎增殖及生长有显著影响（图7-4，左图中不同小写字母表示0.05水平差异显著。下同）。其中，接种于1/2MS培养基的原球茎增殖速度快，长势较好，原球茎呈绿色（图7-4A），增殖率达120%；接种于MS培养基的原球茎增殖速度及长势稍次于1/2MS，原球茎呈淡绿色（图7-4B），少数出现褐化现象，增殖率达95%；接种于VW和KC培养基的材料部分呈白色，出现水渍状或褐化，少数死亡（图7-4C、图7-4D）。杜鹃兰原球茎接种

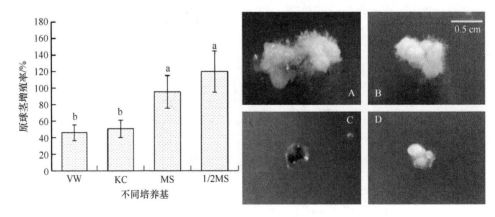

图7-4 不同类型基本培养基上的原球茎增殖和生长效果
A. 1/2MS；B. MS；C. VW；D. KC。

10 d 后，1/2MS 培养基中的原球茎颜色由白色转为浅绿色，接种 20 d 后，原球茎明显增大，30 d 后有少数原球茎开始增殖，颜色呈黄绿色，40 d 时培养基中的原球茎多数已形成丛生型原球茎，颜色转为绿色。因此，1/2MS 基本培养基适于杜鹃兰原球茎增殖和生长。

（2）植物生长调节物质对原球茎增殖和生长的影响：不同种类及浓度的植物生长调节物质对杜鹃兰原球茎增殖均有不同程度的促进作用。适当浓度的 6-BA 有利于原球茎增殖（表 7-1），6-BA 浓度为 1.0 mg·L^{-1} 时，形成的丛生型原球茎较多，增殖率达 142% 左右，显著高于其他处理组；6-BA 浓度为 0.5 mg·L^{-1} 时，增殖率次之，但部分原球茎开始分化；6-BA 浓度升高至 1.5 mg·L^{-1} 以上时，原球茎增殖率急剧下降，且部分死亡。NAA 和 IBA 对原球茎增殖的影响效果显著（图 7-5），NAA 浓度为 2 mg·L^{-1} 时，形成的原球茎较多，呈绿色，表面长有许多白色毛状物，增殖率达 140%，显著高于其他处理组。IBA 浓度为 1.0 mg·L^{-1} 时，原球茎增殖率最高，达 170%，颜色呈绿色且生长健壮，当浓度高于 1.0 mg·L^{-1} 后增殖率下降。

表 7-1　6-BA 对原球茎增殖和生长的影响

处理	6-BA 浓度/（mg·L^{-1}）	增殖率/%	原球茎生长情况
1	0	81.09±20.01ab	生长不良，白色
2	0.5	101.94±25.12ab	生长较好，浅绿
3	1.0	142.22±35.05a	生长很好，绿色
4	1.5	71.88±17.71b	生长较好，浅绿
5	2.0	43.13±16.63b	生长不良，褐色

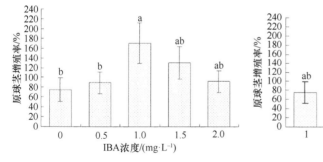
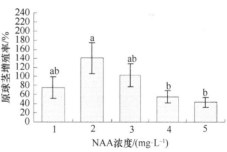

图 7-5　NAA 和 IBA 对原球茎增殖的影响

（3）活性炭对原球茎增殖和生长的影响：适量的活性炭对杜鹃兰原球茎增殖有益（表 7-2）。活性炭浓度为 0.5 g·L^{-1} 时，原球茎的增殖和生长效果良好，呈绿色，在原球茎表面长有许多白色毛状物，适合继代增殖培养，增殖率达 151%，与其他处理组相比差异显著；活性炭浓度为 0.2 g·L^{-1} 时效果次之，当浓度增加到 1.5 g·L^{-1} 时效果很差，大部分原球茎呈白色；在不添加活性炭的处理中，原球茎增殖缓慢，褐化率高，易分化。活性炭作为培养基中的吸附剂，既可以吸附原球茎生长过程中释放的酚类化合物，抑制褐变的发生，有利于原球茎的增殖和生长，但同时也可吸附培养基中的营养成分和生长调节物质，从而阻滞原球茎的增殖和生长。因此，在培养基中添加活性炭时，其量的把握十分重要。

表 7-2　活性炭对原球茎增殖和生长的影响

处理	活性炭浓度/（g·L⁻¹）	增殖率/%	原球茎生长情况
1	0	85.53±16.79b	生长不良，褐色
2	0.2	102.67±20.50ab	生长较好，黄绿
3	0.5	151.17±30.04a	生长很好，绿色
4	1.0	95.49±18.37ab	生长不良，白色
5	1.5	69.42±13.79b	生长不良，白色

（4）光照强度与温度对原球茎增殖和生长的影响：一定的光照强度对杜鹃兰原球茎的增殖有促进作用（表 7-3），光照强度为 37.5 μmol·m⁻²·s⁻¹ 时，原球茎的增殖率显著高于其他处理组，达 163%，原球茎呈绿色且表面长有许多白色毛状物，但部分原球茎开始分化；光照强度为 25.0 μmol·m⁻²·s⁻¹ 时，增殖率次之，原球茎呈黄绿色且未分化；光照强度为 12.5 μmol·m⁻²·s⁻¹ 时，原球茎增殖率相对较低；当光照强度增加到 50.0 μmol·m⁻²·s⁻¹ 以上后，原球茎增殖率显著下降并开始褐化。温度对原球茎增殖也有显著影响（图 7-6），15℃下原球茎长势旺，呈绿色，无褐化现象（图 7-6A），增殖率达 177%，显著高于其他处理组；随着温度的升高，原球茎增殖率显著下降，30℃时原球茎褐化现象严重（图 7-6C），长势差，甚至出现死亡，这正好体现了杜鹃兰适于低温生境的生物学特性。

表 7-3　光照强度对原球茎增殖和生长的影响

处理	光照强度/（μmol·m⁻²·s⁻¹）	增殖率/%	原球茎生长情况
1	6.25	61.09±12.75b	生长不良，褐白
2	12.5	109.84±23.01ab	生长较好，浅绿
3	25.0	141.18±29.89ab	生长较好，黄绿
4	37.5	162.54±33.81a	生长很好，绿色
5	50.0	82.67±17.52b	生长不良，褐色

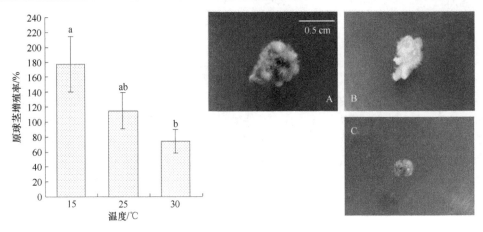

图 7-6　温度对原球茎增殖和生长的影响

A. 15℃；B. 25℃；C. 30℃。

2. 杜鹃兰原球茎多倍体诱导

以人工授粉收获的杜鹃兰种子进行无菌萌发产生的原球茎为实验材料，研究不同质量分数的秋水仙素及不同处理时间对杜鹃兰多倍体诱导的影响，考查秋水仙素处理后杜鹃兰原球茎的生长、分化及成苗后的生长势与染色体倍性的关系，进而为建立杜鹃兰多倍体育种技术提供理论依据（吴彦秋等，2017）。

（1）秋水仙素处理对杜鹃兰原球茎生长的影响：不同质量分数的秋水仙素和处理时间对杜鹃兰原球茎的成活率有明显的影响。因秋水仙素的毒性较大，处理后的原球茎在培养过程中均出现不同程度的褐化及死亡现象。原球茎增殖形成的新原球茎存活率随秋水仙素质量分数的升高而显著降低（表7-4）。其中，当秋水仙素的质量分数为0.15%、处理时间为5 d时，原球茎的存活率最低（约24.4%）。培养6周后，对照组原球茎呈乳白色或淡绿色（图7-7A），处理组存活的部分原球茎呈深绿色（图7-7B）。继续分化培养发现，处理组（图7-7D）成活的少数原球茎较对照组（图7-7C）颜色更深、长势更好，这可能是因为经秋水仙素处理后，染色体成功加倍的原球茎中遗传物质在转录水平上表达量增加，细胞内物质代谢增强。

表7-4 秋水仙素处理对杜鹃兰原球茎生存的影响

秋水仙素质量分数/%	原球茎存活率/%		
	1 d	3 d	5 d
0	100.0±0.0a	86.7±10.0abc	90.0±5.8ab
0.05	75.5±3.9bcd	70.0±6.7cde	65.6±5.1de
0.10	53.3±3.3efg	60.0±10.0def	46.6±5.8fgh
0.15	40.0±3.3ghi	34.4±5.1hi	24.4±1.9i

图7-7 秋水仙素对杜鹃兰原球茎生长的影响

A、C. 对照组；B、D. 处理组。

（2）秋水仙素处理对杜鹃兰细胞染色体组的影响：剪取经秋水仙素处理和未经处理的植株根尖，进行染色体加倍鉴定。结果表明，正常植株根尖细胞的染色体数目为 $2n=2x=42$，与杨涤清和朱燮桴（1984）的报道一致。而用秋水仙素处理后，染色体加倍成功的植株，其染色体数目为 $2n=4x=84$，属四倍体（图7-8）。除处理11和处理12外，经秋水仙素处理的杜鹃兰原球茎分化发育形成的再生植株，其细胞中染色体加倍诱导率随秋水仙素质量分数及处理时间的增加逐渐上升（图7-9，图中的处理号同表7-5）。其中，秋水仙素质量分数为0.15%、处理时间为1 d（处理10）时，染色体加倍诱导率最高，为20%。而秋水仙素质量分数为0.05%、处理时间为1 d（处理4）时，诱导率最低，这可能是因为短时间内，低质量分数的秋水仙素难以渗透到杜鹃兰原球茎的细胞中。

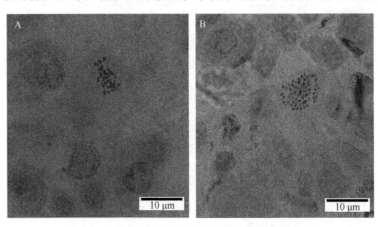

图7-8 秋水仙素处理的植株根尖细胞染色体变化

A. 二倍体植株根尖细胞染色体数，$2n=2x=42$（对照）；B. 四倍体植株根尖细胞染色体数，$2n=4x=84$（处理）。

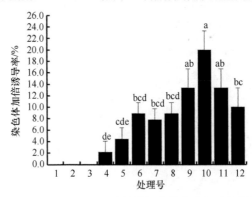

图7-9 不同处理对再生植株细胞染色体加倍的效果

（3）杜鹃兰多倍体和二倍体的形态比较：多倍体（polyploid）植株与正常植株相比，两者的形态特征具有明显差异（图7-10和表7-5）。正常植株叶片表面平滑、颜色较浅，单株植株只有1片叶（图7-10A₁），根细长且数量较多；多倍体植株较正常植株矮而粗，单株叶片较多（图7-10A），前期原球茎生长和分化以及植株根的生长均较慢，可能因秋水仙素的毒害作用所致。多倍体杜鹃兰植株叶片多且质地较硬、颜色加深呈深绿色，假鳞茎异常膨大（图7-10B），根状茎粗而长（图7-10C），根粗短且数量少，芽分化异常，即正常植株（图7-10D₁）是从簇状原球茎中分化出多个芽点，而多倍体植株（图7-10D）

是从单个假鳞茎生出多个芽。

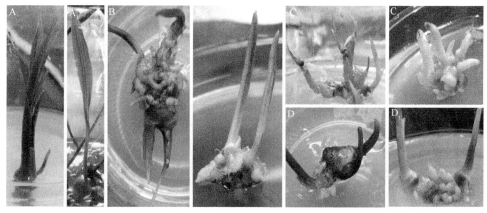

图 7-10　秋水仙素处理对杜鹃兰植株形态的影响

A. 单株多叶；B. 异常膨大的假鳞茎；C. 粗而长的根状茎；D. 异常分化的芽；A₁、B₁、C₁、D₁. 未处理材料。

表 7-5　秋水仙素不同的质量分数和处理时间对杜鹃兰原球茎分化成苗的影响

处理号	秋水仙素质量分数/%	处理时间/d	株高/cm	假鳞茎直径/cm	根数/条	根长/cm
1		1	14.00±0.27a	0.70±0.16b	10.4±1.3ab	5.03±0.41a
2	0	3	13.50±0.21ab	0.75±0.20ab	10.6±1.2a	4.82±0.19a
3		5	13.11±0.49bc	0.81±0.34ab	10.3±2.2ab	4.70±0.23a
4		1	12.40±0.19cd	0.78±0.14ab	5.7±2.0c	3.50±0.32b
5	0.05	3	12.08±0.20de	0.84±0.16ab	5.1±1.6c	2.91±0.19bc
6		5	11.90±0.41de	0.89±0.08ab	5.0±1.8c	2.7±0.19cd
7		1	11.72±0.11de	0.83±0.11ab	4.9±1.3c	1.90±0.13de
8	0.10	3	11.31±0.49ef	0.90±0.21ab	5.2±1.1c	2.43±0.21cd
9		5	11.24±0.22ef	0.92±0.10ab	5.5±1.3c	2.53±0.18cd
10		1	5.93±0.15h	1.00±0.05ab	5.1±1.0c	1.55±0.33e
11	0.15	3	10.52±0.18fg	1.10±0.12ab	5.4±1.4c	2.80±0.20bc
12		5	10.12±0.23g	1.20±0.08a	6.2±1.2bc	3.00±0.48bc

3. 杜鹃兰丛生芽诱导

杜鹃兰的丛生芽，是指从其假鳞茎芽（顶芽、腋芽、不定芽）的基节或原球茎的基节上分化发育而来的、丛生在一起的多芽群体。

以杜鹃兰原球茎为实验材料，从基础培养基、植物生长调节剂和抗褐化剂三个方面，探究不同因素对杜鹃兰丛生芽诱导率的影响，筛选主要诱导因素经正交试验得到适宜的诱导条件组合，以期为构建杜鹃兰规模化人工种植的种苗快繁技术奠定基础（刘思佳，2020；刘思佳等，2021）。

（1）不同基础培养基对杜鹃兰丛生芽诱导的影响：随着基础培养基中大量元素的降低，杜鹃兰丛生芽诱导率逐渐升高（图 7-11A）。当基础培养基为 1/4MS 时，杜鹃兰丛生芽诱导率为 45.37%（图 7-11B）。1/2MS 培养基丛生芽诱导率略低于 1/4MS 培养基，为 37.83%。MS 培养基的诱导效果最差，诱导率为 23.75%（图 7-11C）。

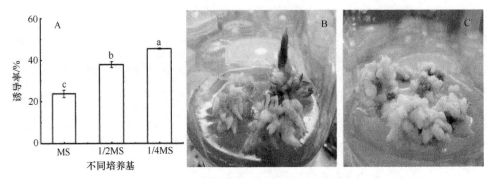

图 7-11 不同培养基对杜鹃兰丛生芽诱导的影响

A. 不同培养基对丛生芽的诱导效果；B. 1/4MS 培养基处理；C. MS 培养基处理。

（2）细胞分裂素对杜鹃兰丛生芽诱导的影响：不同种类的细胞分裂素对丛生芽的诱导有着不同的促进作用（图 7-12）。其中，噻苯隆（TDZ）诱导效果较好，随着 TDZ 浓度增加，杜鹃兰丛生芽的诱导率呈先上升再下降的趋势。TDZ 浓度为 2.0 mg·L^{-1} 时，丛生芽诱导率最高，为 55.63%；TDZ 浓度为 1.5 mg·L^{-1} 时次之，诱导率为 52.99%；TDZ 浓度为 1.0 mg·L^{-1}、2.5 mg·L^{-1}、3.0 mg·L^{-1} 时，诱导率在 35% 左右，显著低于前两个浓度的诱导效果。

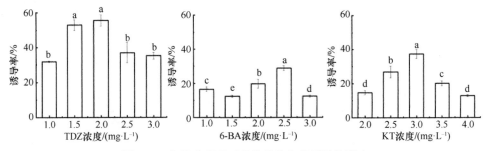

图 7-12 细胞分裂素对杜鹃兰丛生芽诱导的影响

6-BA 和 6-糠氨基嘌呤（KT）对杜鹃兰丛生芽的诱导效果不显著。在 6-BA 浓度为 2.5 mg·L^{-1} 处理下的丛生芽诱导率最高，为 28.89%，KT 浓度为 3.0 mg·L^{-1} 时的诱导率为 37.39%，但均远低于 TDZ 处理下的诱导率。随着 6-BA 和 KT 浓度升高，丛生芽诱导率也同样呈先上升后下降趋势，故 TDZ 是对杜鹃兰丛生芽诱导较为适宜的细胞分裂素。

（3）生长素对杜鹃兰丛生芽诱导的影响：在不同种类及浓度生长素对杜鹃兰丛生芽诱导实验中，IAA 效果相对较好（图 7-13）。在 IAA 浓度为 0.2 mg·L^{-1} 时，丛生芽诱导率为 72.58% 且显著高于其他浓度处理；NAA 处理下的诱导率较 IAA 低，其中 0.2 mg·L^{-1} NAA 处理的诱导率最高，为 37.44%，但不同浓度 NAA 处理下丛生芽诱导率差异性不显著。总体上看 IAA 更适宜杜鹃兰丛生芽的诱导。

（4）抗褐化剂对杜鹃兰丛生芽诱导的影响：不同种类及浓度的抗褐化剂对杜鹃兰丛生芽有着不同的促进效果（图 7-14），其中 PVP 效果最好，2000 mg·L^{-1} 的 PVP 的诱导率为 79.9%，其次是 1500 mg·L^{-1} 的 PVP，诱导率为 58.44%。在 PVP 处理中，诱导率随其浓度升高而呈上升趋势。在抗褐化剂为硫代硫酸钠（Na$_2$S$_2$O$_3$）和谷胱甘肽（GSH）时，丛生芽的诱导率随着浓度的增加，呈先上升后下降的趋势，25 mg·L^{-1} 的 Na$_2$S$_2$O$_3$ 诱导率最高，为 50.87%，25 mg·L^{-1} 的 GSH 诱导率最高，为 34.27%。

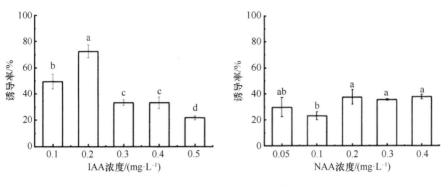

图 7-13　生长素对杜鹃兰丛生芽诱导的影响

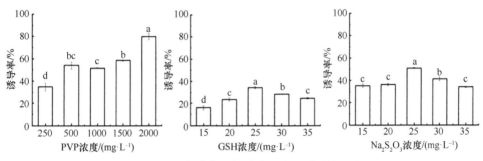

图 7-14　抗褐化剂对杜鹃兰丛生芽诱导的影响

（5）不同因素交互作用对杜鹃兰丛生芽诱导的影响：大量元素、植物生长调节剂及抗褐化剂等不同因素水平的交互作用对杜鹃兰丛生芽诱导有着较大的影响（表 7-6）。在 9 个处理中，8 号处理的丛生芽诱导率显著高于其他处理，为 81.16%，其次为 9 号处理和 6 号处理，但 6 号和 9 号处理对丛生芽的诱导率远低于 8 号处理（图 7-15）。极差分

表 7-6　不同因素交互作用对杜鹃兰丛生芽诱导的影响

实验号	大量元素	TDZ 浓度/（mg·L⁻¹）	IAA 浓度/（mg·L⁻¹）	PVP 浓度/（mg·L⁻¹）	丛生芽诱导率/%
1	MS	1.5	0.1	1000	10.69±0.45i
2	MS	2.0	0.2	1500	34.98±0.58f
3	MS	2.5	0.3	2000	20.04±0.36h
4	1/2MS	1.5	0.2	2000	30.01±0.26g
5	1/2MS	2.0	0.3	1000	45.94±0.77d
6	1/2MS	2.5	0.1	1500	52.06±0.34c
7	1/4MS	1.5	0.3	1500	39.69±0.45e
8	1/4MS	2.0	0.1	2000	81.16±1.46a
9	1/4MS	2.5	0.2	1000	61.57±1.33b
K1	65.17	80.39	143.91	118.2	
K2	128.01	162.08	126.26	126.73	
K3	179.42	133.67	102.67	131.21	
k1	21.73	26.79	47.97	39.4	
k2	42.67	54.03	42.09	42.24	
k3	59.81	44.56	34.23	43.74	
R	38.08	27.24	13.74	4.34	

注：丛生芽诱导率数据为平均值±标准差，不同小写字母表示在 $P<0.05$ 水平有显著性差异；K 表示各因素同一水平之和，k 表示各因素各水平平均数。

图 7-15　不同处理组合对杜鹃兰丛生芽的诱导效果

A. 8 号处理；B. 6 号处理；C. 9 号处理。

析结果表明，大量元素的极差值最大（38.08），即大量元素对于杜鹃兰丛生芽诱导影响最大，其次为 TDZ（27.24），PVP 的影响最小，其 R 值为 4.34。4 种因素中，对杜鹃兰丛生芽诱导影响顺序依次为大量元素（38.08）>TDZ（27.24）>IAA（13.74）>PVP（4.34）。

由方差分析可知，大量元素、植物生长调节剂及抗褐化剂对杜鹃兰丛生芽诱导均有显著影响（表 7-7）。丛生芽诱导率随着大量元素的降低而呈上升趋势，当基础培养基为 1/4MS 时丛生芽诱导率较高，为 MS 时诱导率明显降低，表明适当降低大量元素含量有利于杜鹃兰丛生芽诱导发生。当 TDZ 浓度较高时，丛生芽诱导率较高，随着 TDZ 浓度降低，丛生芽诱导率也呈下降趋势。IAA 对丛生芽诱导影响较小，但 TDZ 浓度较大时，IAA 浓度越低丛生芽诱导率越高，即 TDZ 与 IAA 的浓度比值越大丛生芽诱导率越高。PVP 对丛生芽诱导的影响最小，PVP 为 2000 mg·L^{-1} 时丛生芽诱导率相对较高。综上所述，杜鹃兰丛生芽诱导发生的适宜因素组合为：1/4MS+2.0 mg·L^{-1} TDZ+0.1 mg·L^{-1} IAA+2000 mg·L^{-1} PVP。

表 7-7　丛生芽诱导各因素的方差分析

来源	平方和	自由度	平均值平方	F 值	显著性
大量元素	6 836.610	2	3 418.305	109.557	0.000
TDZ	2 772.258	2	1 386.129	44.426	0.000
IAA	1 193.782	2	596.891	19.130	0.000
PVP	297.630	2	148.815	4.769	0.022
误差	561.618	18	31.201		
总计	56 355.389	27			
修正后总计	11 661.899	26			

4. 杜鹃兰芽丛诱导

芽丛（tufted buds）与丛生芽（crowded buds）的概念不同，杜鹃兰的芽丛是指组织培养中经原球茎或拟原球茎分化发育而来的幼芽，其增殖过程中基节分化出极短的根状茎，根状茎末端再发生幼芽且基节再生出极短的根状茎，以此重复快速增殖，就形成由极短根状茎连接的众多幼芽聚集在一起的类似丛生芽的多芽群体，即芽丛。

　　以生长势好的杜鹃兰增殖原球茎为实验材料，研究不同含量的大量元素、不同种类及浓度的植物生长调节物质、活性炭及正交优化试验（TDZ、IAA、蔗糖、大量元素）对杜鹃兰"芽丛"诱导增殖的影响（吴彦秋，2017），以进一步拓展丛生芽的繁殖技术。

　　（1）大量元素对杜鹃兰芽丛诱导的影响：进行杜鹃兰"芽丛"诱导培养时，以大量元素含量为1/4MS的培养基诱导效果较好（表7-8），接种于1/4MS培养基的增殖原球茎分化芽点多，长势好，芽增殖系数达1.01；当大量元素含量为1/3MS时，增殖原球茎分化芽点数及长势稍次于1/4MS；接种于大量元素含量为1/2MS和MS培养基的部分材料分化形成较长的根状茎，每条根状茎仅分化出一个芽（图7-16A）。杜鹃兰增殖原球茎接种20 d后，在大量元素含量为1/4MS的培养基中原球茎伸长，形成较短的根状茎；30 d后，根状茎的节上均分化出一至多个肉眼可见的芽点；40 d后芽点伸长、根状茎节间极度缩短、聚集成一丛，即为"芽丛"（图7-16B）。在后期继代培养中，将芽丛基部明显膨大且具有分化成苗趋势的原球茎与未分化的原球茎进行分割，未分化原球茎又可继续出芽，这不仅大大提高了芽的增殖系数，还充分有效地利用了材料。

表7-8　大量元素对杜鹃兰芽丛诱导的影响

处理	大量元素	芽增殖系数
1	MS	0.58±0.02b
2	1/2MS	0.71±0.07ab
3	1/3MS	0.85±0.29ab
4	1/4MS	1.01±0.12a

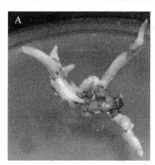

图7-16　杜鹃兰芽的不同形成途径

A. 较长根状茎分化的芽；B. 根状茎节间缩短形成的"芽丛"

　　上述实验结果说明芽丛诱导与大量元素的含量有一定的关系，在植物的生长发育过程中，大量元素有非常重要的生理作用，若大量元素的含量不足，植物的生长速率下降；但其含量过高，又可能影响植物对其他营养成分的吸收及体内的代谢。本研究也发现大量元素含量过高不利于杜鹃兰原球茎的分化。因此适宜含量的大量元素，不仅可诱导杜鹃兰原球茎的分化，对植物的生长也有利。

　　（2）细胞分裂素对杜鹃兰芽丛诱导的影响：添加不同种类及浓度的细胞分裂素对杜鹃兰芽丛诱导均有不同程度的促进作用（图7-17）。从细胞分裂素的种类来看，相同浓度下 TDZ、6-BA 和 KT 三组不同的处理，以 TDZ 的效果较好。在添加 TDZ 的各处理中，增殖系数均显著高于对照组；当 TDZ 浓度在 2.0 mg·L^{-1} 时，芽的增殖系数最高为 1.56，芽呈绿色，产生大量幼嫩的芽丛（图 7-17A）；TDZ 浓度为 3.0 mg·L^{-1} 时，芽增殖系数仅次于 2.0 mg·L^{-1} 的处理；添加 0.5 mg·L^{-1} TDZ 时芽增殖系数虽不及添加 4.0 mg·L^{-1} 时高，但形成的芽丛后期均能分化出苗；当 TDZ 浓度达到 4.0 mg·L^{-1} 时，芽增殖系数虽高于 0.5 mg·L^{-1} 的处理，但芽丛颜色加深，呈深绿色，茎粗短，且后期分化出苗极少、出苗时间较长（图 7-17B）。原因可能是由于 TDZ 介导的反应引起叶绿素的水平提高及质量浓度过高的 TDZ 抑制芽的分化，导致已形成的芽不能萌发生长（徐步青等，2012）。

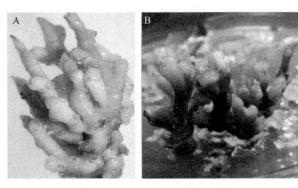

图 7-17　TDZ 对杜鹃兰芽丛诱导的影响

A. 2.0 mg·L^{-1} TDZ 时形成的芽丛；B. 4.0 mg·L^{-1} TDZ 时形成的芽丛。

对于 6-BA 和 KT 而言，适宜的浓度对杜鹃兰芽丛诱导也有较为显著的效果（图 7-18）。当 6-BA 浓度为 2.0 mg·L^{-1} 时，产生的芽丛较多，增殖系数为 1.13，显著高于其他浓度；随 KT 浓度增加，芽的增殖系数不断变化，KT 浓度为 3.0 mg·L^{-1} 时，增殖系数最高，达 1.34，仅次于 2.0 mg·L^{-1} TDZ 的处理，生产的芽丛长势较好，后期能够正常分化出苗，浓度高于 3.0 mg·L^{-1} 时，芽增殖系数反而下降。

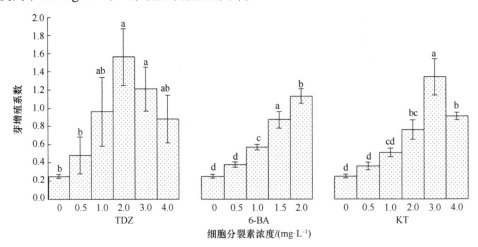

图 7-18　细胞分裂素对杜鹃兰芽丛诱导的影响

（3）生长素对杜鹃兰芽丛诱导的影响：不同浓度的 NAA 和 IAA 对杜鹃兰芽丛诱导的影响有类似的规律，即先上升后下降（图 7-19）。当 IAA 浓度为 0.3 mg·L^{-1} 时，芽的增殖系数显著高于其他浓度梯度，为 0.92，形成的芽丛色绿、长势好，后期均能分化出苗。IAA 的浓度高于 0.3 mg·L^{-1} 时，芽的增殖系数开始下降。当 NAA 浓度为 0.5 mg·L^{-1} 时，增殖原球茎分化出的芽较多，芽丛长势较好，芽增殖系数为 0.9，稍次于 0.3 mg·L^{-1} IAA 的处理。比较芽增殖系数和芽丛长势，发现 IAA 对杜鹃兰芽丛诱导的效果整体较 NAA 好。因此，选择 IAA 作为芽丛诱导的适宜生长素。

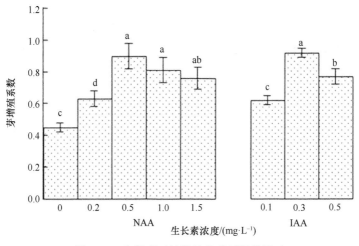

图 7-19　生长素对杜鹃兰芽丛诱导的影响

（4）活性炭对杜鹃兰芽丛诱导的影响：与对照组相比，不添加活性炭的培养基中芽丛的诱导效果比添加的效果好（表 7-9）。在不添加活性炭的培养基中，芽的增殖系数为 0.95，显著高于添加活性炭的处理，且生产的芽丛长势好、色绿；添加 0.5 g·L^{-1} 活性炭，有利于原球茎的增殖，但对芽的分化有明显抑制作用，芽分化较少，增殖系数仅为 0.55。原因可能是活性炭作为一种吸附剂，不仅吸附培养基中的有害物质，对原球茎生长有一定的促进作用，同时也吸附培养基中植物生长调节物质，进而导致培养基中的外源生长调节物质含量降低，不足以启动和引发芽的分化（张丽霞，2008）。

表 7-9　活性炭对杜鹃兰芽丛诱导的影响

处理	活性炭含量/g·L^{-1}	芽增殖系数
1	0	0.95±0.07a
2	0.5	0.55±0.02b

（5）植物生长调节物质、蔗糖及大量元素对杜鹃兰芽丛诱导的影响：杜鹃兰增殖原球茎在 9 种不同处理的培养基上芽丛诱导的效果差异较大（图 7-20）。每个处理组的诱导情况见表 7-10，在相同及不同因素的 3 个平行组间，芽丛的诱导情况也存在着差异。其中，处理组 3 的芽增殖系数最高，为 3.16，芽长势较好，呈浅绿色（图 7-20C），后期继代培养均能分化出苗。各因素的极差值如表 7-10 所示：4 个不同因素中，细胞分裂素 TDZ 对杜鹃兰芽丛诱导的影响最大，R 值为 1.08；其次是大量元素，R 值为 0.51；而生长素 IAA 和蔗糖对杜鹃兰芽丛诱导的影响较小，R 值分别为 0.20 和 0.10。

图 7-20 不同处理对杜鹃兰芽丛诱导的影响

A～I 分别表示正交试验的 9 组处理试验结果。

从表 7-10 中的极差分析结果可知：适宜浓度的 TDZ 和适宜含量的大量元素均有利于杜鹃兰芽丛的诱导。在正交试验的 9 个不同处理组中，杜鹃兰的芽增殖系数随 TDZ 的 3 个水平浓度呈下降趋势，TDZ 浓度为 1.5 mg·L^{-1} 时，芽增殖系数最高，芽丛长势旺盛，成苗效果好；当 TDZ 浓度为 2.0 mg·L^{-1} 时，芽增殖系数明显下降，增殖原球茎芽数目少（图 7-20D），且部分增殖原球茎仅进行增殖生长，表明 TDZ 浓度过高反而抑制芽的分化。大量元素对杜鹃兰芽丛的诱导增殖也有较大的影响，芽增殖系数随大量元素含量增加而降低，含量为 1/4MS 时原球茎的分化效果较好。而生长素 IAA 对杜鹃兰原球茎分化及芽的增殖影响较小，IAA 浓度由 0.2 mg·L^{-1} 增加至 0.3 mg·L^{-1} 时，芽的增殖系数开始下降，当增大到 0.4 mg·L^{-1} 时，芽增殖系数又显著上升。同时蔗糖对杜鹃兰芽的增殖影响相对最小，蔗糖浓度在 10～30 g·L^{-1} 时，芽增殖系数随其浓度的增加先上升后下降。综上所述，各因素的最优组合是：1/4MS+1.5 mg·L^{-1} TDZ+0.4 mg·L^{-1} IAA+30 g·L^{-1} 蔗糖。

表 7-10 植物生长调节物质、蔗糖及大量元素对杜鹃兰芽丛诱导的影响

处理	TDZ 浓度/（mg·L^{-1}）	IAA 浓度/（mg·L^{-1}）	蔗糖浓度/（g·L^{-1}）	大量元素	芽增殖系数
1	1.5	0.2	10	MS	1.81±0.22cd
2	1.5	0.3	20	1/2MS	2.54±0.37abc
3	1.5	0.4	30	1/4MS	3.16±0.46a
4	2	0.2	20	1/4MS	2.81±0.19ab
5	2	0.3	30	MS	1.60±0.24d
6	2	0.4	10	1/2MS	1.76±0.21cd
7	2.5	0.2	30	1/2MS	1.96±0.39bcd
8	2.5	0.3	10	1/4MS	2.12±0.14bcd
9	2.5	0.4	20	MS	2.43±0.48abcd
K$_1$	19.86	20.64	19.74	17.97	
K$_2$	15.51	20.85	20.19	22.53	
K$_3$	25.20	19.08	20.64	20.07	
k$_1$	2.21	2.29	2.19	1.99	
k$_2$	1.72	2.32	2.24	2.50	
k$_3$	2.80	2.12	2.29	2.23	
R	1.08	0.20	0.10	0.51	
主次关系	1	3	4	2	
优水平组合	TDZ（1）+大量元素（3）+ IAA（3）+蔗糖（3）				

5. 杜鹃兰根状茎分化

将杜鹃兰的根状茎在不同条件下进行培养，根状茎在接种后 7 d 左右开始有明显的分化，30 d 后，不同培养条件下的根状茎表现出一定的差异（表 7-11）。

表 7-11 不同条件对杜鹃兰根状茎分化的影响

处理	培养基	温度/℃	6-BA 浓度/（mg·L^{-1}）	IBA 浓度/（mg·L^{-1}）	增殖倍数	分化情况
1	VW	25	2.0	0.5	3.75ab	根状茎较细，芽数较多
2	White	25	2.0	0.5	2.56bc	根状茎较细，芽数一般
3	MS	25	2.0	0.5	2.36bcd	根状茎粗、绿，芽数一般
4	MS	20	2.0	0.5	4.67a	芽多，根状茎较细
5	MS	15	2.0	0.5	2.88bc	芽少，根状茎粗
6	MS	25	2.0	—	2.12cd	芽数一般，根状茎团状
7	MS	25	—	0.5	1.32cde	根状茎条状，分枝芽点多

在不同的基础培养基上培养的根状茎，最直观的差别在于根状茎的直径粗细程度。在 MS 培养基中培养的根状茎较粗，且长势良好，芽点发白，但芽较少；在 VW 培养基上培养的根状茎长势也较好，较细且芽多，多为绿色；在 White 培养基上培养的根状茎与 VW 条件下类似，根状茎较细且多为绿色，芽数稍多于 MS 培养条件。

在不同温度下培养的根状茎也有明显差异。20℃下培养的根状茎较其他两个温度下的芽点多，而且长期培养的条件下，20℃的根状茎分化也较其他两个温度下的早；

在 15℃下，根状茎的生长速度明显受到影响，根状茎的芽点分化速度慢，增殖少，但在15℃下培养的根状茎较之其他两个温度下的粗；在25℃下培养的根状茎与20℃下的粗细相仿，但生长速度较之慢。

在仅添加 6-BA 的培养基中，根状茎的生长趋于团状，几乎不伸长，且芽点多呈簇状。在仅添加 IBA 的培养基中，根状茎只进行伸长生长，并且有明显分枝。

（三）杜鹃兰人工种子技术

人工种子（synthetic seed），又称人造种子（artificial seed），这一概念由美国生物学家 Murashige（1978）在国际园艺植物学术讨论会上首次提出，它是指由植物体细胞胚或其类似物（如原球茎、珠芽等）和营养性胶被及保护性薄膜所组成的类似于天然种子的结构。组成人工种子的三个部分分别对应于天然种子的胚、胚乳（指有胚乳种子）和种皮，即体细胞胚（或其类似物）、人工胚乳和人工种皮。最外面一层的人工种皮为一层有机的薄膜，以保护水分免于丧失及防止外部物理力量的冲击；中间含有培养物（胚状体、原球茎、拟原球茎、珠芽、腋芽或微不定芽等）所需的营养成分和某些植物激素，是胚状体（或其类似物）萌发时所需的能量和刺激因素，相当于胚乳；最内则是包埋的胚状体、原球茎、拟原球茎、不定芽等。这就形成了在人工条件下创造出的一种既能保护水分和营养，又具有一定抗机械冲击力的类似自然种子的结构，在外形上就像一颗颗乳白色半透明的鱼卵或圆球状的鱼肝油胶丸。

作者以杜鹃兰为实验材料，通过液体悬浮培养建立拟原球茎悬浮系，并以拟原球茎为人工种子的繁殖体，研究了人工种皮基质、人工胚乳组分、储藏条件、萌发基质等对人工种子萌发率和成苗率的影响（张明生，2006；张明生等，2009）。

1. 拟原球茎的诱导增殖及拟原球茎悬浮系的建立

以幼嫩、健壮的野生杜鹃兰假鳞茎为外植体，经充分消毒后用无菌刀片将其切成带1~2 个不定芽眼的小块，接种于高压灭菌后的拟原球茎诱导培养基上，拟原球茎诱导培养基组成为：MS+2.0 mg·L^{-1} BA+0.5 mg·L^{-1} 2,4-D+30.0 g·L^{-1} 蔗糖+8.0 g·L^{-1} 琼脂+0.5 g·L^{-1} PVP+10.0 mg·L^{-1} 内生真菌提取物（内生真菌提取物的制备见 Zhang et al.，2006，下同），pH 5.8。培养室温度为（25±1）℃，光照时间 12 h·d^{-1}，光照强度为 55 μmoL·m^{-2}·s^{-1}。待拟原球茎长出后，将其接种于增殖培养基上，增殖培养基的组成及培养条件均与拟原球茎诱导相同。待形成足够的拟原球茎增殖群体后，按 5 g/瓶鲜重的接种量接种于盛有50 mL 液体培养基的 250 mL 三角瓶中，培养基组成为 1/2MS（大量元素减半）+2.0 mg·L^{-1} BA +0.5 mg·L^{-1} 2,4-D+30.0 g·L^{-1} 蔗糖+10.0 mg·L^{-1} 内生真菌提取物，pH 5.8，（25±1）℃，漫射光下，摇床转速为 60 r·min^{-1} 的条件下培养，每 10 d 更换培养基 1 次，培养 30 d 后，用尼龙网从拟原球茎悬浮系中筛选适宜大小拟原球茎，用作杜鹃兰人工种子的繁殖体。

2. 人工种子的制作、萌发与储藏

（1）人工种子制作：以杜鹃兰拟原球茎为繁殖体，4.0%海藻酸钠+2.0%壳聚糖+2.0%CaCl$_2$ 等为人工种皮基质，0.2 mg·L^{-1} NAA+0.1 mg·L^{-1} GA$_3$+0.5 mg·L^{-1} BA+0.4 mg·L^{-1} 青霉素+0.3%多菌灵粉剂+0.2%苯甲酸钠+1.0%的蔗糖+10.0 mg·L^{-1} 内生真菌提取物为人工

胚乳成分，制作杜鹃兰人工种子。

（2）人工种子萌发：将不同方法制作的人工种子各取 100 粒左右，分别播种于 MS 琼脂固体培养基、蛭石、腐殖土、复合基质（腐殖质：蛭石：沙=2：1：1）中，蛭石、腐殖土及复合基质均先经 KMnO$_4$ 和甲醛熏蒸消毒、密封 5 d 后敞开散尽甲醛蒸气。在 25℃左右、散射光下萌发，25 d 后统计人工种子的萌发率，40 d 后考查成苗率。萌发标准为突破种皮 2 mm，萌发率（%）=（萌发数/播种数）×100。成苗转化以同时具有根和叶为标准，成苗率（%）=（苗数/播种数）×100。

（3）人工种子储藏：人工种子制成后用 Parafilm 密封，在不同温度（4℃、12℃、25℃）下黑暗保存，分别于 20 d、40 d、60 d 后各取 100 粒左右播种于 MS 琼脂固体培养基上进行萌发，以确定人工种子的适宜储藏条件。培养条件为（25±1）℃、光照时间 12 h·d^{-1}、光照强度 55.0 μmoL·m^{-2}·s^{-1}，统计方法同上。

3. 人工种子萌发与成苗的影响因素

（1）不同人工种皮基质对人工种子萌发和成苗的影响：制作兰科植物人工种子的繁殖体材料主要是组织培养产生的原球茎或拟原球茎。本研究以杜鹃兰假鳞茎诱导增殖的拟原球茎作为其人工种子的繁殖体，研究了不同基质的人工种皮包埋繁殖体制作的人工种子的萌发和成苗情况，结果见表 7-12。可以看出，与单纯以海藻酸钠为人工种皮基质（用 CaCl$_2$ 固化）相比，海藻酸钠外加壳聚糖后，人工种子不再粘连，25 d 后的萌发率及 40 d 后的成苗率均有明显提高；而与单纯的固形基质相比，以壳聚糖包裹固形基质为种皮的人工种子，其萌发率和成苗率均大大降低，这可能与壳聚糖在固形基质外须碱性条件成膜（用 NaOH 溶液固化），导致基质 pH 升高有关。故固形基质外膜材料的选择和涂覆工艺还有待进一步探索。

表 7-12　不同人工种皮基质对杜鹃兰人工种子萌发率和成苗率的影响

人工种皮基质	萌发率/%	成苗率/%
4%海藻酸钠+2%CaCl$_2$+2%壳聚糖	78.4a[2]	69.0a
固形基质[1]+2%壳聚糖	12.7c	4.2c
4%海藻酸钠+2%CaCl$_2$	63.0b	48.6b
固形基质	68.9b	52.8b

注：1）固形基质，即黏土：蛭石：MS 培养液=2：1：2。2）新复极差检验，不同字母表示处理平均数之间在 α＝0.05 水平差异显著。下同。

（2）不同组分的人工胚乳对人工种子萌发和成苗的影响：通过以海藻酸钠和壳聚糖等为种皮基质、1/2MS 培养液为溶剂并分别添加不同成分制成人工胚乳的杜鹃兰人工种子的萌发实验表明，人工胚乳内不同成分及其组合的效果各异（表 7-13）。在人工胚乳中添加杜鹃兰内生真菌提取物，能显著地提高人工种子的成苗率，这是由于杜鹃兰的生长有赖其内生真菌，而内生真菌提取物提供了杜鹃兰正常生长所需的某些重要成分；添加蔗糖对人工种子萌发和成苗均有重要作用；多菌灵和苯甲酸钠可有效防霉或防腐，多菌灵抑制霉菌的效果比青霉素好；BA 能有效促进人工种子萌发，NAA 和 GA$_3$ 通过促进生根而有利于幼苗成活，且 NAA 单独使用不如与 BA 或 GA$_3$ 配合使用效果好。

表7-13　不同组分人工胚乳对杜鹃兰人工种子萌发和成苗的影响

人工胚乳成分（溶剂为 1/2MS 培养液）*								萌发率/%	成苗率/%
NAA	BA	GA₃	青霉素	苯甲酸钠	多菌灵	蔗糖	内生真菌提取物		
0.2	0.5	0.1	0.4	0.2	0.3	1.0	10.0	88.9a	86.5a
0.2	0.5	0.1	0.4	0.2	0.3	1.0		86.0a	78.3bc
0.2	0.5	0.1	0.4	0.2	0.3		10.0	73.2cd	69.6d
0.2	0.5	0.1	0.4	0.2		1.0	10.0	70.1d	67.9d
0.2	0.5	0.1	0.4		0.3	1.0	10.0	72.5cd	68.7d
0.2	0.5	0.1		0.2	0.3	1.0	10.0	83.6ab	81.4ab
0.2	0.5			0.2	0.3	1.0	10.0	76.8bcd	70.3cd
0.2		0.1	0.4	0.2	0.3	1.0	10.0	73.3cd	71.8cd
	0.5	0.1	0.4	0.2	0.3	1.0	10.0	81.5abc	75.6bcd

$*$ 人工种皮基质为 4%海藻酸钠+2%CaCl₂+2%壳聚糖；激素、抗生素及内生真菌提取物的单位为 mg·L⁻¹，苯甲酸钠、多菌灵粉剂及蔗糖的加入量为占人工胚乳总量的百分率。

（3）不同储温和储期对人工种子萌发及成苗的影响：将杜鹃兰人工种子在 4℃、12℃、25℃下分别储藏 20 d、40 d 和 60 d 后进行萌发实验，结果表明，随着储藏温度的升高和储藏时间的延长，人工种子的萌发率和成苗率均大幅度下降（表7-14）。张明生（2006）的研究证明，兰科几种不同药用植物人工种子对储藏温度的反应明显不同，杜鹃兰人工种子在 4℃下储藏的萌发率和出苗率明显高于金线莲和石斛人工种子，而在 12℃下储藏时金线莲人工种子的萌发率和出苗率高于其他两种，25℃下储藏时石斛的萌发率和出苗率则高于另外两种。这可能是由于不同植物本身维持生命活动的酶系差异所致，如张希太等（2004）报道的脱毒甘薯人工种子，在 4℃条件下无论储藏 30 d、60 d 或 90 d，其萌发率均为 0，认为这是因为甘薯植物体内维持生命活动的酶系属高温酶系，其保持活性的最低温度限点是 9℃，在 4℃条件下储藏的脱毒甘薯人工种子，因其繁殖体中的酶系全部失活而死亡，故不能萌发。

表7-14　不同储温和储期对杜鹃兰人工种子萌发和成苗的影响

储藏温度/℃	储藏时间/d	萌发率/%	成苗率/%
4	20	68.2a	65.3a
	40	51.5b	44.2b
	60	38.7c	27.1c
12	20	50.9b	45.4b
	40	35.6c	25.7c
	60	19.2d	11.3d
25	20	36.4c	29.2c
	40	19.5d	9.5d
	60	4.3e	0e

人工种子制作与栽培不一定同步，储藏就成为人工种子的另一重要研究课题。脱水（干化）、低温、添加生长抑制物质等是常用的延长储藏时间的方法。Vigneron（1997）认为，体细胞胚干化处理有助于提高胚活力和人工种子的抗逆性，干化再结合 4℃低温

处理可望解决人工种子短期储藏问题。

（4）不同萌发基质对人工种子萌发及成苗的影响：将以 4%海藻酸钠+2% CaCl$_2$+2%壳聚糖为人工种皮基质，1/2MS 液体培养基+0.2 mg·L^{-1}NAA+0.1 mg·L^{-1}GA$_3$+0.5 mg·L^{-1}BA+0.4 mg·L^{-1}青霉素+0.3%多菌灵粉剂+0.2%苯甲酸钠+1.0%蔗糖+10.0%内生真菌提取物作为人工胚乳成分制作的杜鹃兰人工种子，在不同萌发基质中进行萌发实验，结果表明，在 MS 琼脂培养基上，杜鹃兰人工种子的萌发率和成苗率均最高，在蛭石中的萌发率和成苗率次之，复合基质（腐殖质：蛭石：沙＝2：1：1）中的居于第三，腐殖土中的最低（表 7-15）。分析其原因，MS 琼脂培养基的高营养和无菌环境可能是人工种子萌发率和成苗率高的主要因素；蛭石在生产过程中经过高温膨化，所带杂菌大部分被杀死，所以人工种子在其中的萌发率和成苗率较高；而腐殖土和复合基质所带杂菌量较大，人工种子在其中萌发时部分被杂菌污染而引起腐烂。与腐殖土相比，复合基质因其透气性好而有利于人工种子的萌发和成苗。

表 7-15　不同萌发基质中杜鹃兰人工种子萌发和成苗的差异

萌发基质	萌发率/%	成苗率/%
蛭石	79.1b	70.2b
腐殖土	61.8c	45.5d
复合基质	70.7bc	57.4c
MS 琼脂培养基	88.5a	84.1a

第三节　杜鹃兰组织培养中褐变及其控制

杜鹃兰组织培养的原球茎增殖培养过程中，材料极易褐化死亡，严重影响原球茎增殖效果。因此，研究杜鹃兰原球茎增殖过程的褐化因素，对减轻褐化的发生十分必要。研究表明，酶促褐化是组织培养中主要的褐化方式，褐化程度与多酚氧化酶（polyphenol oxidase，PPO）活性和酚类物质含量有关（Saltiest，2000；陈秀芳和王坤范，1995；鞠志国等，1988；He et al.，2009），褐化严重的植物通常组织内均含有较多的酚类化合物，且酚类化合物含量越高，褐化越容易发生（晏本菊和李焕秀，1998；张燕等，2010；罗晓芳等，1999；赵伶俐等，2006）。影响褐化的因素十分复杂，不同的植物种类、取材部位、生长阶段、培养基、糖、植物生长调节剂、培养条件等引起褐化的情况有所不同。

课题组以增殖阶段的杜鹃兰原球茎为实验材料，研究其增殖和分化过程中褐化的影响因素及其控制，并建立防止杜鹃兰组织培养中褐变发生的有效措施（叶睿华，2018；叶睿华等，2018）。具体涉及：探究不同培养条件对原球茎褐化和增殖的影响，分析不同培养条件下原球茎褐化率与总酚含量及 PPO 活性的关系，经正交试验对原球茎增殖培养基进行优化，并通过添加 5 种抗褐化剂，明确不同抗褐化剂抑制原球茎褐化并促进其增殖的效果，最终筛选出杜鹃兰原球茎增殖培养中适宜的培养基配方和抗褐化剂种类，进而为高效构建杜鹃兰种苗快繁生物技术体系奠定基础。

一、杜鹃兰原球茎增殖过程中褐变的影响因素及其控制

（一）杜鹃兰原球茎增殖过程中褐变的影响因素

1. 大量元素对增殖过程原球茎褐化的影响

不同含量大量元素对增殖过程中的杜鹃兰原球茎褐化情况有显著影响（图7-21）。总体上看，原球茎的褐化率与大量元素的含量成正比，且各处理下，原球茎的褐化率均随时间延长而增加。接种于 MS 培养基中原球茎的褐化率在整个培养过程中始终高于其他处理，到接种 35 d 时，其褐化率高达 63.49%；1/2MS 培养的原球茎的褐化率为 46.03%；接种于 1/4MS 培养基中的原球茎的褐化率最低，褐化率为 30.16%。在培养初期，1/2MS 与 1/4MS 处理中的褐化率并无显著性差异，随着培养时间的延长，两种处理下的褐化率之间的差距逐渐增大。在这三种培养基中，MS 培养基大量元素含量最高，而高含量的大量元素可导致酚类物质大量产生，从而加剧褐化。由此可见，高含量的大量元素不利于抑制杜鹃兰原球茎褐化。

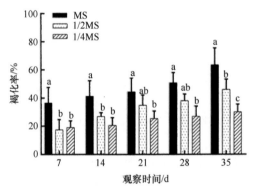

图 7-21　不同含量大量元素对褐化率的影响

不同小写字母表示差异显著（$P<0.05$）。下同。

不同含量大量元素处理中，杜鹃兰原球茎中总酚的含量不同（图 7-22），总体上看，

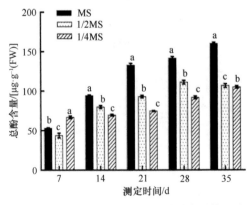

图 7-22　不同含量大量元素对总酚含量的影响

各处理的总酚含量均随培养时间的延长而增加。MS 培养的原球茎从接种第 14 天到整个培养结束时，其总酚含量均处于最高水平，1/2MS 次之，1/4MS 最低。也就是说，低含量的大量元素有利于抑制酚类物质的形成和积累。

不同含量的大量元素处理中，杜鹃兰原球茎的 PPO 活性在不同培养时期变化不一致（图 7-23）。其中，MS 培养基中的原球茎 PPO 活性在培养 7 d 时最低，而在第 21 天时 PPO 活性最高；在 1/2MS 培养基中的原球茎 PPO 活性在接种 21 d 时最低，第 28 天时 PPO 活性最高；1/4MS 培养基中的原球茎 PPO 活性随培养时间的延长呈先上升后下降的变化，在接种 7 d 时的 PPO 活性最低，第 28 天时达到最高。

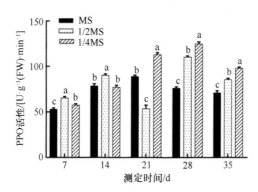

图 7-23 不同含量大量元素对 PPO 活性的影响

在三种不同含量大量元素处理中，褐化率均与总酚含量呈显著正相关，其中 1/2MS 处理下，原球茎的褐化率与总酚含量的相关系数为 0.937，相关性大（表 7-16）。结果表明，大量元素的含量与酚类物质的形成与积累紧密相关，各处理中褐化加剧主要是由酚类物质含量的增加引起的。

表 7-16 不同含量大量元素处理下原球茎褐化率、总酚含量和 PPO 活性的相关性

大量元素	指标	褐化率	总酚含量	PPO 活性
	褐化率	1		
MS	总酚含量	0.879*	1	
	PPO 活性	0.216	0.621	1
	褐化率	1		
1/2MS	总酚含量	0.937*	1	
	PPO 活性	0.355	0.519	1
	褐化率	1		
1/4MS	总酚含量	0.935*	1	
	PPO 活性	0.766	0.576	1

*表示差异显著（$P<0.05$），**表示差异极显著（$P<0.01$）。下同。

不同含量的大量元素对杜鹃兰原球茎的增殖率有显著影响（表 7-17）。其中，1/2MS 培养的原球茎增殖率最高，MS 次之，1/4MS 最低，说明适量的大量元素有利于杜鹃兰原球茎增殖，此结果与吴彦秋等（2016）的研究结果一致。

表 7-17　不同含量大量元素对增殖率的影响

处理	大量元素	增殖率/%
1	MS	385.71±7.14b
2	1/2MS	433.33±14.87a
3	1/4MS	319.05±8.25c

综合褐化率和增殖率可知，在杜鹃兰原球茎增殖过程中，选取 1/2MS 为基本培养基较为合适，一方面有利于抑制褐化，另一方面有利于促进原球茎增殖。

2. 蔗糖对增殖过程原球茎褐化的影响

蔗糖是植物组织培养中重要的碳源之一，并起到调节渗透压的作用。添加不同浓度的蔗糖对增殖过程中的杜鹃兰原球茎褐化的影响程度各异（图 7-24），各处理的褐化率均随着时间的延长而增加。其中，30 g·L^{-1} 蔗糖处理的褐化率始终低于其他处理。在培养第 7 天和第 14 天时，各处理的褐化率无显著性差异。但在之后的培养过程中，原球茎褐化率均随蔗糖浓度的增加呈先下降后升高的变化。上述结果说明过高或过低浓度的蔗糖均会导致原球茎褐化加剧。

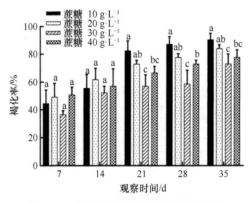

图 7-24　不同浓度蔗糖对褐化率的影响

不同浓度蔗糖处理中，各时期的原球茎中总酚含量基本上随蔗糖浓度的增加而增加（图 7-25）。其中，10 g·L^{-1} 蔗糖处理中总酚含量始终显著低于其他处理，随培养时间的延长，总酚含量呈先上升后下降的变化，但变化不明显，到培养 35 d 时，其总酚含量为 38.33 μg·g^{-1}（FW）。40 g·L^{-1} 蔗糖处理中总酚含量随培养时间的延长不断增加，至 21 d 时，其总酚含量略低于 30 g·L^{-1} 处理，在其余测定时间，其总酚含量均显著高于其他处理，至第 35 天时，其总酚含量为 100.17 μg·g^{-1}（FW）。该结果表明，总酚含量的变化与蔗糖浓度有一定的相关性，高浓度蔗糖可以促进酚类物质的合成。

不同浓度蔗糖对原球茎中 PPO 活性也有不同影响（图 7-26）。培养 7 d 时，20 g·L^{-1} 处理中的 PPO 活性显著高于其他处理，40 g·L^{-1} 处理的最低，随着时间的延长，40 g·L^{-1} 处理中的 PPO 活性不断增加；培养 14 d 时，30 g·L^{-1} 和 40 g·L^{-1} 处理中的 PPO 活性显著高于其他处理，但彼此之间差异不显著；在此后的培养中，40 g·L^{-1} 处理中的 PPO 活性均显著高于其他处理，而 30 g·L^{-1} 处理中的 PPO 活性均显著低于其他处理。

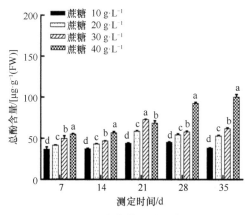

图 7-25　不同浓度蔗糖对总酚含量的影响

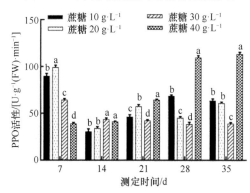

图 7-26　不同浓度蔗糖对 PPO 活性的影响

通过对不同浓度蔗糖处理中原球茎的褐化率、总酚含量和 PPO 活性进行相关性分析（表 7-18）可知，在 4 种不同浓度蔗糖处理下，褐化率均与总酚含量呈正相关。其中 40 g·L^{-1} 处理中原球茎的褐化率与总酚含量和 PPO 活性均呈显著正相关，结果表明，在 40 g·L^{-1} 蔗糖处理中，总酚含量增加和 PPO 活性增强均是引起褐化加剧的主要原因。

表 7-18　不同浓度蔗糖处理下原球茎褐化率、总酚含量和 PPO 活性的相关性

蔗糖浓度/（g·L^{-1}）	指标	褐化率	总酚含量	PPO 活性
	褐化率	1		
10	总酚含量	0.684	1	
	PPO 活性	−0.153	−0.097	1
	褐化率	1		
20	总酚含量	0.814	1	
	PPO 活性	−0.527	−0.319	1
	褐化率	1		
30	总酚含量	0.523	1	
	PPO 活性	−0.875	−0.463	1
	褐化率	1		
40	总酚含量	0.955*	1	
	PPO 活性	0.952*	0.995*	1

不同的蔗糖浓度对原球茎的增殖有显著性影响（表 7-19）。30 g·L^{-1} 蔗糖处理中，原球茎的增殖效果最佳，40 g·L^{-1} 蔗糖处理的次之，再次为 20 g·L^{-1}，增殖效果最差的是 10 g·L^{-1}。综合 4 种处理下原球茎的褐化率和增殖率，可知在原球茎的增殖培养中，蔗糖的适宜浓度为 30 g·L^{-1}，在此浓度下，原球茎的褐化率最低，且增殖率最高。

表 7-19　不同浓度蔗糖对增殖率的影响

处理	蔗糖浓度/（g·L^{-1}）	增殖率/%
1	10	73.81±10.91d
2	20	176.19±14.87c
3	30	285.71±7.14a
4	40	226.19±17.98b

3. TDZ 对增殖过程原球茎褐化的影响

在培养基中添加不同浓度的 TDZ，在各培养时期，原球茎的褐化率均随 TDZ 浓度的增加呈先下降后上升的变化，各处理中原球茎的褐化率均随培养时间的延长而增加（表 7-20）。其中，1.5 mg·L^{-1} TDZ 处理中的褐化率在各培养时期均低于其他处理，3.0 mg·L^{-1} TDZ 处理中的褐化率从培养 14～35 d 均高于其他处理。到培养 35 d 时，1.5 mg·L^{-1} 处理中的褐化率为 34.93%，3.0 mg·L^{-1} TDZ 处理中原球茎的褐化率达到 77.78%。结果表明，添加 1.5 mg·L^{-1} TDZ 有利于降低原球茎的褐化率。

表 7-20　不同浓度 TDZ 对褐化率的影响

TDZ 浓度/（mg·L^{-1}）	不同接种天数原球茎的褐化率/%				
	7 d	14 d	21 d	28 d	35 d
0.5	22.56±5.23a	30.16±7.27ab	34.92±5.50b	41.27±5.50bc	46.03±9.91bc
1.0	28.57±4.76a	31.75±2.75ab	33.33±4.76b	36.51±2.75c	41.27±2.75c
1.5	17.46±2.75a	23.81±4.76b	28.57±4.76b	31.75±2.75c	34.92±2.75c
2.0	19.05±4.76a	28.57±8.24ab	36.51±5.50b	49.21±7.27b	55.56±2.75b
3.0	28.57±9.52a	38.10±8.25a	52.38±4.76a	63.49±7.27a	77.78±7.27a

不同浓度 TDZ 对原球茎中酚类物质积累情况的影响不同（图 7-27）。刚培养 7 d 时，

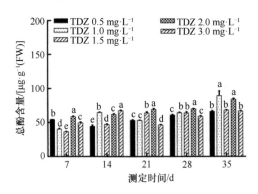

图 7-27　不同浓度 TDZ 对总酚含量的影响

1.5 mg·L^{-1} 浓度处理中原球茎的总酚含量最低；培养 14 d 时，0.5 mg·L^{-1} 浓度处理中总酚的含量最低；培养 21 d 时，3.0 mg·L^{-1} 浓度处理的总酚含量显著低于其他处理；培养 28 d 时，3.0 mg·L^{-1} 浓度处理中的总酚含量最低，但与 0.5 mg·L^{-1} 浓度处理无显著性差异；到培养 35 d 时，TDZ 浓度为 1.0 mg·L^{-1} 时，其总酚含量最高，但与 2.0 mg·L^{-1} 处理中的总酚含量无显著性差异，而 0.5 mg·L^{-1} 浓度处理的总酚含量最低，但与 1.5 mg·L^{-1} 和 3.0 mg·L^{-1} 处理中的总酚含量无显著性差异。

　　不同浓度 TDZ 处理后，原球茎的 PPO 活性在培养各个时期的变化不一致（图 7-28）。培养 7 d 时，在 2.0 mg·L^{-1} 浓度处理中，原球茎的 PPO 活性显著高于其他处理，3.0 mg·L^{-1} 浓度处理中的 PPO 活性显著低于其他处理；培养 14 d 时，3.0 mg·L^{-1} 浓度处理中的 PPO 活性显著高于其他处理，1.5 mg·L^{-1} 浓度处理最低；培养 21 d 时，1.0 mg·L^{-1} 浓度处理中的 PPO 活性最高，1.5 mg·L^{-1} 浓度处理最低；培养 28 d 时，1.0 mg·L^{-1} 浓度处理中的 PPO 活性显著高于其他处理，3.0 mg·L^{-1} 浓度处理最低；到培养 35 d 时，TDZ 浓度为 1.5 mg·L^{-1} 时的 PPO 活性最高，而在 3.0 mg·L^{-1} 浓度处理中的 PPO 活性最低。

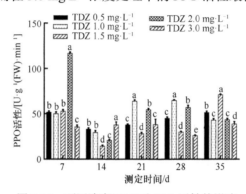

图 7-28　不同浓度 TDZ 对 PPO 活性的影响

　　通过对不同浓度 TDZ 处理下的褐化率、总酚含量和 PPO 活性进行相关性分析（表 7-21），在各处理下，原球茎的褐化率均与总酚含量呈正相关，其中 1.0 mg·L^{-1}、1.5 mg·L^{-1}、2.0 mg·L^{-1} TDZ 处理中的褐化率均与总酚含量呈显著正相关，相关系数分别为 0.919、0.974、0.920。结果表明 TDZ 与酚类物质含量的变化相关，在不同浓度 TDZ 处理中，总酚含量的增加是导致褐化愈加严重的主要原因。

表 7-21　不同浓度 TDZ 处理下原球茎褐化率、总酚含量和 PPO 活性的相关性

TDZ 浓度/（mg·L^{-1}）	指标	褐化率	总酚含量	PPO 活性
	褐化率	1		
0.5	总酚含量	0.730	1	
	PPO 活性	0.164	0.778	1
	褐化率	1		
1.0	总酚含量	0.919*	1	
	PPO 活性	0.081	−0.309	1
	褐化率	1		
1.5	总酚含量	0.974**	1	
	PPO 活性	0.228	0.153	1

续表

TDZ 浓度/（mg·L^{-1}）	指标	褐化率	总酚含量	PPO 活性
	褐化率	1		
2.0	总酚含量	0.920*	1	
	PPO 活性	−0.482	−0.406	1
	褐化率	1		
3.0	总酚含量	0.801	1	
	PPO 活性	−0.127	0.079	1

由表 7-22 可知，在培养基中分别添加不同浓度 TDZ 后，结果表明当 TDZ 浓度为 1.5 mg·L^{-1} 时，原球茎的增殖率最高，但与 1.0 mg·L^{-1} 处理中的增殖率无显著性差异，0.5 mg·L^{-1}、2.0 mg·L^{-1} 和 3.0 mg·L^{-1} TDZ 处理中的原球茎增殖率均较低，说明 TDZ 浓度过高或过低均不利于杜鹃兰原球茎的增殖。

表 7-22　不同浓度 TDZ 对增殖率的影响

处理	TDZ 浓度/（mg·L^{-1}）	增殖率/%
1	0.5	240.48±17.98b
2	1.0	342.86±14.29a
3	1.5	357.14±7.14a
4	2.0	219.05±21.82b
5	3.0	214.29±10.91b

4. NAA 对增殖过程原球茎褐化的影响

在培养基中添加不同浓度的 NAA，总体上看，在各培养时期，各处理中原球茎的褐化率均随 NAA 浓度的增加呈先下降后上升的变化，且均随培养时间的延长而增加（表 7-23）。当 NAA 浓度为 0.3 mg·L^{-1} 时，原球茎的褐化率始终处于最低水平，而 1.0 mg·L^{-1} NAA 处理中的褐化率一直处于最高水平，以上两种浓度处理的原球茎褐化率均在 35 d 达到最高，分别为 39.68% 和 90.48%。由此可见，适宜浓度的 NAA 处理可使原球茎褐化率明显降低，过高或过低浓度的 NAA 均会加剧杜鹃兰原球茎的褐化。因此，在培养基中添加 NAA 时，NAA 的适宜浓度为 0.3 mg·L^{-1}。

表 7-23　不同浓度 NAA 对褐化率的影响

NAA 浓度/（mg·L^{-1}）	不同接种天数原球茎的褐化率/%				
	7 d	14 d	21 d	28 d	35 d
0.1	19.05±4.76bc	36.50±5.50b	42.86±4.76b	47.62±8.25b	49.21±9.91b
0.2	20.63±5.50bc	23.81±4.76c	33.33±4.76bc	36.51±2.75bc	44.44±2.75b
0.3	11.11±2.75c	20.63±7.20c	30.16±7.27c	34.92±5.50c	39.68±2.75c
0.5	22.22±7.27b	28.57±4.70c	38.10±4.76bc	47.62±4.76b	50.79±7.27b
1.0	42.86±4.76a	50.79±5.50a	63.49±2.75a	82.54±7.27a	90.48±4.76a

在培养基中添加不同浓度 NAA，原球茎中总酚含量不同，且在各测定时期的变化

不一致（图 7-29）。刚培养 7 d 时，在 0.3 mg·L⁻¹ NAA 处理中，原球茎的总酚含量显著高于其他处理，添加 1.0 mg·L⁻¹ NAA 处理中总酚的含量最低；培养 14 d 时，0.3 mg·L⁻¹ NAA 处理中总酚的含量显著高于其他处理，0.1 mg·L⁻¹ NAA 处理中总酚的含量最低；培养 21 d，NAA 浓度为 0.1 mg·L⁻¹ 时，其总酚含量最高，0.3 mg·L⁻¹ NAA 处理中总酚的含量最低；培养 28 d 时，0.5 mg·L⁻¹ 浓度处理中总酚的含量最高，但与 0.2 mg·L⁻¹ NAA 处理无显著性差异，0.3 mg·L⁻¹ NAA 处理中总酚的含量最低；到培养 35 d 时，添加 1.0 mg·L⁻¹ NAA 处理中总酚的含量最高，且显著高于其他处理，而 0.2 mg·L⁻¹ NAA 处理中总酚的含量最低。

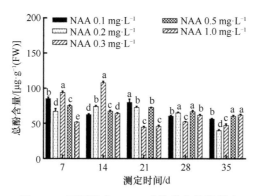

图 7-29　不同浓度 NAA 对总酚含量的影响

不同浓度 NAA 处理后，原球茎的 PPO 活性在培养各时期的变化不一致（图 7-30）。培养 7 d 时，在 0.2 mg·L⁻¹ NAA 处理中，原球茎的 PPO 活性显著高于其他处理，0.1 mg·L⁻¹ NAA 处理中的 PPO 活性最低，但与 0.3 mg·L⁻¹ NAA 处理无显著性差异；培养 14 d 时，0.5 mg·L⁻¹ NAA 处理中的 PPO 活性显著高于其他处理，0.3 mg·L⁻¹ NAA 处理最低；培养 21 d 时，0.1 mg·L⁻¹ NAA 处理中的 PPO 活性最高，0.3 mg·L⁻¹ NAA 处理最低；培养 28 d 时，0.5 mg·L⁻¹ 浓度处理中的 PPO 活性显著高于其他处理，0.3 mg·L⁻¹ NAA 处理最低；到培养 35 d 时，NAA 浓度为 0.2 mg·L⁻¹ 时的 PPO 活性最高，而在 0.5 mg·L⁻¹ NAA 处理中的 PPO 活性最低。

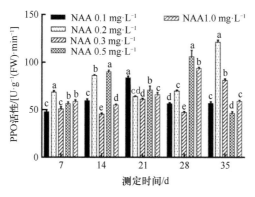

图 7-30　不同浓度 NAA 对 PPO 活性的影响

利用 SPSS 22.0 数据处理软件进行相关性分析（表 7-24）。不同浓度 NAA 处理后，原球茎的褐化率均与 PPO 活性呈正相关,但相关性不大。当 NAA 浓度为 $0.1\sim0.5$ mg·L^{-1} 时,褐化率与总酚含量均呈负相关,而 1.0 mg·L^{-1} NAA 处理中的褐化率与总酚含量呈正相关,相关系数为 0.377。

表 7-24 不同浓度 NAA 处理下原球茎褐化率、总酚含量和 PPO 活性的相关性

NAA 浓度/(mg·L^{-1})	指标	褐化率	总酚含量	PPO 活性
	褐化率	1		
0.1	总酚含量	−0.746	1	
	PPO 活性	0.408	0.195	1
	褐化率	1		
0.2	总酚含量	−0.750	1	
	PPO 活性	0.580	−0.857	1
	褐化率	1		
0.3	总酚含量	−0.389	1	
	PPO 活性	0.611	−0.041	1
	褐化率	1		
0.5	总酚含量	−0.766	1	
	PPO 活性	0.066	0.044	1
	褐化率	1		
1.0	总酚含量	0.377	1	
	PPO 活性	0.482	0.108	1

由表 7-25 可知,在培养基中分别添加不同浓度 NAA,当 NAA 浓度为 0.3 mg·L^{-1} 时,原球茎增殖率最高,但与 0.1 mg·L^{-1} 和 0.2 mg·L^{-1} 处理的增殖率无显著性差异,1.0 mg·L^{-1} NAA 处理的增殖率最低,说明高浓度 NAA 不利于杜鹃兰原球茎的增殖。综合褐化率和增殖率可知,在杜鹃兰原球茎的增殖阶段中,NAA 的适宜浓度为 0.3 mg·L^{-1}。

表 7-25 不同浓度 NAA 对增殖率的影响

处理	NAA 浓度/(mg·L^{-1})	增殖率/%
1	0.1	335.71±7.14a
2	0.2	330.95±28.86a
3	0.3	338.10±32.99a
4	0.5	250.00±18.90b
5	1.0	185.71±31.13c

5. 光照强度对增殖过程原球茎褐化的影响

不同光照强度处理对杜鹃兰原球茎褐化的影响不同(图 7-31),总体上看,原球茎的褐化率与光照强度成正比,且褐化率均随着时间的延长而增加。在培养期间,12.5 μmol·m^{-2}·s^{-1} 和 25.0 μmol·m^{-2}·s^{-1} 条件下的褐化率无显著性差异。从接种 21 d 开始,处于 37.5 μmol·m^{-2}·s^{-1} 与 50.0 μmol·m^{-2}·s^{-1} 光照强度培养的原球茎褐化率显著高于其他处理,但两者之间无显著性差异。本实验结果表明,在杜鹃兰原球茎的增殖过程中,弱光有利于抑制褐化,而强光会加剧褐化的发生。

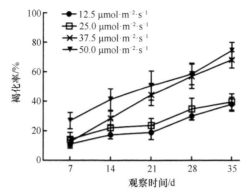

图 7-31　不同光照强度对褐化率的影响

由图 7-32 可知，整个培养过程中，处于 12.5 μmol·m^{-2}·s^{-1} 光照强度下培养的原球茎总酚含量基本均低于其他处理；25.0 μmol·m^{-2}·s^{-1} 和 50.0 μmol·m^{-2}·s^{-1} 处理的总酚含量均呈先上升后下降变化，且均在培养第 7 天时达到最低，分别在 28 d 和 21 d 达到最高；而 37.5 μmol·m^{-2}·s^{-1} 光照强度下培养的原球茎总酚含量在 28 d 时达到最高，随后又开始下降。

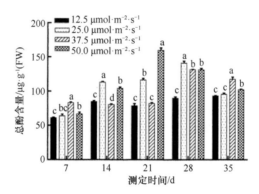

图 7-32　不同光照强度对总酚含量的影响

不同光照强度处理下，杜鹃兰原球茎的 PPO 活性在各测定时期的变化不一致（图 7-33）。总体上看，25.0 μmol·m^{-2}·s^{-1}、27.5 μmol·m^{-2}·s^{-1}、50.0 μmol·m^{-2}·s^{-1} 处理的 PPO 活性随培养时间的延长呈先下降后上升的变化，均在培养 14 d 降至最低，此时 PPO 活性分别为 44.07 U·g^{-1}（FW）·min^{-1}、39.41 U·g^{-1}（FW）·min^{-1}、46.67 U·g^{-1}（FW）·min^{-1}。培养 7 d 时，12.5 μmol·m^{-2}·s^{-1} 处理的 PPO 活性显著低于其他处理，37.5 μmol·m^{-2}·s^{-1} 处理的最高；培养 14 d 时，12.5 μmol·m^{-2}·s^{-1} 处理的 PPO 活性显著高于其他处理，而此时 37.5 μmol·m^{-2}·s^{-1} 处理的 PPO 活性最低；培养 21 d 时，12.5 μmol·m^{-2}·s^{-1} 处理的 PPO 活性显著低于其他处理，50.0 μmol·m^{-2}·s^{-1} 处理的最高，但与 37.5 μmol·m^{-2}·s^{-1} 处理的 PPO 活性无显著性差异；培养 28 d 时，25.0 μmol·m^{-2}·s^{-1} 处理的 PPO 活性最高，但与 12.5 μmol·m^{-2}·s^{-1} 处理的无显著差异，37.5 μmol·m^{-2}·s^{-1} 处理的 PPO 活性显著低于其他处理；培养 35 d 时，37.5 μmol·m^{-2}·s^{-1} 处理的 PPO 活性显著高于其他处理，高达 105.26 U·g^{-1}（FW）·min^{-1}，而其余 3 种处理无显著差异。

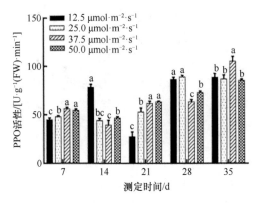

图 7-33　不同光照强度对 PPO 活性的影响

根据实验结果，对不同光照强度下原球茎的褐化率、总酚含量和 PPO 活性进行相关性分析（表 7-26）发现，在 4 种不同光照强度的处理下，褐化率与总酚含量和 PPO 活性均呈正相关，但褐化率与总酚含量的相关性不显著，而在 25.0 μmol·m⁻²·s⁻¹、50.0 μmol·m⁻²·s⁻¹处理下，褐化率与 PPO 活性均呈显著正相关，相关系数分别为 0.917 和 0.888。说明在不同光照强度处理下，总酚含量增加与 PPO 活性增强均是引起褐化加剧的因素，在 25.0 μmol·m⁻²·s⁻¹、50.0 μmol·m⁻²·s⁻¹处理下，PPO 活性增强是引起褐化加剧的主要因素。

表 7-26　不同光照强度处理下原球茎褐化率、总酚含量和 PPO 活性的相关性

光照强度/（μmol·m⁻²·s⁻¹）	指标	褐化率	总酚含量	PPO 活性
12.5	褐化率	1		
	总酚含量	0.861	1	
	PPO 活性	0.696	0.733	1
25.0	褐化率	1		
	总酚含量	0.523	1	
	PPO 活性	0.917*	0.418	1
37.5	褐化率	1		
	总酚含量	0.779	1	
	PPO 活性	0.755	0.584	1
50.0	褐化率	1		
	总酚含量	0.432	1	
	PPO 活性	0.888*	0.199	1

不同的光照强度对杜鹃兰原球茎的增殖率的影响十分显著（表 7-27）。原球茎的增殖率随光照强度的增加呈先升高后降低的趋势，12.5 μmol·m⁻²·s⁻¹ 处理的增殖率显著低于其他处理。而 50.0 μmol·m⁻²·s⁻¹ 处理的增殖率显著低于 25.0 μmol·m⁻²·s⁻¹、37.5 μmol·m⁻²·s⁻¹处理，这可能是因为该光照强度下原球茎的褐化率较高，致使原球茎生长状态较差，增殖速率较慢。

表 7-27 不同光照强度对增殖率的影响

处理	光照强度/（μmol·m⁻²·s⁻¹）	增殖率/%
1	12.5	59.52±10.91d
2	25.0	152.38±10.91b
3	37.5	192.86±7.14a
4	50.0	80.95±4.12c

6. 温度对增殖过程原球茎褐化的影响

温度对杜鹃兰原球茎的褐化具有显著影响（图 7-34），在整个培养过程中，3 种温度处理的原球茎的褐化率均随着培养时间的延长而增加，其中，（10±2）℃处理的褐化率始终最低，而（25±2）℃处理的褐化率最高。本实验结果表明褐化率与温度成正比，低温有利于抑制褐化。

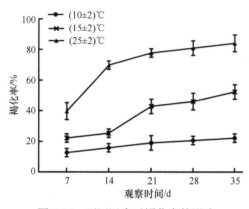

图 7-34 不同温度对褐化率的影响

不同温度影响杜鹃兰原球茎中的总酚含量（表 7-28）。在培养期间，（10±2）℃处理的总酚含量始终低于其他处理。培养第 14 天，（15±2）℃处理的总酚含量显著高于其他处理，而在随后的培养过程中，（25±2）℃处理的总酚含量显著高于其他两种处理。

表 7-28 不同温度对总酚含量的影响

温度/℃	不同接种天数原球茎的总酚含量/（μg·g⁻¹）				
	7 d	14 d	21 d	28 d	35 d
10±2	41.37±4.63b	55.59±0.65c	60.54±1.20c	54.90±0.26c	57.50±0.69c
15±2	66.35±0.26a	81.53±0.54a	83.87±1.52b	86.38±0.52b	88.99±0.94c
25±2	60.88±1.45a	65.31±0.52b	95.66±2.53a	102.34±0.84a	107.46±1.58a

不同温度处理的原球茎 PPO 活性在整个培养过程中均具有显著性差异（表 7-29）。在各培养时期，（10±2）℃处理的原球茎 PPO 活性均显著低于其他处理；而（25±2）℃处理的 PPO 活性均显著高于其他处理。可见，低温有利于抑制 PPO 活性，温度越高，PPO 活性越大，此结果与牛佳佳（2009）的研究结果相符。

表7-29 不同温度对PPO活性的影响

温度/℃	不同接种天数原球茎的PPO活性/ (U·g⁻¹·min⁻¹)				
	7 d	14 d	21 d	28 d	35 d
10±2	29.55±2.49c	45.02±2.35c	46.98±2.04c	37.85±0.90c	48.84±0.82c
15±2	45.15±2.55b	52.37±1.80b	63.47±1.12b	70.52±1.80b	71.62±1.45a
25±2	69.11±2.19a	80.58±1.65a	85.56±1.56a	89.29±3.06a	78.09±4.83a

对不同温度处理的原球茎的褐化率、总酚含量和PPO活性进行相关性分析（表7-30），结果表明在不同温度处理中，褐化率均与总酚含量和 PPO 活性呈正相关，其中，在 (10±2)℃、(15±2)℃处理中，褐化率均与PPO活性呈显著正相关，相关系数分别为0.986和 0.962。此结果说明在不同温度处理下，PPO 活性的增强是引起原球茎褐化加剧的主要因素。

表7-30 不同温度处理下原球茎褐化率、总酚含量和PPO活性的相关性

温度/℃	指标	褐化率	总酚含量	PPO活性
10±2	褐化率	1		
	总酚含量	0.776	1	
	PPO活性	0.986*	0.849	1
15±2	褐化率	1		
	总酚含量	0.801	1	
	PPO活性	0.962*	0.906*	1
25±2	褐化率	1		
	总酚含量	0.846	1	
	PPO活性	0.803	0.635	1

温度对原球茎的增殖也具有十分显著的影响（表 7-31）。从该实验结果可以看出，(15±2)℃处理的增殖率最高（283.33%），其次为 (10±2)℃，(25±2)℃处理的增殖率最低。综合原球茎的褐化率和增殖率可知，(10±2)℃处理中原球茎的褐化率虽然很低，但对原球茎增殖的作用效果不佳，可能是因为温度过低时，原球茎的代谢活动受到抑制，故增殖率较低。此外，过高的温度也不利于原球茎增殖，可能与高温下原球茎褐化严重有关。

表7-31 不同温度对增殖率的影响

处理	温度/℃	增殖率/%
1	10±2	176.19±14.87b
2	15±2	283.33±10.91a
3	25±2	147.62±17.98c

7. 正交试验结果

杜鹃兰增殖原球茎在 9 种不同处理的培养基上的褐化情况和增殖效果差异较大（表7-32）。其中，5 号处理的褐化率最低（33.33%），6 号处理次之（47.62%）；6 号处

正理的增殖率最高（516.67%），5号处理次之（473.81%）。极差分析显示，就褐化率而言，在4种不同因素中，大量元素对杜鹃兰原球茎褐化的影响最大（29.1），其次为TDZ、蔗糖、NAA；从增殖率上看，同样也是大量元素对杜鹃兰原球茎增殖的影响最大（178.57），其次为TDZ、蔗糖、NAA。综合褐化率和增殖率，杜鹃兰原球茎增殖过程中的适宜培养基是：1/2MS+30 g·L^{-1}蔗糖+2.0 mg·L^{-1} TDZ+0.2 mg·L^{-1} NAA。

理的增殖率最高（516.67%），5号处理次之（473.81%）。极差分析显示，就褐化率而言，在4种不同因素中，大量元素对杜鹃兰原球茎褐化的影响最大（29.1），其次为TDZ、蔗糖、NAA；从增殖率上看，同样也是大量元素对杜鹃兰原球茎增殖的影响最大（178.57），其次为TDZ、蔗糖、NAA。综合褐化率和增殖率，杜鹃兰原球茎增殖过程中的适宜培养基是：1/2MS+30 g·L^{-1}蔗糖+2.0 mg·L^{-1} TDZ+0.2 mg·L^{-1} NAA。

表7-32　正交设计统计表

试验号	大量元素	蔗糖浓度/（g·L^{-1}）	TDZ浓度/（mg·L^{-1}）	NAA浓度/（mg·L^{-1}）	褐化率/%	增殖率/%
1	MS	20	1.0	0.2	71.43±4.76ab	233.33±10.91f
2	MS	30	1.5	0.3	74.60±5.50a	223.81±4.12f
3	MS	40	2.0	0.5	76.19±4.76a	342.86±7.14d
4	1/2MS	20	1.5	0.5	53.97±2.75de	345.24±27.04d
5	1/2MS	30	2.0	0.2	33.33±4.76f	473.81±20.62b
6	1/2MS	40	1.0	0.3	47.62±4.76e	516.67±22.96a
7	1/4MS	20	2.0	0.3	58.73±2.75cd	385.71±18.90c
8	1/4MS	30	1.0	0.5	65.08±2.75bc	416.67±14.87c
9	1/4MS	40	1.5	0.2	73.02±7.27ab	283.33±25.08e
褐化率指标						
k1	74.07	61.38	61.38	59.26		
k2	44.97	57.67	67.20	60.32		
k3	65.61	65.61	56.08	65.08		
R	29.10	7.94	11.12	5.82		
增殖率指标						
k1	266.67	321.43	388.89	330.16		
k2	445.24	371.43	284.13	375.40		
k3	361.90	380.95	400.79	368.26		
R	178.57	59.52	116.66	38.10		

方差分析结果表明（表7-33、表7-34），大量元素、蔗糖和TDZ对杜鹃兰原球茎褐化的影响均达到极显著水平，NAA对杜鹃兰原球茎褐化的影响达到显著水平；而大量元素、蔗糖、TDZ和NAA对杜鹃兰原球茎增殖的影响均达到极显著水平。

表7-33　褐化率的方差分析

来源	平方和	df	平均值平方	F	显著性
大量元素	4 032.922	2	2 016.461	92.346	0.000
蔗糖	283.867	2	141.933	6.500	0.008
TDZ	555.975	2	277.988	12.731	0.000
NAA	173.007	2	86.504	3.962	0.038
错误	393.046	18	21.836		
总数	107 732.426	27			
校正后总数	5 438.818	26			

表 7-34　增殖率的方差分析

来源	平方和	df	平均值平方	F	显著性
大量元素	143 707.483	2	71 853.741	210.083	0.000
蔗糖	18 401.361	2	9 200.680	26.901	0.000
TDZ	74 183.673	2	37 091.837	108.448	0.000
NAA	10 646.259	2	5 323.129	15.564	0.000
错误	6 156.463	18	342.026		
总数	3 712 295.918	27			
校正后总数	253 095.238	26			

（二）杜鹃兰原球茎增殖培养的褐化控制

1. 不同抗褐化剂对增殖过程原球茎褐化的影响

5 种抗褐化剂对增殖阶段的杜鹃兰原球茎褐化具有不同的抑制效果（图 7-35）。分别在培养基中添加不同浓度 $Na_2S_2O_3$、维生素 C（Vc）、GSH 和活性炭（AC）时，增殖阶段的杜鹃兰原球茎褐化率均显著低于对照，其中，AC 抑制褐化的效果最佳。随着 $Na_2S_2O_3$、GSH、AC 和 PVP 浓度的上升，褐化率先下降后上升。其中添加 15 mg·L^{-1} $Na_2S_2O_3$ 时，原球茎的褐化率为 34.92%，比对照下降了 53.84%；添加 75 mg·L^{-1} GSH 的原球茎的褐化率较低，为 25.40%，比对照下降 63.36%；添加 300 mg·L^{-1} AC 的原球茎的褐化率最低，为 23.81%，比对照下降了 63.49%；而 PVP 抑制褐化的效果并不理想，添加 3000 mg·L^{-1} PVP 的原球茎的褐化率为 61.14%，仅比对照下降了 27.62%，可能与杜鹃兰原球茎中酚类物质的种类有关。随着 Vc 浓度的上升，褐化率先上升后下降再上升，其中添加 50 mg·L^{-1} Vc 的原球茎的褐化率为 31.75%，比对照下降了 57.01%，添加 100 mg·L^{-1} Vc 处理时，原球茎的褐化率明显高于其他处理，这可能是由于 Vc 浓度过高时，部分 Vc 会与某些氨基酸发生反应生成棕色物质，从而增加了褐化程度。

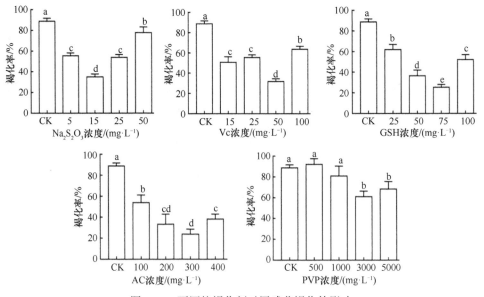

图 7-35　不同抗褐化剂对原球茎褐化的影响

2. 不同抗褐化剂对增殖过程原球茎增殖的影响

与对照相比，5 种抗褐化剂对杜鹃兰原球茎的增殖均具有促进作用（图 7-36）。分别在培养基中添加不同浓度 Vc、GSH、AC 和 PVP 时，增殖阶段的杜鹃兰原球茎增殖率均显著高于对照，其中，添加 PVP 的原球茎的增殖率最高。随着 $Na_2S_2O_3$ 和 PVP 浓度的上升，增殖率先上升后下降，其中添加 15 $mg \cdot L^{-1}$ $Na_2S_2O_3$ 的原球茎的增殖率达到350.79%，比对照增加了 269.84%；1000 $mg \cdot L^{-1}$ PVP 处理下原球茎的增殖率高达580.95%，比对照增加了 500%。原球茎的增殖率随着 Vc 和 GSH 浓度的上升而下降，15 $mg \cdot L^{-1}$ Vc 处理下原球茎的增殖率为 301.59%，比对照增加了 220.64%；25 $mg \cdot L^{-1}$GSH 处理下原球茎的增殖率为 386.51%，比对照增加了 305.56%。随 AC 浓度的上升，原球茎增殖率先下降后上升，添加 300 $mg \cdot L^{-1}$ AC 的原球茎的增殖率为 268.25%，仅比对照增加了 187.30%，添加 AC 处理原球茎的增殖率均低于添加其他抗褐化剂处理的增殖率，这可能是由于 AC 在抑制褐化的同时吸附了原球茎生长所需营养物质（吴彦秋等，2016），因此，在使用 AC 抑制褐化时，其适宜浓度的选择尤为重要。

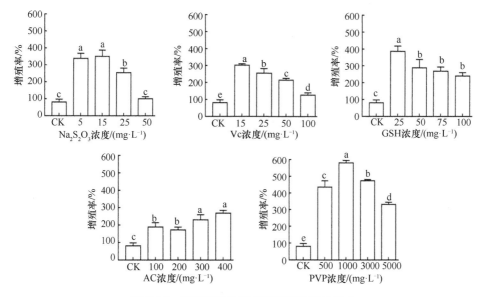

图 7-36 不同抗褐化剂对原球茎增殖的影响

3. 不同抗褐化剂对增殖过程原球茎生长的影响

抗褐化剂的种类和浓度对杜鹃兰原球茎的生长状态亦有影响（图 7-37）。添加 15 $mg \cdot L^{-1}$ $Na_2S_2O_3$ 的处理，原球茎在处理初期生长状态不佳，但后期生长状态较好，呈嫩绿色，多数表面长有白色毛状物；添加 50 $mg \cdot L^{-1}$ Vc 的处理，原球茎生长状态良好，原球茎呈嫩绿色，少数表面长有白色毛状物；添加 75 $mg \cdot L^{-1}$ GSH 的处理，原球茎的生长状态最佳，原球茎呈绿色，多数表面长有白色毛状物；添加 300 $mg \cdot L^{-1}$ AC 的处理，原球茎生长状态较差，呈浅绿色，极少数表面长有白色毛状物；添加 3000 $mg \cdot L^{-1}$PVP 的处理，原球茎在处理后期生长状态较好，呈翠绿色，部分原球茎表面长有白色毛状物；而对照组原球茎生长状态较差，多数原球茎褐化死亡，多呈白色，少数呈浅绿色，极少数表面长有白色毛状物。此外，GSH、PVP 和 Na$_2$S$_2$O$_3$ 均有显著促进原球茎分化的效果。

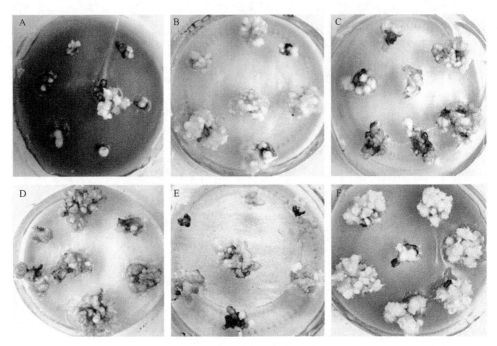

图 7-37　不同抗褐化剂对原球茎生长的影响
A. CK；B. 15 mg·L^{-1} Na$_2$S$_2$O$_3$；C. 50 mg·L^{-1} Vc；D. 75 mg·L^{-1} GSH；E. 300 mg·L^{-1} AC；F. 3000 mg·L^{-1} PVP。

综上所述，在以上 5 种抗褐化剂中，抗褐化效果依次为 AC（300 mg·L^{-1}）> GSH（75 mg·L^{-1}）>Vc（50 mg·L^{-1}）>Na$_2$S$_2$O$_3$（15 mg·L^{-1}）>PVP（3000 mg·L^{-1}）；而增殖效果依次为 PVP（1000 mg·L^{-1}）>GSH（25 mg·L^{-1}）>Na$_2$S$_2$O$_3$（15 mg·L^{-1}）>Vc（15 mg·L^{-1}）>AC（400 mg·L^{-1}）。综合杜鹃兰原球茎的褐化率、增殖率和生长状态，可以看出，在以上 5 种抗褐化剂中，AC 抗褐化效果最佳，GSH 次之；而增殖效果最佳的为 PVP，GSH 次之；生长状态最佳的为 GSH，Na$_2$S$_2$O$_3$ 次之。因此，在杜鹃兰原球茎增殖培养过程中，GSH 是较为理想的抗褐化剂。在杜鹃兰原球茎增殖阶段中，添加 25 mg·L^{-1} GSH 抑制褐化较为适宜。

（三）杜鹃兰原球茎增殖培养的抗褐化效果验证

综合正交试验结果和抗褐化剂处理结果，优化培养基为：1/2MS+30 g·L^{-1} 蔗糖+2.0 mg·L^{-1} TDZ+0.2 mg·L^{-1} NAA+25 mg·L^{-1} GSH，为验证优化培养基的抗褐化效果，将 35 d 内原培养基与优化培养基的褐化率进行对比（图 7-38），结果表明，在整个培养过程中，原培养基的褐化率几乎呈直线升高趋势，到培养 35 d 时，其褐化率高达 84.13%；而优化培养基的褐化率上升缓慢，培养 35 d 时的褐化率仅为 30.16%，抗褐化效果十分明显。并且，原培养基中原球茎的生长状态很差，而优化培养基中原球茎的生长状态较为良好。

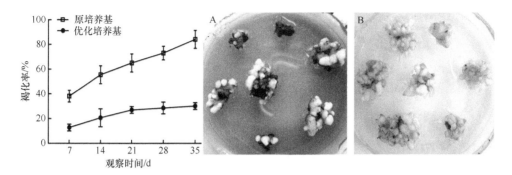

图 7-38　培养基调整前后原球茎的褐化率和生长状态
A. 原培养基中的原球茎；B. 优化培养基中的原球茎。

二、杜鹃兰原球茎分化过程中褐变的影响因素及其控制

（一）杜鹃兰原球茎分化过程中褐变的影响因素

1. 大量元素对分化过程原球茎褐化的影响

在杜鹃兰组织培养过程中，不同含量大量元素处理下分化原球茎的褐化率均随培养时间的延长而增加（图 7-39），其中，MS 处理中原球茎的褐化率始终高于其他两种处理，到培养 35 d 时，1/2MS 处理的褐化率最低，1/4MS 次之。该实验结果表明，过高或过低含量的大量元素均会导致杜鹃兰分化原球茎的褐化加剧。

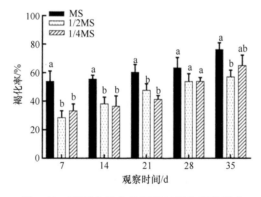

图 7-39　不同含量大量元素对褐化率的影响

在杜鹃兰原球茎分化过程中，不同含量大量元素对杜鹃兰原球茎总酚含量的影响不同（图 7-40）。其中，在整个培养过程中，MS 处理中的总酚含量始终处于最高水平。培养 7 d 时，1/2MS 处理下的总酚含量显著低于其他处理，在此后的培养过程中，1/4MS 处理下的总酚含量均显著低于其他处理。该结果表明总酚的形成和积累可能与大量元素的含量有关。

在杜鹃兰原球茎分化过程中，不同含量大量元素对各测定时期的原球茎中 PPO 活性的影响差异较大（图 7-41）。刚培养 7 d 时，MS 处理中原球茎的 PPO 活性最低，但与1/2MS 处理的无显著性差异，1/4MS 处理的 PPO 活性最高；培养 14 d 时，MS 处理的 PPO

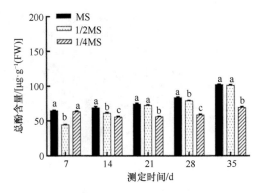

图 7-40　不同含量大量元素对总酚含量的影响

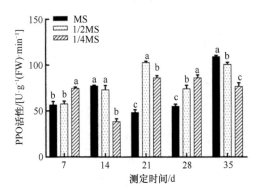

图 7-41　不同含量大量元素对 PPO 活性的影响

活性最高,1/4MS 处理的最低;培养 21 d 时,MS 处理的 PPO 活性显著低于其他处理,1/2MS 处理的 PPO 活性最高;培养 28 d 时,PPO 活性随大量元素含量的降低而增加;培养 35 d 时,PPO 活性随大量元素含量的减少而降低。

对不同含量大量元素处理下原球茎的褐化率、总酚含量和 PPO 活性进行相关性分析,结果表明在 MS 和 1/2MS 处理中,原球茎的褐化率与总酚含量呈显著正相关,相关系数分别为 0.996 和 0.954(表 7-35),说明在该两种处理下,酚类物质含量的增加是引起原球茎褐化加剧的主要因素。

表 7-35　不同含量大量元素处理下原球茎褐化率、总酚含量和 PPO 活性的相关性

大量元素	指标	褐化率	总酚含量	PPO 活性
	褐化率	1		
MS	总酚含量	0.996*	1	
	PPO 活性	0.718	0.718	1
	褐化率	1		
1/2MS	总酚含量	0.954*	1	
	PPO 活性	0.736	0.772	1
	褐化率	1		
1/4MS	总酚含量	0.620	1	
	PPO 活性	0.412	0.263	1

*表示差异显著($P<0.05$),**表示差异极显著($P<0.01$)。下同。

大量元素的含量对杜鹃兰原球茎的平均芽数的影响较大（表7-36），1/4MS处理中原球茎的平均芽数显著高于其他两种处理，其次为1/2MS，MS对原球茎分化的作用效果不佳。此外，大量元素对原球茎分化的形态也有影响，在1/4MS处理中，原球茎易分化为根状茎。

表 7-36　不同含量大量元素对平均芽数的影响

处理	大量元素	平均芽数
1	MS	0.57±0.07b
2	1/2MS	0.76±0.11b
3	1/4MS	1.29±0.14a

2. 蔗糖浓度对分化过程原球茎褐化的影响

对于杜鹃兰分化原球茎而言，适宜浓度蔗糖处理中原球茎的褐化情况较轻（图7-42）。在4种不同浓度蔗糖处理中，30 g·L^{-1}处理的褐化率始终处于最低水平，到培养35 d时褐化率为50.79%；而40 g·L^{-1}、10 g·L^{-1}处理的褐化率在整个培养过程中均较高，40 g·L^{-1}处理下的始终处于最高水平，10 g·L^{-1}次之，到培养35 d时，褐化率分别达到了77.78%和71.43%。

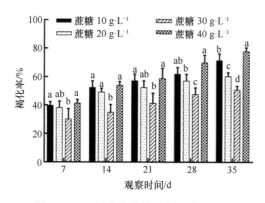

图 7-42　不同浓度蔗糖对褐化率的影响

杜鹃兰原球茎分化培养基中添加不同浓度蔗糖，在各测定时期，不同浓度蔗糖引起的总酚含量变化并不同（图7-43）。刚培养7 d时，30 g·L^{-1}蔗糖处理中原球茎的总酚含量显著低于其他处理，10 g·L^{-1}蔗糖处理中原球茎的总酚含量最高，但与20 g·L^{-1}蔗糖处理无显著性差异；培养14 d时，总酚含量随蔗糖浓度的升高而增加，其中，10 g·L^{-1}蔗糖处理中的总酚含量最低，而40 g·L^{-1}蔗糖处理中的总酚含量最高；培养21 d时，30 g·L^{-1}蔗糖处理中的总酚含量显著高于其他处理，20 g·L^{-1}蔗糖处理中的总酚含量最低；培养28 d时，20 g·L^{-1}蔗糖处理中的总酚含量最高，而30 g·L^{-1}蔗糖处理中的最低；到培养35 d时，20 g·L^{-1}蔗糖处理中的总酚含量最高，而10 g·L^{-1}蔗糖处理中的显著低于其他处理。

分析整个培养过程中4种不同浓度蔗糖处理下的PPO活性发现，总体上看，40 g·L^{-1}处理中原球茎的PPO活性始终很高（图7-44），尤其在培养21～35 d期间，其PPO活性均显著高于其他3种处理，而其余3种处理在35 d时的PPO活性明显较刚培养7 d时的低，故推测高浓度蔗糖可能会引起PPO活性增强。

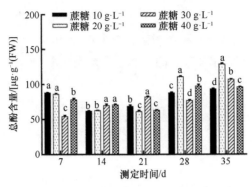

图 7-43　不同浓度蔗糖对总酚含量的影响

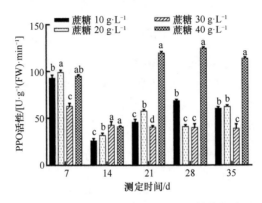

图 7-44　不同浓度蔗糖对 PPO 活性的影响

不同浓度蔗糖处理下原球茎的褐化率、总酚含量和 PPO 活性之间的相关性分析结果表明：4 种处理中原球茎的褐化率均与总酚含量呈正相关（表 7-37）。其中，30 g·L^{-1} 处理中原球茎的褐化率与总酚含量呈显著正相关，说明该条件下，随培养时间的延长，总酚含量的增加是引起褐化加剧的主要因素。而其他 3 种处理中，酚类物质含量和 PPO 活性的变化均不是引起褐化加剧的主要因素，可能有其他因素参与其中。

表 7-37　不同浓度蔗糖处理下原球茎褐化率、总酚含量和 PPO 活性的相关性

蔗糖浓度/（g·L^{-1}）	指标	褐化率	总酚含量	PPO 活性
	褐化率	1		
10	总酚含量	0.268	1	
	PPO 活性	−0.317	0.806	1
	褐化率	1		
20	总酚含量	0.540	1	
	PPO 活性	−0.616	−0.122	1
	褐化率	1		
30	总酚含量	0.882*	1	
	PPO 活性	−0.788	−0.135	1
	褐化率	1		
40	总酚含量	0.658	1	
	PPO 活性	0.472	0.419	1

　　高浓度的蔗糖对杜鹃兰原球茎的分化有益（表 7-38）。原球茎的平均芽数与蔗糖浓度成正比，10 g·L^{-1} 蔗糖处理中原球茎的平均芽数最低，且原球茎的生长状态不佳，原球茎多呈白色。因此，在原球茎的分化过程中，若使分化效率最大化，可考虑适当增加蔗糖的浓度。

表 7-38　不同浓度蔗糖对平均芽数的影响

处理	蔗糖浓度/（g·L^{-1}）	平均芽数
1	10	0.55±0.15d
2	20	1.05±0.11c
3	30	1.64±0.14b
4	40	2.05±0.29a

3. TDZ 对分化过程原球茎褐化的影响

　　不同浓度 TDZ 对杜鹃兰褐化率的影响不同（表 7-39）。总体上看，在整个培养过程中，1.5 mg·L^{-1} TDZ 处理中原球茎的褐化率始终处于最低水平，但与 1.0 mg·L^{-1} TDZ 处理的褐化率均无显著性差异。而 2.5 mg·L^{-1} TDZ 处理中原球茎的褐化率始终处于最高水平，但在培养 7 d、14 d 和 21 d 时，其褐化率与 2.0 mg·L^{-1} TDZ 处理无显著性差异。

表 7-39　不同浓度 TDZ 对原球茎褐化率的影响

TDZ 浓度/（mg·L^{-1}）	不同接种天数原球茎的褐化率/%				
	7 d	14 d	21 d	28 d	35 d
0.5	11.11±7.27b	28.57±4.76b	39.68±5.50bc	46.03±2.75c	65.08±2.75b
1.0	11.11±2.75b	25.40±9.91b	33.33±9.52c	39.68±7.27cd	47.62±4.76c
1.5	9.52±8.25b	22.22±7.27b	28.57±9.52c	34.92±2.75d	41.27±2.75c
2.0	15.87±5.50ab	46.03±7.27a	50.79±7.27ab	58.73±7.27b	63.49±7.27b
2.5	23.81±4.76a	52.38±9.52a	60.32±7.27a	71.43±4.76a	80.95±4.76a

　　添加不同浓度 TDZ 处理分化过程中的杜鹃兰原球茎时发现，在整个培养过程中，原球茎的褐化率随 TDZ 浓度的升高呈先下降后升高的变化（图 7-45）。其中，0.5 mg·L^{-1} TDZ 处理中原球茎的总酚含量均显著高于其他处理，而 1.5 mg·L^{-1} TDZ 处理中的总酚含量始终处于最低水平。

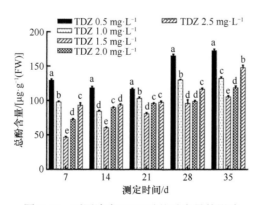

图 7-45　不同浓度 TDZ 对总酚含量的影响

在各测定时期，不同浓度 TDZ 处理中，原球茎中 PPO 活性的变化较大（图 7-46）。刚培养 7 d 时，1.0 mg·L⁻¹ TDZ 处理中原球茎的 PPO 活性显著高于其他处理，0.5 mg·L⁻¹ TDZ 的 PPO 活性最低；培养 14 d 时，2.0 mg·L⁻¹ TDZ 处理的 PPO 活性最高，1.0 mg·L⁻¹ TDZ 的 PPO 活性最低；培养 21 d 时，2.5 mg·L⁻¹ TDZ 处理的 PPO 活性显著高于其他处理，而 2.0 mg·L⁻¹ TDZ 处理的 PPO 活性显著低于其他处理；培养 28 d 时，2.5 mg·L⁻¹ TDZ 处理的 PPO 活性最高，2.0 mg·L⁻¹ TDZ 处理的 PPO 活性显著低于其他处理；到培养 35 d 时，2.0 mg·L⁻¹ TDZ 处理的 PPO 活性最高，1.5 mg·L⁻¹ TDZ 处理的 PPO 活性最低。

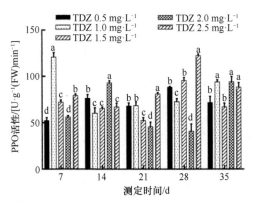

图 7-46 不同浓度 TDZ 对 PPO 活性的影响

对不同浓度 TDZ 处理中原球茎的褐化率、总酚含量和 PPO 活性进行相关性分析，结果表明：各处理中原球茎的褐化率均与总酚含量呈正相关（表 7-40），其中，1.5 mg·L⁻¹ TDZ 处理中褐化率与总酚含量呈极显著正相关，相关系数为 0.983，而 2.0 mg·L⁻¹ TDZ 处理中褐化率与总酚含量呈显著正相关，说明在 1.5 mg·L⁻¹、2.0 mg·L⁻¹ TDZ 处理中，酚类物质含量的增加是引起褐化愈加严重的主要因素。

表 7-40 不同浓度 TDZ 处理下原球茎褐化率、总酚含量和 PPO 活性的相关性

TDZ 浓度/（mg·L⁻¹）	指标	褐化率	总酚含量	PPO 活性
	褐化率	1		
0.5	总酚含量	0.719	1	
	PPO 活性	0.573	0.437	1
	褐化率	1		
1.0	总酚含量	0.780	1	
	PPO 活性	−0.415	0.128	1
	褐化率	1		
1.5	总酚含量	0.983**	1	
	PPO 活性	0.149	0.219	1
	褐化率	1		
2.0	总酚含量	0.921*	1	
	PPO 活性	0.196	0.373	1
	褐化率	1		
2.5	总酚含量	0.781	1	
	PPO 活性	0.471	0.410	1

适宜浓度的 TDZ 对杜鹃兰原球茎的平均芽数具有较为显著的效果（表 7-41）。原球茎的平均芽数随 TDZ 浓度的增加呈先升高后降低的变化。当 TDZ 浓度为 1.5 mg·L⁻¹ 时，原球茎的平均芽数最多（1.24），但该处理的平均芽数与 1.0 mg·L⁻¹、2.0 mg·L⁻¹ TDZ 处理的平均芽数无显著性差异。

表 7-41 不同浓度 TDZ 对平均芽数的影响

处理	TDZ 浓度/（mg·L⁻¹）	平均芽数
1	0.5	0.55±0.11c
2	1.0	1.14±0.12a
3	1.5	1.24±0.18a
4	2.0	1.12±0.15a
5	2.5	0.86±0.14b

4. IAA 对分化过程原球茎褐化的影响

观察不同浓度 IAA 处理中原球茎的褐化情况时发现，在不同的培养时间下，原球茎的褐化率均随 IAA 浓度的升高呈先下降后上升的变化，且各浓度处理的褐化率均随培养时间的延长而增加（表 7-42）。其中，在整个培养过程中，0.3 mg·L⁻¹ IAA 处理的褐化率始终处于最低水平，而 0.5 mg·L⁻¹ IAA 处理下的褐化率较其他处理高。说明适宜浓度的 IAA 有利于抑制杜鹃兰褐化，IAA 的使用浓度不宜过高或过低。

表 7-42 不同浓度 IAA 对原球茎褐化率的影响

IAA 浓度/（mg·L⁻¹）	不同接种天数原球茎的褐化率/%				
	7 d	14 d	21 d	28 d	35 d
0.1	39.68±2.75b	46.03±5.50ab	50.79±2.75ab	55.56±7.27abc	66.67±4.76bc
0.2	36.51±9.91b	44.44±11.98ab	49.21±7.27ab	50.79±11.98bc	57.14±9.52cd
0.3	34.92±5.50b	41.27±11.00b	46.03±7.27b	44.44±9.91c	52.38±8.25d
0.4	44.44±2.75ab	55.56±2.75ab	58.73±2.75a	60.32±2.74ab	65.08±2.75bc
0.5	50.79±2.75a	57.14±4.76a	60.32±5.50a	65.08±5.50ab	79.37±2.75a

在杜鹃兰分化培养基中添加不同浓度 IAA 对总酚含量的影响较为显著（图 7-47）。在培

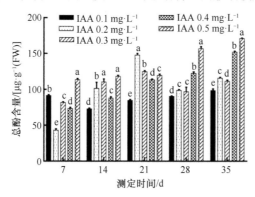

图 7-47 不同浓度 IAA 对总酚含量的影响

养 14～35 d 时，在 0.1 mg·L^{-1} IAA 处理中，原球茎的总酚含量均显著低于其他处理；而 0.5 mg·L^{-1} IAA 处理中的总酚含量在整个培养时期中均较高，到培养 35 d 时，其总酚含量高达 171.03 μg·g^{-1}（FW），显著高于其他处理。说明低浓度 IAA 有利于抑制酚类物质的形成和积累，高浓度 IAA 则对酚类物质的形成和积累有促进作用。

在杜鹃兰原球茎分化过程中，不同浓度 IAA 处理中原球茎的 PPO 活性在培养各个时期的变化较大（图 7-48）。刚培养 7 d 时，0.3 mg·L^{-1} IAA 处理的 PPO 活性最高，0.5 mg·L^{-1} IAA 处理的 PPO 活性最低；培养 14 d 时，0.5 mg·L^{-1} IAA 处理的 PPO 活性最高，0.4 mg·L^{-1} IAA 处理的 PPO 活性显著低于其他处理；培养 21 d 时，0.2 mg·L^{-1} IAA 处理的 PPO 活性显著高于其他处理，0.5 mg·L^{-1} IAA 处理的 PPO 活性最低；培养 28 d 时，0.4 mg·L^{-1} IAA 处理的 PPO 活性最高，0.1 mg·L^{-1} IAA 处理的 PPO 活性最低；到培养 35 d 时，0.3 mg·L^{-1} IAA 处理的 PPO 活性最高，0.1 mg·L^{-1} IAA 处理的 PPO 活性显著低于其他处理。

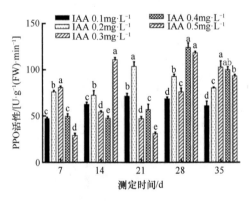

图 7-48　不同浓度 IAA 对 PPO 活性的影响

对不同 IAA 浓度处理中原球茎的褐化率、总酚含量和 PPO 活性进行相关性分析，结果显示，各处理中原球茎的褐化率与总酚含量和 PPO 活性均呈正相关（表 7-43），其中，0.4 mg·L^{-1}、0.5 mg·L^{-1} IAA 处理的褐化率与总酚含量呈显著正相关，相关系数分别为 0.926 和 0.920，说明在该两种处理中，酚类物质含量的增加是导致褐化愈加严重的主要因素。

表 7-43　不同 IAA 浓度处理下原球茎褐化率、总酚含量和 PPO 活性的相关性

IAA 浓度/（mg·L^{-1}）	指标	褐化率	总酚含量	PPO 活性
	褐化率	1		
0.1	总酚含量	0.546	1	
	PPO 活性	0.465	−0.241	1
	褐化率	1		
0.2	总酚含量	0.727	1	
	PPO 活性	0.372	0.661	1
	褐化率	1		
0.3	总酚含量	0.733	1	
	PPO 活性	0.095	−0.248	1

续表

IAA 浓度/（mg·L⁻¹）	指标	褐化率	总酚含量	PPO 活性
0.4	褐化率	1		
	总酚含量	0.926*	1	
	PPO 活性	0.652	0.742	1
0.5	褐化率	1		
	总酚含量	0.920*	1	
	PPO 活性	0.462	0.586	1

不同浓度 IAA 处理中的原球茎产生的平均芽数随 IAA 浓度的增加呈先上升后下降的变化（表 7-44）。当 IAA 浓度为 0.3 mg·L⁻¹ 时，原球茎的平均芽数最多（1.23），其次为 0.4 mg·L⁻¹ 和 0.2 mg·L⁻¹，其平均芽数分别为 1.12 和 1.04。IAA 浓度过高或过低对杜鹃兰原球茎的平均芽数均没有促进作用。

表 7-44　不同浓度 IAA 对平均芽数的影响

处理	IAA 浓度/（mg·L⁻¹）	平均芽数
1	0.1	0.83±0.09c
2	0.2	1.04±0.13b
3	0.3	1.23±0.04a
4	0.4	1.12±0.07ab
5	0.5	0.99±0.05b

5. 光照强度对分化过程原球茎褐化的影响

不同光照强度处理中，原球茎的褐化率不同（图 7-49）。在整个培养过程中，37.5 μmol·m⁻²·s⁻¹ 处理中原球茎的褐化率始终处于最低水平，而 50.0 μmol·m⁻²·s⁻¹ 处理的褐化率始终处于最高水平。对于分化阶段的杜鹃兰原球茎而言，光照强度过高或过低均会导致其褐化加剧，这与增殖阶段的杜鹃兰原球茎有所不同。

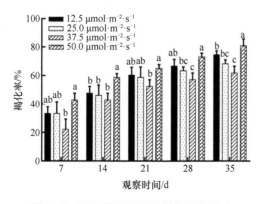

图 7-49　不同光照强度对褐化率的影响

在杜鹃兰原球茎分化过程中，光照对杜鹃兰原球茎中总酚含量有一定的促进作用（图 7-50）。在整个培养过程中，12.5 μmol·m⁻²·s⁻¹ 处理中原球茎的总酚含量始终处于最低水平，50.0 μmol·m⁻²·s⁻¹ 处理的总酚含量始终处于最高水平。在培养 7～21 d 期间，原球茎中总酚含量均随光照强度的增加而增多。在培养 28 d 时，除 50.0 μmol·m⁻²·s⁻¹ 处理的总酚含量显著高于其他处理外，其余处理中总酚含量差异不大；培养 35 d 时，25.0 μmol·m⁻²·s⁻¹ 与 50.0 μmol·m⁻²·s⁻¹ 处理的总酚含量无显著性差异。结果表明，光照强度较大时，能促进酚类物质的形成和积累，该结果可能是由于光激活了酚类物质合成相关酶的活性。

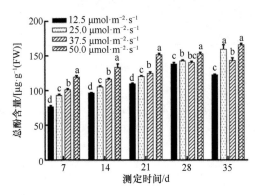

图 7-50　不同光照强度对总酚含量的影响

总体上看，在杜鹃兰原球茎的分化过程中，不同光照强度引起的原球茎中 PPO 活性的变化在各个时期较为类似（图 7-51）。培养 14 d 时，37.5 μmol·m⁻²·s⁻¹ 处理的 PPO 活性最低，除此之外，25.0 μmol·m⁻²·s⁻¹ 处理的 PPO 活性在培养的各个时期中均为最低水平。在培养 21 d 时，12.5 μmol·m⁻²·s⁻¹ 处理的 PPO 活性最高，在其余的培养时期中，50.0 μmol·m⁻²·s⁻¹ 处理的 PPO 活性均为最高，到培养 35 d 时，高达 122.37 U·g⁻¹（FW）·min⁻¹。

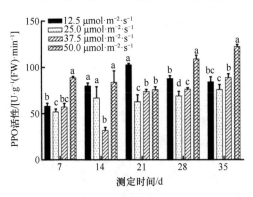

图 7-51　不同光照强度对 PPO 活性的影响

不同光照强度下原球茎的褐化率、总酚含量和 PPO 活性的相关性分析显示：各处理中褐化率均与总酚含量和 PPO 活性呈正相关（表 7-45），其中，12.5 μmol·m⁻²·s⁻¹、25.0 μmol·m⁻²·s⁻¹ 处理中原球茎的褐化率均与总酚含量呈显著正相关，相关系数分别为 0.911 和 0.947；而 37.5 μmol·m⁻²·s⁻¹、50.0 μmol·m⁻²·s⁻¹ 处理的褐化率均与总酚含量呈极显著正相关，相关系数分别为 0.964 和 0.977。该结果表明对于分化阶段的杜鹃兰原球茎而言，在该 4 种光照强度处理下，总酚含量的增加是引起褐化加剧的主要因素。

表 7-45　不同光照强度处理下原球茎褐化率、总酚含量和 PPO 活性的相关性

光照强度/（μmol·m⁻²·s⁻¹）	指标	褐化率	总酚含量	PPO 活性
	褐化率	1		
12.5	总酚含量	0.911*	1	
	PPO 活性	0.710	0.660	1
	褐化率	1		
25.0	总酚含量	0.947*	1	
	PPO 活性	0.871	0.877	1
	褐化率	1		
37.5	总酚含量	0.964**	1	
	PPO 活性	0.616	0.703	1
	褐化率	1		
50.0	总酚含量	0.977**	1	
	PPO 活性	0.681	0.601	1

光照强度对杜鹃兰原球茎平均芽数的影响较小（表 7-46）。其中，12.5 μmol·m⁻²·s⁻¹ 处理的平均芽数最少，但与 25.0 μmol·m⁻²·s⁻¹ 处理无显著性差异，而 25.0 μmol·m⁻²·s⁻¹、37.5 μmol·m⁻²·s⁻¹ 与 50.0 μmol·m⁻²·s⁻¹ 处理的平均芽数无显著性差异。

表 7-46　不同光照强度对平均芽数的影响

处理	光照强度/（μmol·m⁻²·s⁻¹）	平均芽数
1	12.5	0.95±0.05b
2	25.0	1.13±0.15ab
3	37.5	1.40±0.18a
4	50.0	1.37±0.22a

6. 温度对分化过程原球茎褐化的影响

不同温度处理对杜鹃兰分化原球茎褐化有显著影响（图 7-52）。在整个培养过程中，3 种温度处理下的褐化率均随时间的延长而增加，且分化原球茎的褐化率与温度成正比，温度越高，褐化越严重。

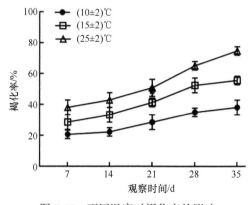

图 7-52　不同温度对褐化率的影响

在不同温度条件下培养杜鹃兰原球茎发现，温度对原球茎中总酚含量影响十分显著（图 7-53），这可能是因为温度影响了与酚类物质合成有关的酶的活性。总体上看，在整个培养过程中，（10±2）℃下的总酚含量较低，而（25±2）℃下的总酚含量始终处于最高水平。在刚培养 7 d 时，（15±2）℃下的总酚含量最低，在之后的培养过程中，原球茎中的总酚含量均随温度的升高而增加。

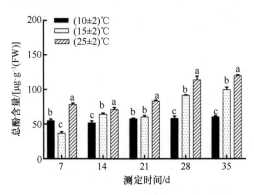

图 7-53　不同温度对总酚含量的影响

在不同的温度下培养杜鹃兰原球茎，总体上看，各处理中的 PPO 活性均随时间的延长而升高（图 7-54），（10±2）℃处理的 PPO 活性基本上最低，而（25±2）℃处理的 PPO 活性基本上最高。在培养 14 d 时，三种温度处理中原球茎的 PPO 活性无显著性差异。除此之外，原球茎中 PPO 活性均随温度的升高而上升。由此可看出，温度对 PPO 活性的影响较为显著。

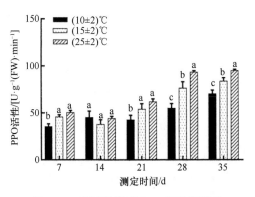

图 7-54　不同温度对 PPO 活性的影响

对不同温度处理中原球茎的褐化率、总酚含量和 PPO 活性进行相关性分析（表 7-47），结果表明：3 种温度处理中，褐化率均与总酚含量和 PPO 活性呈正相关，且相关性大。其中，（10±2）℃、（15±2）℃处理的褐化率均与总酚含量和 PPO 活性呈显著正相关，而（25±2）℃处理的褐化率与总酚含量和 PPO 活性均呈极显著正相关，相关系数分别为 0.960 和 0.959，总酚含量与 PPO 活性也呈极显著正相关，相关系数达到 0.993。说明对于杜鹃兰分化原球茎而言，在该三种温度处理中，总酚含量的增加和 PPO 活性的加强均是导致褐化加剧的主要因素。

表 7-47　不同温度处理下原球茎褐化率、总酚含量和 PPO 活性的相关性

温度/℃	指标	褐化率	总酚含量	PPO 活性
	褐化率	1		
10±2	总酚含量	0.881*	1	
	PPO 活性	0.903*	0.682	1
	褐化率	1		
15±2	总酚含量	0.950*	1	
	PPO 活性	0.953*	0.855	1
	褐化率	1		
25±2	总酚含量	0.960**	1	
	PPO 活性	0.959**	0.993**	1

培养温度过低时，原球茎的分化也会受到影响（表 7-48）。（10±2）℃下的平均芽数显著低于其他两种处理，而（15±2）℃、（25±2）℃处理无显著性差异。杜鹃兰原球茎分化的适宜温度为（15±2）℃。

表 7-48　不同温度对平均芽数的影响

处理	温度/℃	平均芽数
1	10±2	0.45±0.11b
2	15±2	1.19±0.16a
3	25±2	1.14±0.07a

7. 正交试验结果

大量元素、IAA、TDZ 和蔗糖对杜鹃兰分化原球茎褐化和平均芽数的影响不同（表 7-49）。从褐化率上看，4 号处理的褐化率最低（46.03%），其次为 5 号、6 号，褐化率分别为 47.62% 和 52.38%，但三者之间无显著性差异。该 4 种因素对杜鹃兰分化原球茎褐化作用的主次顺序为大量元素>IAA>蔗糖>TDZ，大量元素的极差最大（24.86），对杜鹃兰分化原球茎褐化的影响最大，其次为 IAA（7.94）。从平均芽数上看，8 号处理的平均芽数最多（1.48），其次为 9 号、6 号处理，其平均芽数分别为 1.07 和 0.93。极差分析结果显示大量元素极差最大（0.59），对原球茎的平均芽数的影响最大，其次为 TDZ、IAA 和蔗糖。综合褐化率和平均芽数，杜鹃兰原球茎分化过程中的适宜培养基是：$1/2MS+0.4 \text{ mg·L}^{-1} \text{ IAA}+1.0 \text{ mg·L}^{-1} \text{ TDZ}+30 \text{ mg·L}^{-1}$ 蔗糖。

表 7-49　正交设计统计表

试验号	大量元素	IAA 浓度/（mg·L⁻¹）	TDZ 浓度/（mg·L⁻¹）	蔗糖浓度/（g·L⁻¹）	褐化率/%	平均芽数
1	MS	0.2	1.0	20	74.60±2.75a	0.52±0.18def
2	MS	0.3	1.5	30	69.84±2.75ab	0.64±0.33cde
3	MS	0.4	2.0	40	76.19±4.76a	0.33±0.22ef
4	1/2MS	0.2	1.5	40	46.03±7.27e	0.36±0.07ef
5	1/2MS	0.3	2.0	20	47.62±4.76e	0.24±0.04f
6	1/2MS	0.4	1.0	30	52.38±4.76de	0.93±0.14bc

续表

试验号	大量元素	IAA 浓度/（mg·L^{-1}）	TDZ 浓度/（mg·L^{-1}）	蔗糖浓度/（g·L^{-1}）	褐化率/%	平均芽数
7	1/4MS	0.2	2.0	30	61.90±4.76bc	0.71±0.26cd
8	1/4MS	0.3	1.0	40	60.32±7.27cd	1.48±0.11a
9	1/4MS	0.4	1.5	20	73.02±2.75a	1.07±0.12b
			褐化率指标			
k1	73.54	60.84	62.43	65.08		
k2	48.68	59.26	62.96	61.37		
k3	65.08	67.20	61.90	60.85		
R	24.86	7.94	1.06	4.23		
			平均芽数指标			
k1	0.50	0.53	0.98	0.61		
k2	0.51	0.79	0.69	0.76		
k3	1.09	0.78	0.43	0.72		
R	0.59	0.26	0.55	0.15		

方差分析结果表明（表 7-50、表 7-51），大量元素和 IAA 对原球茎褐化的影响达到极显著，而 TDZ 和蔗糖对原球茎褐化的影响不显著；大量元素和 TDZ 对原球茎平均芽数的影响达到极显著水平，IAA 对平均芽数的影响达到显著水平，而蔗糖对平均芽数的影响不显著。

表 7-50　褐化率的方差分析

来源	平方和	df	平均值平方	F	显著性
大量元素	2 877.299	2	1 438.650	59.069	0.000
IAA	317.460	2	158.730	6.517	0.007
TDZ	5.039	2	2.520	0.103	0.902
蔗糖	95.742	2	47.871	1.966	0.169
错误	438.398	18	24.355		
总数	108 979.592	27			
校正后总数	3 733.938	26			

表 7-51　平均芽数的方差分析

来源	平方和	df	平均值平方	F	显著性
大量元素	2.042	2	1.021	29.851	0.000
IAA	0.375	2	0.188	5.486	0.014
TDZ	1.350	2	0.675	19.740	0.000
蔗糖	0.110	2	0.055	1.608	0.228
错误	0.616	18	0.034		
总数	17.663	27			
校正后总数	4.493	26			

（二）杜鹃兰原球茎分化培养的褐化控制

1. 不同抗褐化剂对分化原球茎褐化的影响

不同抗褐化剂对杜鹃兰分化原球茎褐化的作用效果不同（图 7-55、图 7-56）。不同

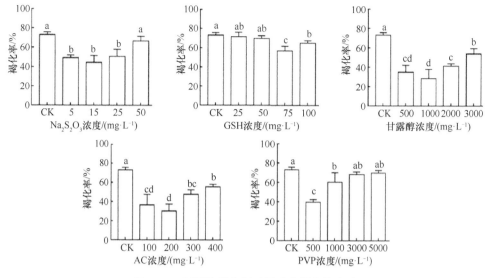

图 7-55 不同抗褐化剂对原球茎褐化的影响

图 7-56 不同抗褐化剂处理对原球茎褐化的影响

A. CK；B. 15 mg·L⁻¹ Na₂S₂O₃；C. 75 mg·L⁻¹ GSH；D. 1000 mg·L⁻¹ 甘露醇；E. 200 mg·L⁻¹ AC；F. 500 mg·L⁻¹ PVP

浓度甘露醇和 AC 处理中，杜鹃兰分化原球茎褐化率均显著低于对照，其中，甘露醇抑制褐化的效果最佳，AC 次之。随着 $Na_2S_2O_3$、GSH、甘露醇和 AC 浓度的上升，褐化率先下降后上升，其中添加 15 mg·L⁻¹ $Na_2S_2O_3$ 和 200 mg·L⁻¹ AC 的原球茎的褐化率较低，分别比对照下降了 28.58%和 42.86%；添加 1000 mg·L⁻¹ 甘露醇的原球茎的褐化率最低，比对照下降了 44.45%；而 GSH 抑制褐化的效果不佳，添加 75 mg·L⁻¹ GSH 的原球茎的褐化率仅比对照下降了 15.88%。PVP 处理中，其褐化率随着 PVP 浓度的上升而上升，其中添加 500 mg·L⁻¹ PVP 的原球茎的褐化率较低，比对照下降了 33.34%。

2. 不同抗褐化剂对分化原球茎平均芽数的影响

在 5 种抗褐化剂处理中,适宜浓度的 $Na_2S_2O_3$ 具有明显促进杜鹃兰原球茎分化的效果 (图 7-57)。与对照相比,添加 15 mg·L^{-1}、25 mg·L^{-1} $Na_2S_2O_3$ 和 500 mg·L^{-1} PVP 的平均芽数显著高于对照,其中 15 mg·L^{-1} $Na_2S_2O_3$ 处理下的平均芽数最多,为 3.95;不同浓度甘露醇处理下,原球茎的平均芽数均低于对照,说明在培养基中添加甘露醇不利于分化;不同浓度 GSH 处理下的平均芽数与对照无显著性差异;而不同浓度 AC 处理下的平均芽数均显著低于对照。

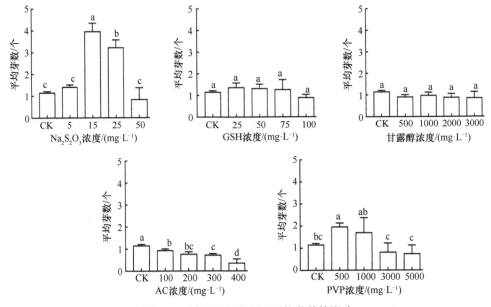

图 7-57　不同抗褐化剂对平均芽数的影响

综上所述,在以上 5 种抗褐化剂中,抗褐化效果依次为甘露醇(1000 mg·L^{-1})>AC(200 mg·L^{-1})>PVP(500 mg·L^{-1})>$Na_2S_2O_3$(15 mg·L^{-1})>GSH(75 mg·L^{-1}),分化效果依次为 $Na_2S_2O_3$(15 mg·L^{-1})>PVP(500 mg·L^{-1})>GSH(75 mg·L^{-1})>AC(200 mg·L^{-1})>甘露醇(1000 mg·L^{-1})。综合杜鹃兰分化原球茎的褐化率和平均芽数,若使杜鹃兰原球茎分化效果最佳,在杜鹃兰原球茎的分化阶段中,可添加 15 mg·L^{-1} $Na_2S_2O_3$ 抑制褐化。

(三)杜鹃兰原球茎分化培养的抗褐化效果验证

综合正交试验结果和抗褐化剂处理结果(图 7-58),优化培养基为:1/2MS+0.4 mg·L^{-1} IAA+1.0 mg·L^{-1} TDZ+30 mg·L^{-1} 蔗糖+15 mg·L^{-1} $Na_2S_2O_3$,为验证优化培养基的抗褐化效果,将 35 d 内原培养基与优化培养基的褐化率进行对比,结果表明:刚培养 7 d 时,优化培养基与原培养基处理下的褐化率较为相近,分别为 28.57% 和 31.75%。但随着培养时间的延长,原培养基与优化培养基的褐化率相差越来越大,到培养 35 d 时,原培养基的褐化率达到了 73.02%,而优化培养基的仅为 41.27%,比原培养基的褐化率降低了 31.75%。可见,优化培养基的抗褐化效果是比较显著的。此外,原培养基中原球茎的生长状态不佳,而优化培养基中原球茎的生长状态较佳,分化效果也较好。

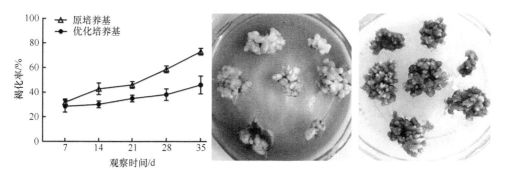

图 7-58 培养基调整前后原球茎的褐化率和生长状态

第四节 杜鹃兰有性繁殖中种子共生萌发及其作用机制

杜鹃兰因其花的特殊构造,自然条件下几乎不能授粉结实,但通过科学的人工授粉可以实现其雌雄生殖细胞受精以及子房和胚珠发育,从而获得大量果实和种子。然而,因种皮限制、无胚乳、胚未发育完全、种子细小如尘,杜鹃兰种子不能自然萌发。本课题组继解决人工授粉结实之后,研究构建了杜鹃兰种子非共生萌发(non-symbiotic germination)技术(Zhang et al.,2010;王汪中,2017;田海露,2019;田莉,2020,彭思静等,2021),但非共生萌发耗时较长、萌发率不高、幼苗生长缓慢、长势不均一、移栽到自然环境中存活率较低等问题依然限制着该物种的种苗繁育与规模化人工种植。自然条件下,兰科植物种子萌发困难,需要依赖适宜的促萌发真菌提供微量元素、有机碳、水及其他营养物质才能达到早期的萌发阶段,没有真菌协助时种子基本无法完成萌发过程,多数只能吸水膨胀至种皮破裂阶段。截至目前,国内外有关杜鹃兰种子共生萌发(symbiotic germination)方面的研究甚少,因此,寻找杜鹃兰种子促萌发真菌并构建共生萌发体系十分必要。本课题组以自然环境中采挖的野生杜鹃兰植株的根为材料,在对其根部内生真菌进行分离、鉴定与多样性分析的基础上,筛选能有效促进杜鹃兰种子萌发的共生真菌(高燕燕,2022;Gao et al.,2022b),以构建杜鹃兰种子与促萌发真菌的共生萌发体系,为最终实现该重要珍稀物种种苗产业化与药材规模化人工种植提供理论基础和技术支持。

一、杜鹃兰种子促萌发真菌的分离鉴定

(一)杜鹃兰的菌根结构及菌根真菌分布

杜鹃兰植株根的直径大约 1.8 mm,从外到内依次由根毛、根被、外皮层、皮层、内皮层、中柱鞘和髓部等组成(图 7-59A)。根毛发达,可能与吸收营养相关;根被由2~4 层细胞组成,细胞扁长;外皮层仅由一层细胞构成,紧贴根被,细胞较大;皮层具有多层细胞,排列较整齐,与外皮层和内皮层相邻的细胞体积较小,中间几层细胞体积较大;内皮层和中柱鞘均仅有一层细胞;髓部较大,颜色较深。通过观察有一个重要发现,那就是杜鹃兰的根部皮层细胞内具有大量菌丝结定植(图 7-59A 中的 p 箭头所

指），菌丝结的分布不均匀，皮层细胞间有菌丝存在（图 7-59A 中的 h 箭头所指），这为选择根部作为内生真菌分离材料提供了可靠依据。

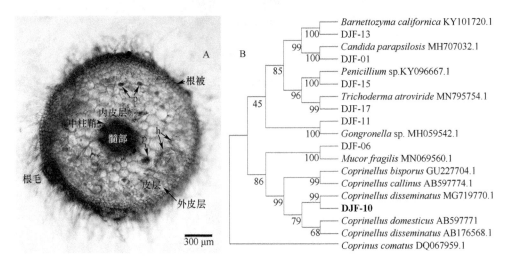

图 7-59　杜鹃兰菌根结构及内生真菌 ITS 系统进化树

（二）杜鹃兰根部内生真菌的分离与鉴定

采用组织分离法从野生杜鹃兰植株根中分离获得 7 株内生真菌，通过 ITS 区域测序鉴定为 7 种不同的真菌（图 7-59B）：DJF01 与 DJF13 为酵母菌，分别与近平滑假丝酵母 *Candida parapsilosis* 和 *Barnettozyma californica* 具有 100%同源性；DJF-06 为毛霉科 Mucoraceae 真菌，与毛霉菌 *Mutor fragilis* 相似度达到 100%；DJF10 被鉴定为鬼伞科 Psathyrellaceae 假鬼伞属 *Coprinellus* 白假鬼伞 *Coprinellus disseminatus*；DJF11 为毛霉菌纲 Mucorale 真菌 *Congronella* sp.；DJF15 为散囊菌纲 Eurotimomecetes 曲霉科 Aspergillaceae 真菌，DJF-17 为木霉属真菌 *Trichoderma*。可见，杜鹃兰根部内生真菌种类丰富多样，并非为单一科属真菌。

（三）内生真菌对杜鹃兰种子萌发的影响

1. 内生真菌促进杜鹃兰种子萌发的有效性检测

利用植物组织培养技术，将分离获得的 7 株杜鹃兰根部内生真菌分别与杜鹃兰种子在离体条件下共生培养，观察内生真菌诱导种子萌发的效果。结果表明：杜鹃兰种子与 7 株不同内生真菌共生培养，萌发效果具有显著性差异。经过连续 6 个月观察，假鬼伞属真菌白假鬼伞（*Coprinellus disseminatus*，菌株编号 DJF10）在 5 种不同的 OMA 培养基浓度下均能够促进杜鹃兰种子萌发并发育成幼苗，判定此真菌为杜鹃兰种子促萌发真菌并用以开展后期工作。而空白对照组以及其他 6 株内生真菌处理组中均未见种子萌发的迹象（表 7-52），说明并非所有的内生真菌都能够促进宿主种子萌发。虽然存在于杜鹃兰植株根部的另外 6 株真菌不能促进其种子萌发，但是否对宿主有其他作用尚有待进一步系统研究。

表 7-52　内生真菌对杜鹃兰种子萌发的影响

OMA 浓度/（g·L⁻¹）	接种菌株							
	DJF01	DJF06	DJF10	DJF11	DJF13	DJF15	DJF17	CK
1	－	－	＋	－	－	－	－	－
2	－	－	＋	－	－	－	－	－
4	－	－	＋	－	－	－	－	－
8	－	－	＋	－	－	－	－	－
16	－	－	＋	－	－	－	－	－

注："－"表示杜鹃兰种子未萌发，"＋"表示种子成功萌发。

2. 培养基浓度对杜鹃兰种子共生萌发的影响

共生萌发培养基浓度在真菌与兰科种子建立共生关系过程中非常关键。本实验采用 5 种不同浓度梯度的 OMA 培养基作为共生体系建立培养基，通过对种子发育情况和白假鬼伞菌丝生长情况进行观察比较。结果表明：在不同 OMA 培养基浓度下，白假鬼伞菌丝长势明显不同，30 d 后统计萌发情况，杜鹃兰种子在 5 种不同浓度下均能萌发，但萌发效果具有显著差异（表 7-53 和图 7-60）。

表 7-53　不同 OMA 培养基浓度对杜鹃兰种子与白假鬼伞共生萌发的影响

OMA 培养基浓度/（g·L⁻¹）	0 级阶段	1 级阶段	2 级阶段	3 级阶段
1	13.28±1.72b	19.10±1.75b	64.56±3.69a	3.05±1.15bc
2	11.23±1.92bc	21.44±1.24b	62.87±2.16a	4.46±2.44b
4	9.49±1.49c	18.89±2.15b	51.92±2.13b	19.69±1.86a
8	9.67±0.46c	21.37±0.17b	64.43±2.73a	4.53±2.44b
16	16.45±1.27a	36.38±6.70a	47.18±5.44b	0c

注：结果用平均值±标准偏差表示（$n=20$）；不同字母代表同一阶段种子占比在不同培养基浓度下差异显著（$P<0.05$）。下同。

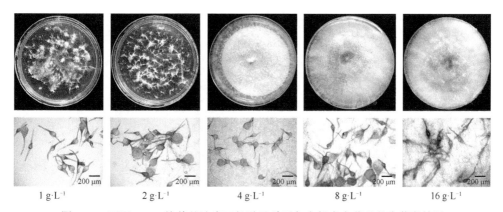

图 7-60　不同 OMA 培养基浓度下杜鹃兰种子与白假鬼伞菌丝共生萌发情况

在低浓度（1 g·L⁻¹ 和 2 g·L⁻¹）下，白假鬼伞菌丝生长缓慢，仅在种子分布的区域有稀疏的菌丝；30 d 后超过 60% 的种胚突破种皮，处于第二级萌发阶段；4% 左右的种子进入第三级萌发阶段。在中浓度（4 g·L⁻¹）培养基中，真菌生长良好，7 d 左右形成白色菌落逐渐覆盖种子，15 d 左右菌丝基本长满整个培养基表面且变成褐色，随后菌丝逐渐变得稀疏，可能是宿主细胞产生的代谢物抑制菌丝生长；30 d 后大量种子萌发形成肉眼可见的原球茎，此时萌发率达到 71.61%±0.92%，其中部分种胚顶端形成原分生组织进入第三级萌发阶段，在这一浓度下进入三级萌发状态的种子显著高于其他浓度下的种子。在浓度为 8 g·L⁻¹ 的条件下，菌丝生长较快，形成密集且厚重的菌丝层完全覆盖种子；挑开菌丝，约 69%的种子成功突破种皮（其中大部分种胚处于第二级萌发阶段，只有 4%左右的种胚进入第三级萌发阶段）。在 16 g·L⁻¹ 的条件下，菌丝致密，在培养 30 d 后，大部分种子仍然处 0 级或者 1 级萌发阶段，只有约 47%的种子成功突破种皮，萌发率显著低于其他浓度下种子萌发率，且有少数种子出现褐化现象，这可能与白假鬼伞属于腐生菌有关，在营养过于充足时偏向腐生型生长，此时不能很好地与宿主建立共生关系。综合种子发育进程、萌发率以及促萌发真菌生长情况，为平衡两者的共生互作关系，在后期实验中选择 4 g·L⁻¹ OMA 培养基浓度作为杜鹃兰种子与白假鬼伞共生萌发培养基。

3. 共生培养和非共生培养下杜鹃兰种子萌发差异

通过比较共生培养和非共生培养条件下杜鹃兰种子萌发情况，结果显示（图 7-61、图 7-62）：种子与白假鬼伞在 4 g·L⁻¹ 的 OMA 培养基浓度下共生培养 15 d 时，超过 50%

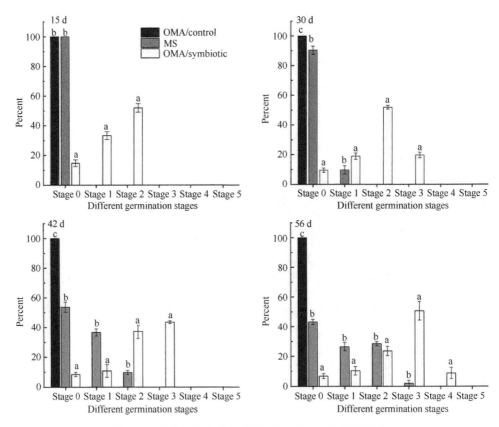

图 7-61　共生培养与非共生培养下杜鹃兰种子萌发情况

15 d、30 d、42 d 和 56 d 分别指种子播种后培养天数。OMA/control：种子在 OMA 培养基上单独培养；MS：种子在 MS 培养基上单独培养；OMA/symbiotic：种子与白假鬼伞菌丝共生培养。结果用平均值±标准偏差表示（n=20）。不同字母代表不同培养条件下同一阶段种子占比差异显著（$P<0.05$）。

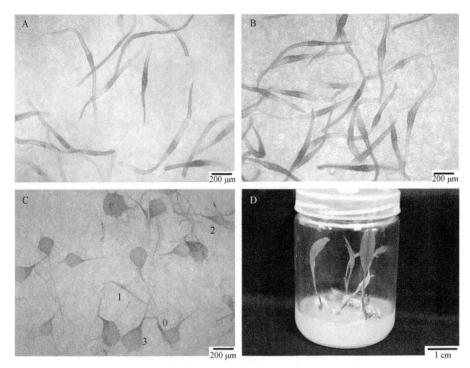

图 7-62　杜鹃兰种子非共生培养和共生培养的比较

A. 种子在 OMA 培养基单独培养 30 d；B. 种子在 MS 培养基单独培养 30 d；C. 种子与白假鬼伞在 OMA 培养基上共生培养 30 d；D. 种子与白假鬼伞共生培养 160 d 形成的幼苗。0～3 分别指种子处于第 0、第 1、第 2、第 3 阶段。

的种胚成功突破种皮，约 33% 的种子处于吸水膨胀阶段，其余种子处于 0 级状态；30 d 时（图 7-62C），种子萌发率达到 71.61%±0.92%（其中约 20% 的种胚顶端形成原分生组织，进入 3 级萌发阶段），约 19% 的种胚吸水膨胀处于 1 级萌发状态，剩余 10% 的种胚处于 0 级萌发状态；42 d 时，总的萌发率达到 80%（其中 37% 的种胚处于 2 级阶段，约 43% 的种子发育至 3 级阶段），大多数种胚在突破种皮后能继续发育；56 d 时，超过 80% 的种胚成功萌发，其中约有 50% 的种胚形成原球茎，8% 的原球茎顶端出现茎端，随后发育成茎叶。

种子在 MS 非共生萌发培养基中培养 15 d 时没有萌发迹象；培养 30 d 时约 10% 的种子处于吸水膨胀状态，部分开始萌动（图 7-62B）；培养 42 d 时大约 36% 的种子吸水膨胀成透明状，在体视显微镜下观察到 9.6% 的种子已经突破种皮，成功萌发；培养 56 d 时，约 2% 的种子发育成原球茎，约 30% 的种子成功突破种皮，大多数种子仍处于 0 级阶段或 1 级阶段而未萌发。随着培养时间延长，萌发率会稍有提高，90 d 时其萌发率达到 53%，少数原球茎在培养一年之后可形成幼苗，成苗时间相对较长。种子在 OMA 培养基空白对照组中半年仍未见萌发。虽然 MS 培养基中添加了大量外源营养物质，能够满足种子萌发需要，但种子萌发仍然很慢，可能因为种皮致密限制了种胚对水分、氧气和营养的吸收。综合比较共生与非共生萌发可知，杜鹃兰种子与促萌发真菌共生培养时，种子萌发率高，萌发和形成幼苗的时间较短，种胚发育相对一致；非共生萌发中，种子萌发率低，萌发和形成幼苗的时间长，种胚发育形态及时间同步性差。

4. 白假鬼伞与杜鹃兰种子共生体系建立

为明确白假鬼伞菌丝与杜鹃兰种子是否成功建立起共生关系，实验选取共生培养30 d 的杜鹃兰原球茎，将其徒手切下的薄片组织经台盼蓝染色后显微观察，可以看到种胚基底细胞存在大量菌丝团（图 7-63），而顶端细胞区域未出现菌丝团，表明白假鬼伞菌丝已经成功侵入宿主种胚细胞并定植。根据科赫法则，从共生萌发形成的原球茎及幼苗中重新分离真菌，分离得到的真菌经鉴定与 *Coprinellus disseminatus*（白假鬼伞）一致。综合台盼蓝染色结果与重新提取分离真菌的结果，证实白假鬼伞菌丝与种子共生培养过程中已成功侵入杜鹃兰种胚细胞内，并与宿主建立了共生关系。

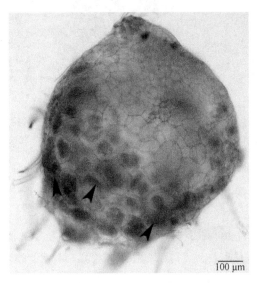

图 7-63　共生萌发中原球茎细胞内台盼蓝染色菌丝团（30 d）
箭头指代菌丝团。

二、杜鹃兰种子与促萌发真菌共生互作分析

（一）杜鹃兰种子与白假鬼伞共生互作的表观形态变化

1. 共生萌发过程中白假鬼伞菌落变化

对杜鹃兰种子与白假鬼伞菌丝共生培养过程中菌落形态变化观察结果显示（图 7-64）：共生培养 6 d 时，真菌菌丝从培养皿中央向外生长，气生菌丝发达、菌丝密集、呈白色；12 d 时，菌丝长满 3/4 培养皿，完全覆盖种子，菌丝颜色变成浅褐色，和 6 d 时相比，菌丝较稀疏；25 d 时，菌丝覆盖整个培养皿且更为稀疏，在种子周围的菌丝逐渐消失，露出肉眼可见的原球茎；随着共生培养时间延长，菌丝逐渐减少，60 d 时基本消失。也就是说，在种子与真菌共生萌发早期，真菌菌丝能够从培养基中吸取足够营养，菌丝生长良好且增殖较快；当菌丝侵入种子两者建立共生关系后，促进种子萌发，这时萌发的种子从培养基中大量吸收养分，致使未侵入的菌丝（种子以外的菌丝）因营养缺乏而生长增殖受到限制。

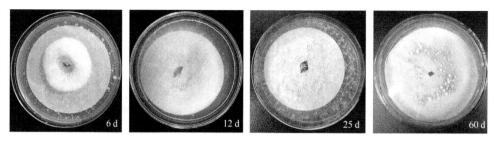

图 7-64　杜鹃兰种子与白假鬼伞菌丝共生萌发

6 d、12 d、25 d、60 d 指共生培养天数。

2. 共生萌发过程中杜鹃兰种子发育变化规律

显微观察（光学显微镜、体视显微镜和扫描电子显微镜观察）杜鹃兰种子与白假鬼伞菌丝共生萌发过程不同时期的表观形态结构，结果表明（图 7-65、图 7-66）：与其他兰科植物种子相比，成熟杜鹃兰种子淡黄色，种胚较小，种子细长（约 2 mm），位于中央的椭圆形种胚被纵横交错的致密外种皮紧紧包裹，外种皮表面呈不规则长形条纹。共生培养 5 d 时，在光学显微镜下未观察到种胚吸水膨胀，种皮表面附着有少许菌丝；10 d

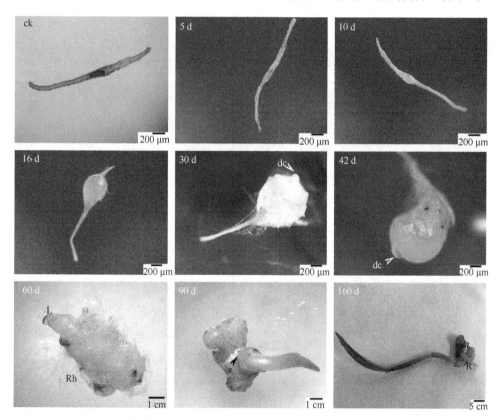

图 7-65　杜鹃兰种子与白假鬼伞菌丝共生萌发过程中种胚发育规律

ck. 成熟杜鹃兰种子；5 d. 共生培养 5 d，种子未萌发；10 d. 种胚吸水膨胀；16 d. 种胚突破种皮；30 d. 原球茎形成顶端分生组织；42 d. 原球茎顶端出现背脊（dc）和顶端分生组织；60 d. 原球茎形成叶原基（L）和假根（Rh）；90 d. 原球茎发育成带根（R）的幼小假鳞茎，叶原基发育成叶芽；160 d. 带根（R）和叶的幼苗。0～42 d 的样品在光学显微镜下拍照，60～90 d 的样品在体视显微镜下拍照。

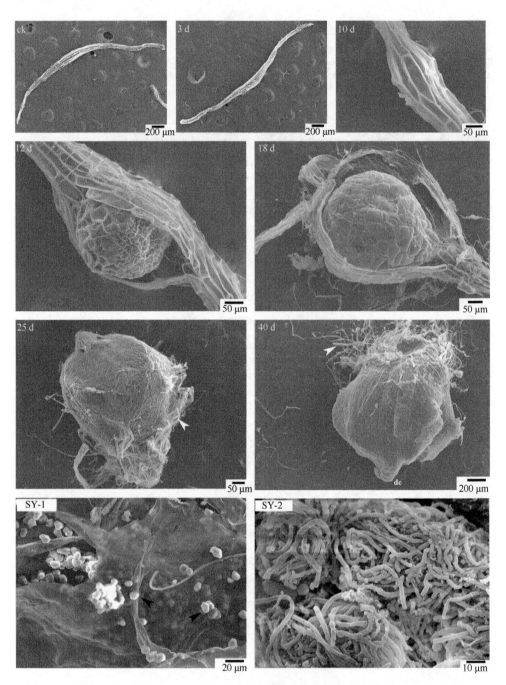

图 7-66 杜鹃兰种子与白假鬼伞菌丝共生萌发过程中种胚发育 0~40 d 的扫描电子显微镜图
ck. 成熟杜鹃兰种子；3 d. 未萌发种子；10 d. 种胚吸水膨胀；12 d. 种胚从一侧突破种皮；18 d. 梨形胚；25 d. 种胚发育成带假根的原球茎；40 d. 原球茎顶端形成背脊（dc）和基部出现大量假根。SY-1. 原球茎细胞内含有大量淀粉粒；SY-2. 原球茎细胞内的菌丝结。白色箭头指假根；黑色箭头指淀粉粒（由于原球茎不断增大无法在扫描电子显微镜的视野下全部显示，因此 40 d 之后的时期没有进行扫描电子显微镜观察）。

时，种胚吸水膨胀，体积增大，在扫描电子显微镜下可以看到种皮出现被膨大种胚撑破的孔洞，这有利于种胚吸收氧气、水分和营养，说明此时种胚吸水膨胀启动萌发，进入

1 级萌发阶段；12 d 时，种皮的一侧被完全撑开，露出梨形胚状体，表示种子成功萌发处于 2 级萌发状态，种皮仍然连着胚体；16 d 时，种胚出现极性，同时，一端的种皮逐渐消失变短，另一端的种皮仍然紧紧贴着种胚的胚柄端，此时种胚仍然处于 2 级萌发阶段；25～30 d 时，梨形胚发育成肉眼可见、顶端具分生组织的白色原球茎，在胚体的底部出现大量假根，以此吸收培养基中营养物质供原球茎发育需要，胚体表面不平滑，此时种胚进入 3 级萌发阶段，顶端分生组织一端的外种皮已经脱落消失，基底端的外种皮未完全脱落，胚体表面有少许菌丝附着，将原球茎切开，扫描电镜下观察到细胞内含有大量淀粉粒（图 7-66SY-1），说明此时种胚细胞开始合成能源物质，并观察到细胞内含有菌丝结，且部分菌丝结被降解（图 7-66SY-2）；30～42 d 时，种胚进入第 4 级萌发阶段，基底端的种皮逐渐脱落，并出现大量假根，胚体表面出现褐色鳞片，形成凸起，顶端分生组织区域形成背脊之后发育成叶原基，此时原球茎仍为白色，不能进行光合作用；60 d 时，原球茎顶端叶原基不断伸长，叶原基开始转为绿色，胚体仍为白色，胚体体积不断增大；90 d 时，原球茎不规则发育，形成带根的幼小假鳞茎，颜色逐渐加深，叶原基不断伸长，种子进入第 5 级萌发阶段，叶原基发育成叶芽，随后真叶从一侧抽出，叶原基另一端底部出现真根；至 160 d 时，种子成功发育成带叶片和根的幼苗。

综上所述，杜鹃兰种子与白假鬼伞菌丝共生培养 1 周左右，种胚吸水膨胀进入 1 级萌发状态，开始启动萌发；2 周时，种胚便成功突破种皮；4 周后形成胚体顶端具有分生组织、基部出现少数假根的原球茎；8 周后出现叶原基，胚体具有大量假根，3 个月时出现真根，5 个月左右形成幼苗。白假鬼伞菌丝经历"侵入-定植-降解"阶段，促进种胚细胞增殖、生长，使种胚突破种皮后发育成原球茎，随后形成带根和叶的幼苗。

（二）杜鹃兰种子与白假鬼伞共生互作的组织学观察

通过对共生萌发的杜鹃兰种子或原球茎进行组织学切片染色观察，可进一步了解杜鹃兰种子与白假鬼伞菌丝共生互作过程的细胞组织结构变化，结果见图 7-67。杜鹃兰成熟种子种胚呈椭圆形，无胚乳，仅由少数几个未分化完全、呈不规则排列的细胞组成，横向 2～4 个细胞、纵向 5～7 个细胞紧密排列；细胞质较浓，个别细胞中有较小的液泡存在，细胞核明显，胞内分布少量的营养物质。种胚被致密薄膜状的内种皮和厚厚的外种皮紧紧包裹，经甲苯胺蓝染色，外种皮呈蓝绿色，说明外种皮酚类物质含量较高，种皮木质纤维化严重，致使种胚对水分、氧气和营养物质的吸收受到极大影响。

种子与白假鬼伞菌丝共生培养 6 d 后，种胚细胞体积变大、液泡明显，菌丝附着在种胚胚柄处，说明真菌菌丝由胚柄处侵入宿主细胞。在光学显微镜下观察胚体纵切面，自顶端至基底细胞体积依次增大，顶端细胞中细胞核明显，细胞质较浓；基底细胞的细胞核变得不明显，细胞中内容物质减少，储存的营养物质逐渐消失。外种皮木质化现象明显减弱，说明木质纤维素大量被降解，种皮的致密性被打破，这将有利于种胚对物质的吸收。

共生培养 12 d 时，白假鬼伞菌丝成功侵入种胚细胞内，胚体出现极性。菌丝在种胚基底皮层细胞中形成菌丝结，细胞体积增大、出现大液泡、内容物基本消失，部分细胞核被裂解成多个部分，甚至完全崩解。种胚顶端出现排列整齐、体积较小的四方形细胞，细胞质浓，细胞核明显，少液泡化，无菌丝富集。

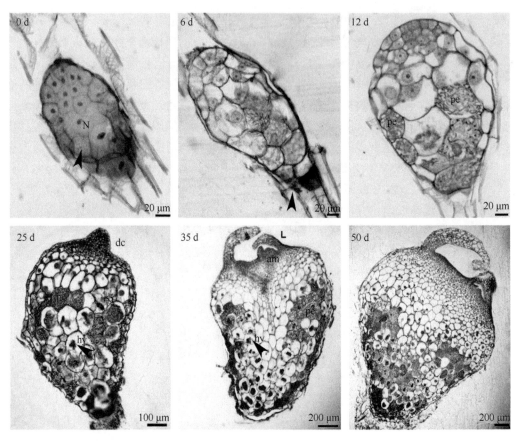

图 7-67　杜鹃兰种子与白假鬼伞菌丝共生萌发过程的组织学结构变化

0 d. 未萌发的种胚，内含蛋白质及其他物质（箭头指示），N. 细胞核；6 d. 共培养 6 d 的种胚，菌丝附着在胚柄（箭头指示）；12 d. 种胚突破种皮，菌丝结（pe）富集在种胚基底细胞；25 d. 带有背脊（dc）和假根的原球茎；35～50 d. 带有叶原基和胚轴的原球茎，hy. 菌丝串，L. 叶原基，am. 顶端分生组织。

　　共培养 25 d 后种子进入第 3 级萌发阶段，纵切面观察到胚体顶端具有大量的分生组织细胞，形成明显突起。分生组织细胞中细胞质较浓，细胞核明显。基底细胞中细胞核完全崩解，细胞器及细胞质完全消失，部分大型细胞被液泡填充。大量菌丝或菌丝结富集在原球茎基底的 2～3 层皮层细胞中，呈"V"形分布。内皮层细胞中部分菌丝结被降解成菌丝串，原球茎侧面出现假根。

　　共培养 35 d 时，原球茎顶端分生组织区域两侧形成叶原基，两侧叶原基逐渐发育分成两层，外层细胞较大，发育成胚芽鞘，内层细胞较小，向上发育成胚芽，向下形成维管束细胞构成胚轴，胚轴两侧有大量的小细胞围绕。内皮层细胞内大量的菌丝结被降解形成菌丝串，皮层细胞中仍有大量的菌丝结富集。

　　总体上说，杜鹃兰种子与白假鬼伞菌丝共生萌发 1 周左右，菌丝从胚柄处侵入种胚细胞，启动萌发；近 2 周时，菌丝在种胚基底外皮层细胞定植形成菌丝结；3 周后，种子萌发，种胚发育成顶端具分生组织细胞的幼小原球茎，菌丝在内皮层细胞被降解；到 5 周时，原球茎接近成熟。

（三）杜鹃兰种子与白假鬼伞共生互作的超微结构变化

1. 种胚染菌前后的细胞结构特点

通过超薄切片方法观察共生萌发过程中宿主和真菌超微结构的变化，结果发现（图 7-68）：共生培养开始时（0 d），杜鹃兰成熟种子外种皮较厚，种胚细胞核完整，细胞中含有少量蛋白质和脂类等物质；6～12 d 时，脂类物质多聚集，被一层致密的膜层包围，因白假鬼伞菌丝穿过种胚细胞壁侵入种胚细胞，使种胚细胞壁具有明显的裂痕，细胞内储藏的脂类物质逐渐消失，说明脂类物质作为种子萌发早期的营养物质被种胚细胞分解代谢，同时，宿主细胞液泡增大，宿主质膜形成许多无定形的囊状体对菌丝进行包围；25 d 后，种胚发育成原球茎，细胞内出现淀粉粒，作为能源物质促进种胚发育。

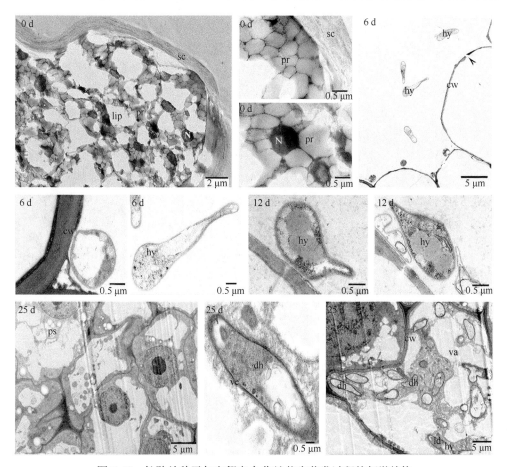

图 7-68　杜鹃兰种子与白假鬼伞菌丝共生萌发过程的超微结构

0 d. 成熟种胚细胞，N. 细胞核，sc. 外种皮，lip. 脂类，pr. 磷脂；6 d. 共生萌发 6 d 的种胚，hy. 刚侵入宿主细胞内的菌丝（富含细胞质和细胞器等），cw. 细胞壁；12 d. 共生萌发 12 d 的细胞；25 d. 共生萌发 25 d 的原球茎细胞，ps. 为淀粉粒，ve. 囊状体，dh. 被降解的菌丝，va. 增大的液泡。

2. 种胚消化白假鬼伞菌丝的超微结构变化

刚侵入种胚细胞的白假鬼伞菌丝呈香肠型，其细胞结构较完整，含有细胞核、较浓的细胞质和线粒体等细胞器（图 7-68）。菌丝穿过细胞后，菌丝的一端膨大，膨大产生的机械压力对菌丝穿过邻近细胞可能有重要作用。穿过邻近细胞的菌丝被宿主囊状体包围，菌丝细胞壁明显变厚，细胞器、细胞质变得稀少，可能是囊状体大型细胞产生的水解酶将菌丝消化分解利用；另有部分菌丝没有被囊状体包裹，被消化前，其细胞质就逐渐消失变成空腔。由此推断，定植在种胚细胞中的菌丝被消化降解可能有两种形态变化：一种是菌丝被种胚细胞形成的囊状体消化处于无细胞壁的状态；另一种是菌丝被消化前其细胞质就逐渐消失变成空腔的菌丝，但仍然保留原菌丝的大小，最终被种胚细胞完全消化降解。

三、白假鬼伞促进杜鹃兰种子萌发的生理基础

研究表明，兰科植物种子成熟过程中木质素合成逐渐加强，难降解的木质素通过共价键与半纤维素结合形成紧密矩阵，将纤维素紧紧包裹于其中，形成疏水性屏障以增强种子抵抗自然风化，但这也严重影响种子的透气透水性而导致其物理性萌发障碍。杜鹃兰种子细小如尘，种皮占比较大且深度木质化，种子与白假鬼伞菌丝共生萌发过程中，种皮木质化现象减轻、种胚内含物质发生明显变化、种胚发育加快、种子正常萌发，推测可能是真菌释放木质纤维素降解酶对种皮的降解、打破物理性屏障、增强种胚代谢所致。为证实上述推测，课题组以杜鹃兰种子与白假鬼伞菌丝共生萌发的不同时期样本为材料，分析共生萌发过程中种子木质纤维素降解、营养物质代谢、相关酶活性及内源激素含量等变化（高燕燕，2022），旨在为揭示种子与真菌共生互作机制提供生理依据。

（一）杜鹃兰种子与白假鬼伞共生萌发不同时期划分

为更好地探究杜鹃兰种子与白假鬼伞共生萌发互作机制，课题组根据组织学结构观察结果，确定以共生萌发 0 d（真菌侵入前）、6 d（真菌从胚柄侵入中）、12 d（真菌侵入后在种胚基底细胞定植）和 25 d（种子萌发且菌丝结被降解）这 4 个时期的杜鹃兰种子作为研究的实验样本（共生材料。图 7-69）。收集的材料一部分置于 40℃烘箱中干燥后备用，一部分以液氮速冻后置于–80℃超低温冰箱保存备用；同时收集共生萌发不同阶段的固体培养基，于–20℃冰箱保存，用于相关指标测定。

（二）白假鬼伞对杜鹃兰种子木质纤维素的降解作用

1. 共生萌发中种子木质纤维素组分和水分含量变化

为探究共生萌发过程中白假鬼伞对杜鹃兰种子木质纤维化种皮的降解程度，对共生萌发不同阶段杜鹃兰种子木质纤维素（lignocellulose）中的木质素（lignin）、纤维素（cellulose）和半纤维素（hemicellulose）组分与含量进行分析，结果见图 7-70。共生萌发过程中，种子木质素含量从 119.48 $mg \cdot g^{-1}$（CA）显著下降到 38.55 $mg \cdot g^{-1}$（SY1），降解率达到67.74%。真菌菌丝成功侵入后定植于宿主细胞中，木质素含量下降到 32.08 $mg \cdot g^{-1}$，和CA 相比，降解率达到 73.15%，可能是真菌释放了木质素降解酶作用于种皮木质素。通过前面所述的结构观察显示，杜鹃兰种子萌发形成原球茎前，种胚极小且被厚厚的木质纤维化种皮包裹，木质素含量的下降可能意味着种皮中木质素组分被大量降解。随

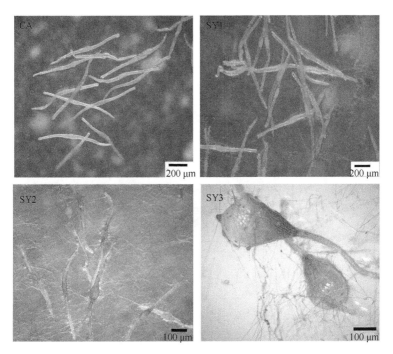

图 7-69　共生培养不同时期的杜鹃兰种子

CA、SY1、SY2 和 SY3 分别表示共生萌发过程中真菌侵入种胚前、侵入中、侵入后和菌丝结被降解几个时期的杜鹃兰种子。下同。

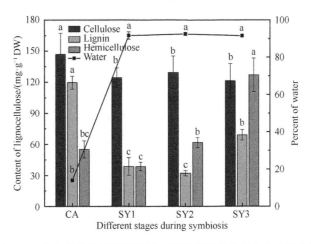

图 7-70　共生萌发中杜鹃兰种子木质纤维素组分和水分含量变化

着种皮降解，种胚顶端分生组织细胞不断增殖分化，新细胞壁的形成导致木质素含量出现一定程度的上升，在 SY3 时期木质素含量缓慢上升到 68.84 mg·g^{-1}，但仍显著低于真菌侵入前（CA）含量。半纤维素含量从 55.04 mg·g^{-1}（CA）下降到 38.65 mg·g^{-1}（SY1），下降率为 29.78%，之后显著上升，这可能与细胞不断分化增殖有关。纤维素在 SY1 时期下降率为 15.28%，之后维持在较稳定水平。从杜鹃兰种子各组分降解率数据来看，白假鬼伞对木质素的降解率最高，从而大大削弱种皮木质化屏障。

　　真菌菌丝侵入杜鹃兰种胚前后，种子含水量发生了明显变化，从 13.94%（CA）急剧增加到 91.66%（SY1），并在 SY2 和 SY3 阶段均保持同样水平（分别为 92.54%和 91.58%）。种胚细胞内水分增加时，引起物质代谢加强，促进种子萌发。种子中水分与木质素含量变化的负相关性，说明种皮木质素被真菌降解后，打破致密种皮形成的疏水性屏障，进而促进种胚对水分、氧气和营养物质的有效吸收。

2. 白假鬼伞降解种子木质纤维素产生的还原糖变化

采用燕麦琼脂培养基，在种子与真菌共生培养基中的还原糖（reducing sugar）主要来自于种子纤维素和半纤维素的解聚，因此，将还原糖含量变化作为种皮木质纤维素结构被白假鬼伞降解破坏的依据。同时，还原糖含量变化也是衡量降解产物可利用程度的指标之一。在种子与真菌共生萌发过程中，培养基中的还原糖含量呈先上升后下降趋势（图 7-71）。共生培养 6 d 时，种子木质纤维素组分已被大量降解，此时培养基中还原糖含量达到最大值（0.36 mg·mL^{-1}），随后开始下降。培养基中还原糖含量增加，说明种子中纤维素被真菌水解，使来自纤维素的葡萄糖、半乳糖等还原糖被释放出来，其变化与木质纤维素降解率变化趋势一致。种子与真菌共生萌发 12 d 后，培养基中还原糖含量下降，说明其被作为碳源提供给种胚细胞利用，以满足种胚生长发育。

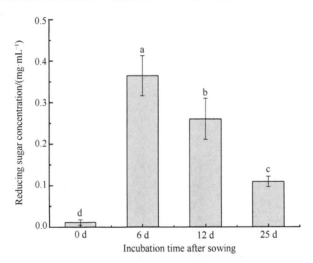

图 7-71　白假鬼伞降解种子木质纤维素引起还原糖含量变化

3. 白假鬼伞分泌木质纤维素降解酶类活性变化

前面的研究证明了白假鬼伞拥有可降解木质素、纤维素和半纤维素的酶类，为进一步明确白假鬼伞降解杜鹃兰种子木质化种皮的作用特点，于是便对白假鬼伞所产木质纤维素降解酶类活性进行了测定，结果如图 7-72 所示。种子与真菌共生培养过程中，白假鬼伞释放的漆酶（laccase）、纤维素酶（cellulase）和木聚糖酶（xylanase）的变化基本一致，均呈先上升后下降的趋势。在共生萌发 6 d 时，三种酶活性均急剧增加，12 d时达到最大值，分别为 0.51 U·mL^{-1}、58.22 U·mL^{-1} 和 54.16 U·mL^{-1}，随后三种酶的活性均显著下降。酶活性变化趋势与木质纤维素组分降解率及培养基中还原糖含量的变化趋势基本一致，其原因可能是白假鬼伞与杜鹃兰种子共生萌发过程中，菌丝分泌的漆酶将木质素结构打开，随后纤维素酶和木聚糖酶进入细胞壁内作用于相应底物，进而促进细胞内物质代谢。综合木质纤维素组分、培养基中还原糖含量、胞外酶活性及种子含水量等的变化趋势，基本可以明确：白假鬼伞与杜鹃兰种子共生培养中，真菌菌丝首先附着在种子种皮上，随即菌丝通过分泌漆酶、纤维素酶和木聚糖酶等植物细胞壁降解酶，经多酶协同作用将种子的木质纤维化种皮结构破坏，使种皮的透水透气性和物质吸收能力增加，同时，木质纤维素组分降解产生的还原糖通过菌丝传输给种胚细胞，以此满足杜鹃兰种胚发育所需的水分、氧气、营养物质等基本条件，进而实现其种子萌发。

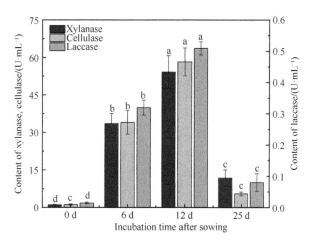

图 7-72　白假鬼伞所产漆酶、木聚糖酶和纤维素酶的活性变化

（三）共生萌发中杜鹃兰种子营养物质含量变化

1. 淀粉和可溶性糖含量变化

共生萌发过程中，白假鬼伞菌丝侵入种胚启动萌发，种胚细胞内含物质也发生一系列变化。此间杜鹃兰种子内的淀粉（starch）含量呈逐渐上升趋势（图 7-73A），真菌侵入前 CA 样品中淀粉含量较低，仅为 148.34 mg·g^{-1}，占 14.8%；SY1 时期，淀粉含量没有

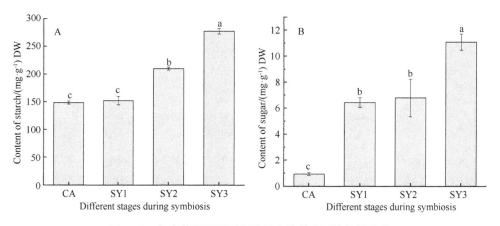

图 7-73　共生萌发不同时期种子中淀粉和可溶性糖含量

A. 淀粉含量变化；B. 可溶性糖含量变化。

明显变化；SY2 时期，淀粉含量显著上升，说明真菌的侵入与定植在一定程度上促进宿主细胞内淀粉合成，以满足种胚发育的需要；到 SY3 时期，淀粉含量达到 277.10 mg·g^{-1}，成熟种胚内未观察到淀粉粒，当种胚形成原球茎时便可见细胞内有大量淀粉粒存在，说明种胚突破种皮后其细胞内淀粉合成明显增强。

共生培养过程中，种子的可溶性糖（soluble sugar）含量也呈上升趋势（图 7-73B）。CA 样品中可溶性糖含量极少，干样中仅有 0.9 mg·g^{-1}。在真菌作用打破种皮物理屏障（SY1）阶段，细胞内可溶性糖含量显著增加，并在 2 周内维持稳定水平，可能因真菌解除种皮障碍而促进种胚对水分和营养物质的吸收，有利于可溶性糖的合成，使种胚得以继续发育。当定植在细胞内的菌丝结被降解后，种子中可溶性糖含量又一次显著上升，达到 11.08 mg·g^{-1}，是 CA 的 12 倍多，这可能是菌丝的侵入及其被消化降解，使种胚细胞中形成大量可溶性糖，以满足种胚进一步发育。

2. 可溶性蛋白含量变化

可溶性蛋白（soluble protein）作为植物生长发育及细胞内各种代谢活动的重要物质，其含量的变化能够反映细胞内物质代谢活动的强弱。从检测结果可知（图 7-74A），成熟杜鹃兰种子自身储存的可溶性蛋白含量较低（CA），干样中仅有 2.24 mg·g^{-1}。真菌侵入种子后，种胚内的可溶性蛋白含量持续上升，SY1 阶段达到 36.65 mg·g^{-1}，是 CA 的近 17 倍；SY2 阶段可溶性蛋白含量上升较缓慢，此时种胚内检测到的可溶性蛋白有很大一部分来自真菌；在 SY3 阶段，宿主内可溶性蛋白含量达到 79.55 mg·g^{-1}，说明定植在种胚皮层细胞内的菌丝结被降解，加强了宿主细胞内物质代谢。

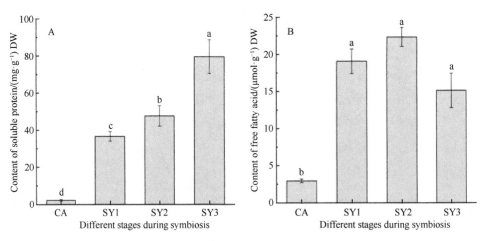

图 7-74　共生萌发不同时期种子可溶性蛋白和游离脂肪酸含量
A. 可溶性蛋白含量；B. 游离脂肪酸含量。

值得注意的是，种子中可溶性糖和可溶性蛋白含量变化的两个拐点都是在真菌菌丝刚从种子胚柄处侵入及菌丝结降解这两个点。第一个拐点可能与种皮物理屏障被打破有关，即种胚从周围环境中吸收营养的能力增强；第二个拐点与定植在细胞内的菌丝结降解、丰富宿主细胞营养物质直接相关，以此促进种胚细胞物质代谢与生长发育。

3. 游离脂肪酸含量变化

游离脂肪酸（free fatty acid）作为脂肪水解产物，其含量的变化能够直接反映植物细胞内脂类物质的代谢情况。从图 7-74B 可以看出，白假鬼伞菌丝侵入种胚前（CA），种子中游离脂肪酸含量较低，仅为 2.94 $\mu mol \cdot g^{-1}$；当真菌菌丝打破种皮物理屏障后（SY1），种子中游离脂肪酸含量急剧上升，达到 19.08 $\mu mol \cdot g^{-1}$，是 CA 的 6.5 倍，并维持在较高浓度（SY2），可能是真菌侵入种子启动萌发时，宿主细胞内脂类物质作为种胚发育早期的营养物质之一被降解产生游离脂肪酸，用以参与细胞物质代谢，为种胚生长发育提供物质和能量；在菌丝结降解阶段（SY3），游离脂肪酸含量有所下降，但并未出现显著性差异，这可能与菌丝结降解产生的大量代谢物和游离脂肪酸用以合成种胚增殖细胞结构成分、营养成分等有关。

4. 游离氨基酸种类及含量变化

游离氨基酸（free amino acid）作为蛋白质的基本结构单位和参与生物代谢过程的重要物质，其含量变化反映细胞氮代谢情况。对杜鹃兰种子共生萌发过程中游离氨基酸种类及含量的检测结果表明（表 7-54）：成熟种子中（CA）含有 15 种游离氨基酸，游离氨基酸总含量较低，仅为 6.44%；当白假鬼伞菌丝侵入杜鹃兰种子后（SY1），在种子中只检测到 11 种游离氨基酸，但几乎都比 CA 阶段含量高；随着种子萌发启动，种子中各类游离氨基酸含量逐渐提高（SY2 和 SY3 阶段均有个别氨基酸缺失），当种胚发育成原球茎时游离氨基酸总含量达到 16.67%（SY3），这一结果与总蛋白含量的变化趋势相一致，说明白假鬼伞菌丝侵入加强了宿主细胞内氮代谢。

表 7-54　杜鹃兰种子与白假鬼伞共生萌发阶段游离氨基酸组分和含量

游离氨基酸种类	游离氨基酸含量/%			
	CA	SY1	SY2	SY3
天冬氨酸	0.67±0.03	0.93±0.07	1.14±0.06	1.89±0.05
苏氨酸	0.39±0.06	0.46±0.05	0.55±0.03	0.92±0.03
丝氨酸	0.46±0.03	0	0.72±0.06	1.13±0.04
谷氨酸	0.90±0.06	1.47±0.08	1.55±0.15	2.27±0.16
甘氨酸	0.41±0.04	0.59±0.02	0.68±0.03	0.93±0.02
丙氨酸	0.36±0.02	0.56±0.03	0.70±0.02	1.01±0.05
半胱氨酸	0.04±0.00	0	0	0
缬氨酸	0.40±0.02	0.44±0.02	0.63±0.04	1.10±0.09
异亮氨酸	0.33±0.04	0.35±0.02	0.47±0.09	0.82±0.08
亮氨酸	0.60±0.09	0.69±0.07	0.85±0.11	1.45±0.13
络氨酸	0.22±0.07	0	0.27±0.04	0
苯丙氨酸	0.43±0.05	0	0.64±0.08	1.99±0.09
组氨酸	0.21±0.03	0.29±0.03	0.31±0.05	0.58±0.07
赖氨酸	0.53±0.08	0.90±0.07	0.76±0.09	1.45±0.12
精氨酸	0.49±0.05	0.42±0.10	0.55±0.04	1.13±0.08
总含量	6.44±0.19	7.10±0.22	9.82±0.16	16.67±0.33

需强调的是，共生萌发过程中，种子内天冬氨酸、谷氨酸和苯丙氨酸的含量上升明显。一方面，天冬氨酸和谷氨酸参与三羧酸循环，其含量增加说明种胚细胞内物质和能量代谢增强；另一方面，苯丙氨酸增加有利于提高种子抗性。

（四）共生萌发中杜鹃兰种子抗氧化酶活性变化

兰科植物与真菌共生过程是一个相互对抗、相互适应而最终达到平衡的过程，在此过程中，抗氧化酶活性会发生明显变化。杜鹃兰种子与白假鬼伞共生培养中抗氧化酶活性表现出如下变化（表7-55）：在共生萌发过程中，杜鹃兰种子中超氧化物歧化酶（SOD）活性呈持续上升趋势，过氧化物酶（POD）和过氧化氢酶（CAT）活性呈"上升-下降"的变化趋势。CA时期，种子木质纤维化严重，SOD和POD活性较高，表现出较强的抗氧化反应以保护种胚并使种子萌发处于抑制状态（休眠），便于度过不良环境；SY1阶段中SOD和POD活性没有出现明显变化，说明宿主对菌丝的侵入没有表现出很强的抵抗性，有利于菌丝的侵入并定植；SY2时期，SOD、POD、CAT活性均急剧升高，以有效清除种胚内因菌丝侵入产生的自由基、活性氧，确保种胚向原球茎正常发育；SY3时期，SOD酶活性急剧升高，可能与菌丝团降解有关，SOD及时清除菌丝团降解产生的有害物质，以稳定细胞内环境。

表7-55 共生萌发中杜鹃兰种子抗氧化酶活性变化

Samples	SOD 活性/（U·g^{-1} DW）	POD 活性/（U·g^{-1} DW）	CAT 活性/（μmol·min^{-1}·g^{-1} DW）
CA	208.11±29.22c	10 197.69±127.78b	88.14±12.29c
SY1	131.90±43.15c	9 362.91±164.21b	1 167.70±91.52b
SY2	896.60±74.64b	16 369.46±160.35a	1 544.10±89.50a
SY3	3 131.84±322.11a	9 043.34±131.29b	1 039.68±21.89b

（五）共生萌发中杜鹃兰种子内源激素含量变化

内源激素不仅在种子萌发过程中发挥重要作用，在植物-微生物互作中也具有不可替代的功能。为明确杜鹃兰种子与白假鬼伞共生萌发过程中相关激素变化情况，通过HPLC法对样品中内源激素进行检测分析，结果如图7-75所示。

共生萌发过程中，种子中吲哚乙酸（IAA）含量持续上升（图7-75A）。CA阶段，IAA含量较低，仅有0.40 μg·g^{-1}；当真菌突破种皮侵入种胚（SY1）后，IAA急剧上升到1.66 μg·g^{-1}，这有利于种胚发育和种子萌发；当种子萌发形成原球茎时（SY3），IAA含量达到2.15 μg·g^{-1}，是真菌侵入前的5.4倍。

脱落酸（ABA）含量出现先下降后上升的趋势（图7-75B）。CA时期，种子的ABA含量较高，达到1.60 μg·g^{-1}；SY1阶段ABA含量下降到1.22 μg·g^{-1}，降幅为23.8%；当种胚发育成原球茎时（SY3），ABA含量又大幅上升。ABA作为种子萌发的限制因素之一，在杜鹃兰种子的木质化种皮未被打破之前，ABA积累有利于种子休眠；种子与真菌共生过程中，随着菌丝侵入逐渐解除种子的物理屏障（打破种皮的致密性），使水分、氧气和营养物质能顺利进入种胚，此时种胚细胞通过代谢调节提高IAA/ABA值（IAA合成增加，ABA合成减少。图7-75E）以解除种子休眠、促进种胚生长发育、实现种子

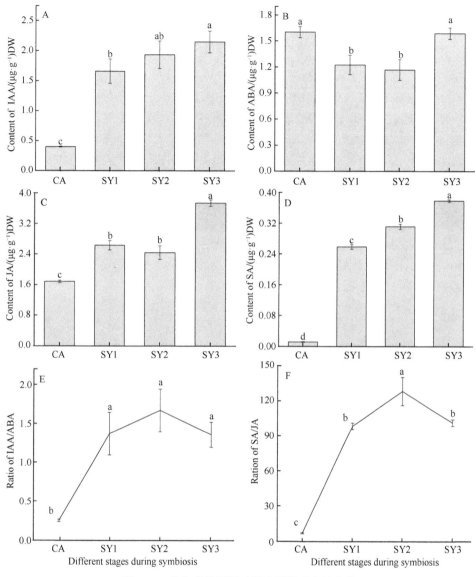

图 7-75 共生萌发不同时期内源激素含量变化

萌发；种子萌发后，种胚生长发育形成原球茎，此时 ABA 合成使其含量增加，以降低生长速率、防止原球茎过早抽叶成苗，有利于原球茎健壮生长。

茉莉酸（JA）和水杨酸（SA）在植物抵抗外界环境胁迫中发挥重要作用。杜鹃兰种子与白假鬼伞共生培养中 JA 和 SA 有如下变现（图 7-75C、图 7-75D、图 7-75F）：CA 时期，JA 和 SA 含量均较低，分别为 1.68 μg·g^{-1} 和 0.011 μg·g^{-1}；SY1 时期 SA 含量上升了 22.45 倍，SY2、SY3 时期持续上升；JA 在 SY1 和 SY3 时期含量升高，SY2 时期略有下降。SA/JA 值在真菌侵入种子后急剧上升，说明种子对外来真菌具有防御性，以阻止菌丝在种胚细胞内大量繁殖。

总体上看，杜鹃兰种子与白假鬼伞共生后促进种子萌发这一过程是多种激素参与调控的结果，其中白假鬼伞菌丝从种胚胚柄处侵入种胚细胞时是种子共生萌发启动的关键节点，菌丝结定植及其被降解是种胚进一步发育并增强其防御性的另一个关键点。

（六）共生萌发中杜鹃兰种子细胞壁扩张蛋白基因表达分析

　　课题组通过 qRT-PCR 分析了共生萌发中杜鹃兰种子 3 个细胞壁扩张蛋白基因（*CaEXPA8*、*CaEXPA4-Like* 和 *CaEXPA10-Like*）的表达水平，结果见图 7-76。杜鹃兰种子共生萌发不同时期，3 个基因的表达水平有明显不同。在 CA 时期，3 个基因的表达量均很低；当真菌侵入种子时（SY1），3 个基因的表达量均大幅上升，*CaEXPA8* 和 *CaEXPA10-Like* 的表达量上升尤为显著，以此增加种胚细胞壁扩张蛋白合成，进而使种胚细胞大量吸水膨胀、代谢加强、生长加快，随即种胚突破种皮而实现种子萌发；SY2 阶段，*CaEXPA8* 和 *CaEXPA10-Like* 表达量显著降低，并维持较低水平（SY3），说明这两个基因只起着快速调节种胚细胞壁伸展、正向调节种子萌发的作用，而与之后原球茎的生长发育关系不大。*CaEXPA4-Like* 的表达量整体呈现上升趋势，当真菌菌丝定植于种胚细胞内时，其表达量达到最高，之后维持在相对稳定的水平，说明这个基因参与种子共生萌发与原球茎生长发育过程。

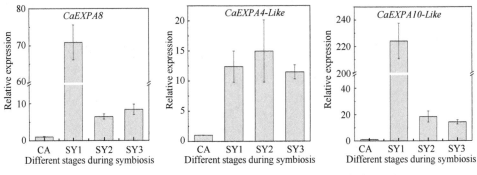

图 7-76　共生萌发中种胚细胞壁扩张蛋白基因表达

（七）共生萌发中种子内源激素合成相关基因表达分析

　　杜鹃兰种子与白假鬼伞共生萌发过程中，内源激素在真菌侵入前后发生了显著性变化（图 7-75）。为了验证内源激素对杜鹃兰种子共生萌发的调控机制，课题组采用 qRT-PCR 分析了内源激素合成途径中关键基因的表达情况（图 7-77）。结果表明，CA 时期，IAA 合成的关键酶基因 *CaYUCCA* 表达量很低，真菌侵入后（SY1），其表达水平显著上升，与 IAA 含量变化趋势相一致，说明该基因正向调控杜鹃兰种子萌发；ABA 作为种子萌发的抑制性物质，SY1 时期种胚吸水膨胀启动萌发，种子内的 ABA 含量明显下降，其合成的关键酶基因 *CaZEP* 和 *CaNCED3* 表达量也明显下调，暗示这两个基因负向调控种子萌发。

　　前述内容已提及，萌发前的杜鹃兰种子具有较高的 JA 含量，在种子萌发过程中，其合成的酶基因 *CaAOS* 表达水平呈现上升趋势，与 JA 含量有着较好的一致性，说明该基因正向调控种子萌发；SA 是植物细胞中的重要防御信号分子，其合成的关键酶基因 *CaOMT1* 和 *CaDIR1* 在 CA 时期表达量很低，当真菌菌丝侵入种子启动萌发后（SY1、SY2、SY3），这两个基因的表达量大大提高，且基因表达量与 SA 含量变化较为一致。

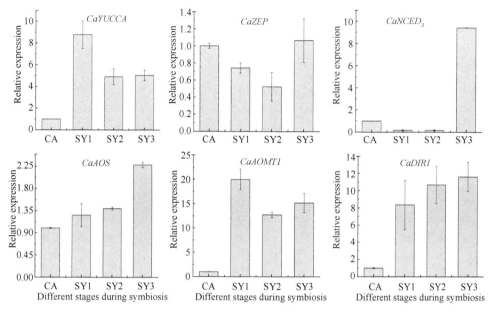

图 7-77 共生萌发中种胚内源激素合成相关基因表达

综上所述，杜鹃兰种子与白假鬼伞共生过程中，*CaYUCCA*、*CaAOS*、*CaAOMT1* 和 *CaDIR1* 正向调控种子萌发，*CaZEP* 和 *CaNECD₃* 负向调控种子萌发，期间相关激素含量变化与其合成调控的关键酶基因表达量变化基本一致。

四、白假鬼伞促进杜鹃兰种子萌发的分子调控

兰科植物种子与真菌共生萌发过程中，菌丝从种皮侵入并定植于种胚细胞是种子和真菌彼此作出应答的一个相互过程，其间，有多种基因或基因家族参与此共生互作的分子调控（molecular regulation）。转录组学是目前研究这类问题的重要手段之一，它通过高通量测序技术从转录水平了解植物体复杂的生命过程。有关兰科植物种子与真菌共生互作的转录组学方面的研究已经逐渐展开，在共生互作过程中发挥作用的基因也陆续被报道。然而，兰科植物与真菌互作过程的分子调控机制极其复杂，且兰科种子十分微小，不易操作，大多数研究还只是局限于发现相关基因的表达情况并推测可能参与的途径，并未就具体的调控机制进行分析，这也是该领域研究亟待加强的迫切问题。

根据杜鹃兰种子与白假鬼伞共生萌发过程的组织学结构观察结果，选择真菌侵入种胚细胞前、侵入中、定植后及菌丝结降解 4 个不同时期的"杜鹃兰种子-白假鬼伞菌丝"共生样本，以及单独培养的白假鬼伞菌丝进行转录组测序，分析杜鹃兰种子与白假鬼伞共生萌发不同阶段差异基因表达（differential gene expression）情况，比较种子共生萌发过程中参与物质代谢、能量供应、防御能力、激素合成以及真菌侵入种胚过程相关基因表达特性，以明确两者共生过程中转录水平上的整体调节特征，进而为揭示杜鹃兰种子与白假鬼伞共生互作机制提供分子调控依据。

（一）共生萌发过程中杜鹃兰来源基因表达分析

1. 杜鹃兰来源基因功能注释

从共生萌发样品总的序列中剔除真菌 reads 后重新拼接成的转录本，经 BUSCO 评估，显示组装效果较好（图 7-78），进行聚类去冗余得到 97 800 个 unigenes。将获得的 unigenes 提交到七大数据库进行功能注释（图 7-79 A），共有 65 911 条 unigenes（占 67.39%）至少在一个数据库中比对上。在 Nr 数据库中获得的注释比例最高，共有 61 803 条 unigenes（占 63.19%）获得注释，和铁皮石斛的匹配性达到 58.42%，和小兰屿蝴蝶兰的匹配性为 24.05%（图 7-79 B）。通过 KOG 分类，unigenes 主要被归纳为碳水化合物运输与代谢（carbohydrate transport and metabolism）、功能未知（function unknown）、功能预测（general function prediction only）、转录后修饰（posttranslational modification，protein turnover，chaperones）以及信号转导机制（signal transduction mechanisms）等（图 7-79 C）。

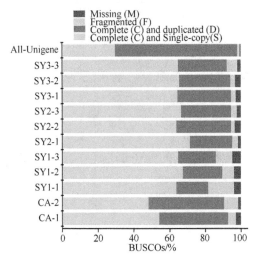

图 7-78 BUSCO 评估共生萌发过程杜鹃兰来源转录本拼接质量

C. 匹配上 BUSCO 数据库的序列；F. 只有部分能比对上 BUSCO 数据库；D. 多个基因比对同一个 BUSCO；M. 被过滤掉的序列。

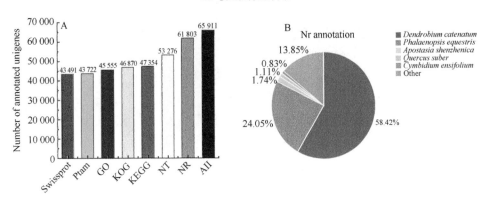

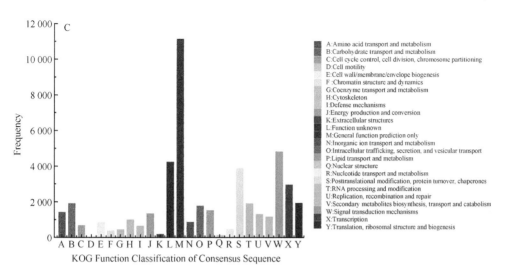

图 7-79　共生萌发中杜鹃兰来源 unigenes 在不同数据库分布

A. 七大数据库注释功能基因；B. Nr 物种注释分布；C. KOG 功能分类。字母 A～Y 代表功能分类。

在 GO 数据库中，共有 45 555 条 unigenes 获得注释，被归到细胞组分（cellular component，CC）、分子功能（molecular function，MF）和生物学过程（biological process，BP）三大类中。其中生物学过程层级富集最多，共聚集了 21 个子级；细胞组分层级中"cellular anatomical entity"（11 519 个基因）和分子功能层级中"binding"（10 233 个基因）、"catalytic activity"（10 803 个基因）为显著富集，约占总富集基因数的 45%（图 7-80）。

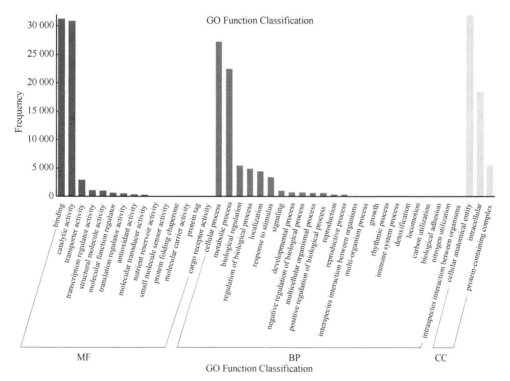

图 7-80　共生萌发中杜鹃兰来源基因 GO 功能分类

2. 杜鹃兰来源差异基因表达分析

根据差异倍数的绝对值≥2，q 值≤0.05，分析比较组 SY1 vs CA（真菌侵入中与侵入前）、SY2 vs SY1（侵入后定植与侵入中）和 SY3 vs SY2（菌丝结被降解与侵入后定植）中差异基因表达情况，累计获得 15 382 个差异基因（图 7-81 A）。在所有比较组中，SY1 vs CA 组中差异表达基因数量最多，达到 9868 个；SY2 vs SY1 组中差异基因数量次之，共有 7124 个差异基因；SY3 vs SY2 组中差异基因数量最少，共获得 1118 个差异基因。各比较组中上调表达和下调表达的基因数见图 7-81B。说明真菌侵入种子初期能够引起宿主细胞大量差异基因表达，进而调控种子启动萌发。韦恩图显示，差异表达基因中有 113 个基因在三个比较组中持续性表达，参与种子共生萌发整个过程。有 8 个基因在三个比较组中持续性下调表达，其中脂类蛋白 *oleosin* 基因在成熟种子中高表达，共生萌发过程中显著下调，表明成熟种胚内储存有较高含量的脂类物质，在种子萌发过程中逐渐被分解代谢。

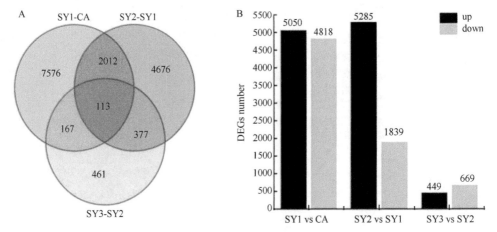

图 7-81　共生萌发过程杜鹃兰来源差异基因表达分析
A. DEGs 韦恩图；B. 不同比较组中上调/下调基因。

在 SY1 vs CA 组中差异表达的基因在其他比较组中部分上调、部分下调，说明种子共生萌发过程受到多重调控。

为更好地了解杜鹃兰种子与白假鬼伞共生互作差异表达基因（DEGs）的调控作用，课题组分析了真菌侵入前（CA）、真菌侵入中（SY1）、真菌侵入后形成菌丝结（SY2）和真菌菌丝结被降解（SY3）各阶段 DEGs 的表达模式。根据基因表达变化情况，将有相似表达模式的基因聚成一类，共分为 12 个聚类（图 7-82）。聚类 1、4 和 9 的基因在 SY1 阶段显著上调表达，说明这些基因在种子共生萌发过程中起正调控作用；聚类 4 的基因在 SY2 阶段显著下调，这类基因可能只参与共生萌发早期调控；聚类 5、10、11 和 12 的基因在 SY1 阶段显著下调表达，其中聚类 11 和 12 的基因在 SY2 时又呈现上调表达。大部分基因在共生萌发整个过程中表达呈现波动变化，说明参与杜鹃兰种子和白假鬼伞共生互作的调控模式非常复杂。

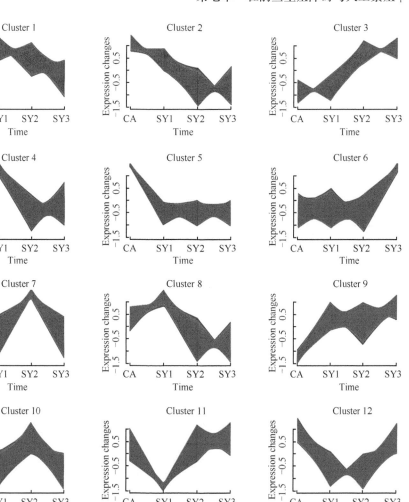

图 7-82　杜鹃兰种子与白假鬼伞共生互作基因表达模式

3. 杜鹃兰来源差异基因 GO 富集分析

利用 GO 数据库对三个比较组中的差异基因分别从生物学进程、细胞组分和分子功能等方面进行分析。为了更清楚地了解杜鹃兰种子与白假鬼伞共生萌发每个时间点的富集情况，将每个比较组中的上调基因、下调基因分别以 q 值和富集到的基因数的比率来筛选每个时间点中前 20 个通路并予以绘图（图 7-83）。从分类结果来看，在 SY1 vs CA 组中上调基因主要富集在血红素结合（heme binding）、单加氧酶活性（monooxygenase activity）、双加氧酶活性（dioxygenase activity）、铁离子结合（iron ion binding）和氧化还原酶活性（oxidoreductase activity）等与氧化还原反应相关的通路中（图 7-83A），其中参与 heme binding 通路的上调基因达到 142 个，推测真菌的侵入导致种子发生强烈的氧化还原反应，这些差异基因可能与木质纤维素降解密切相关。在下调基因 GO 富集通路中，水分响应（response to water）通路显著富集（图 7-83B），表明种子休眠未被打破前，相关基因表达量很高，一旦休眠被打破，相关基因表达急剧下降，协同调控种子萌发。值得注意的是，在这一比较组中，与内切-β-1,4-木聚糖酶（endo-β-1,4-xylanase）相关的条目也被显著富集，相关的基因均显著上调表达，可能由于真菌的侵入，种胚启动了水解真菌细胞壁相关基因的表达，为杜鹃兰种胚发育提供碳源。

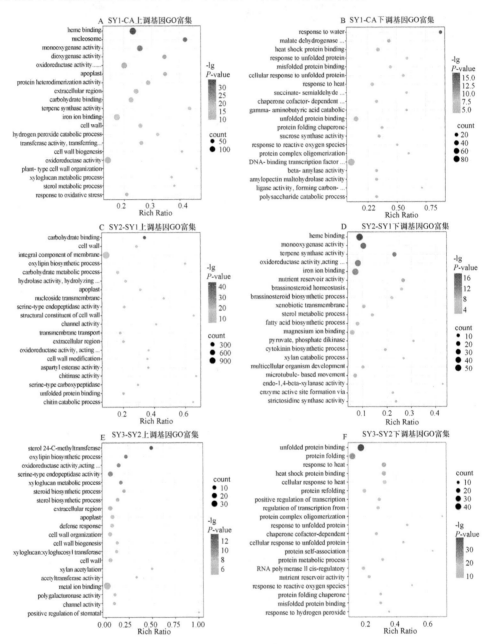

图 7-83　不同比较组中杜鹃兰来源差异基因前 20 条 GO Term 气泡图

A、B. SY1 vs CA 上调/下调基因 GO 富集；C、D. SY2 vs SY1 上调/下调基因 GO 富集；
E、F. SY3 vs SY2 上调/下调基因 GO 富集。

在 SY2 vs SY1 组上调基因显著富集到碳水化合物结合（carbohydrate binding）和碳水化合物代谢过程（carbohydrate metabolic process）、通道活性（channel activity）等相关

条目,与真菌细胞壁代谢相关的两个通路即几丁质酶活性(chitinase activity)和几丁质代谢过程(chitin catabolic process)显著上调,说明杜鹃兰种子产生大量几丁质酶降解真菌细胞壁,降解的真菌便作为营养供应给种胚生长发育(图7-83C)。显著下调的基因富集到与氧化还原反应相关的条目(heme binding、monooxygenase activity、iron ion binding等),而这些通路在SY1 vs CA组中却显著上调,说明氧化还原反应主要发生在共生萌发的早期。在SY3 vs SY2组,上调基因富集到与细胞壁合成相关的条目(cell wall、cell wall organization、cell wall biogenesis)、木聚糖相关的条目(xyloglucan、xyloglucosyl transferase activity 和 xylan acetylation),说明在共生培养2周之后种胚突破种皮,新的分生细胞开始形成,加强了细胞壁的合成。

从不同比较组的分析结果来看,SY1 vs CA主要发生的是氧化还原反应以及与杜鹃兰种子脱水蛋白相关的一些调控;在SY2 vs SY1比较组中,与真菌细胞壁降解的相关条目显著富集,这说明真菌的侵入,激活了宿主防御机制,诱导了编码真菌细胞壁降解酶基因上调表达。

对3个比较组中共表达的113个基因进行GO分类分析,这些基因富集在分子功能、生物学过程和细胞组分三大类的42条条目中(图7-84),集中在生物学过程(20条)和分子功能(16条),在细胞组分中分布较少(6条)。在生物学过程中,主要有蛋白质折叠(protein folding)和响应热激蛋白(response to heat shock protein)等功能发生变化,说明蛋白质在杜鹃兰种子与白假鬼伞共生萌发过程中发挥重要作用。在分子功能中,主要集中在未折叠蛋白结合(unfolded protein binding)、单加氧酶活性(monooxygenase activity)、热休克蛋白结合(heat shock protein binding)、血红素结合(heme binding)、铁离子结合(iron ion binding)等方面,说明与氧化还原反应相关的基因对种子共生萌

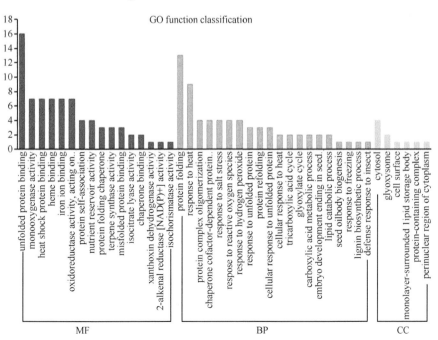

图7-84　共生萌发杜鹃兰来源基因在不同比较组中共表达的GO富集条目

发起关键作用。通过 GO 可以看出，杜鹃兰种子与白假鬼伞共生互作是氧化还原反应、合成代谢和酶催化等相关基因协同作用的结果。

4. 杜鹃兰来源差异基因 KEGG 富集分析

为进一步了解杜鹃兰种子和白假鬼伞共生互作过程中差异基因代谢通路，对 3 个比较组中获得的差异基因进行 KEGG 富集分析。富集结果表明（表 7-56），在 SY1 vs CA 比较组中，苯丙素类生物合成（phenylpropanoid biosynthesis）、黄酮/异黄酮生物合成（flavonoid biosynthesis，flavone and flavonol biosynthesis）、植物激素信号转导（plant hormone signal transduction）、脂肪酸降解（fatty acid degradation）通路显著富集。在 SY2 vs SY1 比较组中与亚油酸代谢（linoleic acid metabolism）、碳固定（carbon fixation in photosynthetic organism）、糖酵解/糖异生（glycolysis/gluconeogenesis）、脂类物质代谢（fatty acid degradation，fatty acid metabolism）等能量代谢相关的通路显著富集，说明真菌的侵入及定植导致杜鹃兰种胚细胞能量代谢加强，以满足种胚发育需要。SY3 vs SY2 比较组中，与内质网蛋白加工（protein processing in endoplasmic reticulum）、植物激素信号转导（plant hormone signal transduction）、植物激素生物合成（plant hormone biosynthesis）等通路相关基因显著富集，其中内质网作为分泌蛋白加工的场所，与植物的胁迫应答有关。上述结果充分说明，白假鬼伞菌丝的侵入、定植，诱导杜鹃兰种胚细胞脂肪酸降解、碳代谢和内质网处理相关基因的上调表达，从而提高了营养物质的利用效率，即杜鹃兰种子与白假鬼伞共生萌发过程，受激素合成、信号转导及能量代谢等多方面协同调控。

表 7-56　杜鹃兰种子共生萌发不同比较组中 KEGG 代谢通路富集

Samples	KEGG pathway	Ko pathway	Gene number
SY1 vs. CA	Flavonoid biosynthesis	Ko00941	100
	Circadian rhythm-plant	Ko04712	111
	Flavone and flavonol biosynthesis	Ko00944	48
	Plant hormone signal transduction	Ko04075	376
	Fatty acid degradation	Ko00071	95
	Phenylpropanoid biosynthesis	Ko00940	277
SY2 vs. SY1	Phenylpropanoid biosynthesis	Ko00940	327
	Flavonoid biosynthesis	Ko00941	105
	Cyanoamino acid metabolism	Ko00460	154
	Fatty acid degradation	Ko00071	102
	Alpha-Linolenic acid metabolism	Ko00592	93
	Carbon fixation in photosynthetic organism	Ko00710	137
	Glycosaminoglycan degradation	Ko00531	75
	Flavone and flavonol biosynthesis	Ko00944	44
	Fatty acid metabolism	Ko01212	107
	Cysteine and methionine metabolism	Ko00270	158
	Linoleic acid metabolism	Ko00591	43
	Carbon metabolism	Ko01200	400
	Glycolysis/Gluconeogenesis	Ko00010	187

续表

Samples	KEGG pathway	Ko pathway	Gene number
SY2 vs. SY1	Biosynthesis of unsaturated fatty acids	Ko01040	41
	Arginine biosynthesis	Ko00220	59
	Glycerolipid metabolism	Ko00561	124
	C5-Branched dibasic acid metabolism	Ko00660	18
SY3 vs. SY2	Phenylpropanoid biosynthesis	Ko00940	161
	Flavonoid biosynthesis	Ko00941	58
	Protein processing in endoplasmic reticulum	Ko04141	163
	Linoleic acid metabolism	Ko00591	27
	Glycosaminoglycan degradation	Ko00531	38
	Steroid biosynthesis	Ko00100	30
	Flavone and flavonol biosynthesis	Ko00944	22
	Cyanoamino acid metabolism	Ko00460	58
	Plant hormone signal transduction	Ko04075	133
	Cysteine methionine metabolism	Ko00270	62
	Circadian rhythm-plant	Ko04712	42
	Glycosphingolipid biosynthesis-ganglioseries	Ko00604	24
	Alpha-Linolenic acid metabolism	Ko00592	35
	Other glycan degradation	Ko00511	39
	RNA degradation	Ko03018	98
	Ribosome biogenesis in eukaryotes	Ko03008	63
	Glutathione metabolism	Ko00480	39

5. 共生萌发中杜鹃兰种子脱水素基因表达特征

杜鹃兰种子木质化种皮形成疏水性屏障，阻碍种皮透气透水而使种胚发育和种子萌发受到抑制。在转录组 DEGs 分析中发现，种胚中 15 个编码脱水蛋白基因（包括 9 个 *CaDHN1* 基因，4 个 *CaXero1* 基因，1 个 hypothetical protein 和 1 个 *CaDHN4*-like）在 CA 中高表达，在 SY1 中显著下调表达（图 7-85），并在 SY2 和 SY3 中保持低表达水平。在这些基因中，有 5 个 *CaDHN1* 基因表达量分别由 CA 的 176.4、241.7、311.4、166.1、38.2 下降至 SY1 的 0.3、0.6、5.4、4.1 和 0；2 个 *CaXero1* 基因在 CA 样品中分别表现出 504.1 和 600.1 的高表达水平，但在 SY1 中分别下降至 4.1 和 12.0；假设蛋白（hypothetical protein）从 CA 的 229.7 降至 2.9（SY1）。上述结果表明，这些基因参与杜鹃兰种子与白假鬼伞共生萌发过程，它们正向调控种子休眠，负向调控种子萌发。

6. 杜鹃兰种子共生萌发中脂质代谢特性

前文已提及，成熟杜鹃兰种子中脂类物质较丰富，真菌侵入种胚后，种子中游离脂肪酸含量显著上升，说明脂类物质代谢加强。对转录组 DEGs 进行 KEGG 注释，结果表明（图 7-86），在 SY1 vs CA 比较组中，脂肪酸代谢（fatty acid degradation，ko00071）通路显著富集；在 SY2 vs SY1 比较组中，甘油酯代谢（glycerolipid metabolism，ko00561）和脂肪酸代谢（fatty acid degradation，ko00071）通路显著富集，进一步证实了白假鬼伞

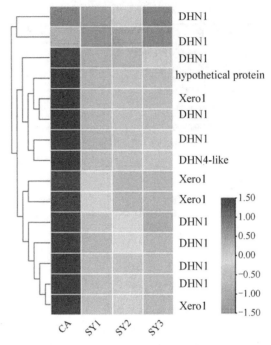

图 7-85　共生萌发中杜鹃兰来源脱水素基因表达热图

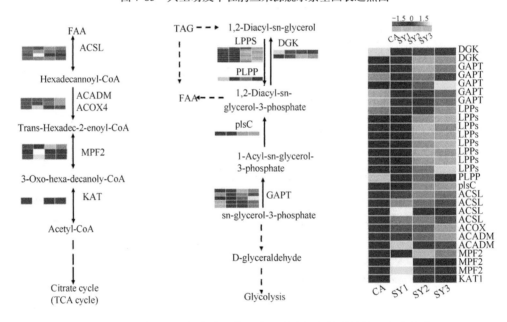

图 7-86　杜鹃兰种子共生萌发中脂类代谢途径相关差异基因表达聚类

菌丝侵入种子初期，脂类作为能源物质被消耗。基因表达水平显示，在 SY1 vs CA 比较组中，95 个基因被注释到脂肪酸降解，4 个编码长链酰基辅酶 A 合成酶（long-chain acyl-CoA synthetase，ACSL）基因在 SY1 阶段种子中上调表达，最高的上调表达 4.9 倍。另外，2 个编码酰基辅酶 A 脱氢酶（acyl-CoA dehydrogenase，ACADM）、1 个编码酰基辅酶 A 氧化酶（acyl-CoA oxidase，ACOX）、3 个编码烯酰辅酶 A 水合酶（enoyl-CoA hydratase，MPF2）以及 1 个编码酮脂酰辅酶 A 硫解酶（3-ketoacyl-CoA thiolase，KAT1）的基因显著性上调表达，说明真菌从胚柄处侵入种胚过程中，激活了脂类代谢相关基因的表达，加速了脂肪酸的降解，为宿主提供大量能量。

在甘油酯代谢通路中，分解三酰甘油的差异基因包含：编码甘油-3-磷酸-O-酰基转移酶（glycerol-3-phosphate-O-acyltransferase，GPAT）的 5 个基因，1-酰基-sn-甘油-3-磷酸酰基转移酶（1-acyl-sn-glycerol-3-phosphate-acyltransferase，plsC）的 1 个基因，2 个编码二酰甘油激酶（diacylglycerol kinase，DGK）基因，8 个编码磷脂水解酶（lipid phosphophate phosphatase，LPP）基因在 SY2 阶段显著上调，最高的上调 5.7 倍，以加快脂质分解成脂肪酸，脂肪酸被氧化后为杜鹃兰种胚发育提供能量。

7. 杜鹃兰种子共生萌发中物质能量代谢特征

前面的研究已经指出，白假鬼伞菌丝侵入杜鹃兰种子后，加快种胚细胞内脂类物质的降解。脂类降解产物随即进入糖酵解/糖异生等物质能量转化途径（图 7-87）。在 SY2 vs SY1 比较组中，糖酵解和碳代谢途径显著富集。在糖酵解途径中，共有 187 个基因参与表达，其中分解 6-磷酸果糖的 1 个编码 6-磷酸果糖激酶（6-phosphofruckonase，PFK）、1 个编码甘油醛-3-磷酸脱氢酶（glyceraldehyde 3-phosphate dehydrogenase，GAPDH）、1 个编码磷酸甘油酸激酶（phosphoglycerate kinase，PGK）、1 个编码烯醇化酶（enolase，ENO）及 2 个编码丙酮酸激酶（pyruvate kinase，PK）的基因在 SY2 阶段显著上调表达，生成的物质参与三羧酸循环，为杜鹃兰种胚发育、种子萌发提供物质和能量。

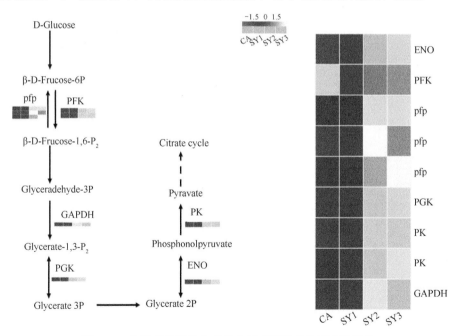

图 7-87　杜鹃兰种子共生萌发中糖酵解途径基因表达聚类

8. 杜鹃兰种子共生萌发中氨基酸代谢特征

氨基酸是有机体蛋白质的基本组成单元。在杜鹃兰种子与白假鬼伞共生萌发过程中，精氨酸合成通路在 SY2 vs SY1 通路中显著富集，共有 59 个差异基因参与表达（图 7-88）。其中 1 个编码天冬氨酸转氨酶（aspartate aminotransferase，AST）、1 个编码丙氨酸氨基转移酶（alanine aminotransferase，ALT）、2 个编码精氨酸合成功能蛋白 J（arginine biosynthesis functional protein，ArgJ）、3 个乙酰鸟氨酸脱乙酰基酶 E（acetylornithine deacetylase，ArgE）以及 5 个编码谷氨酸盐脱氢酶（glutamate dehydrogenase，GDH）基因显著上调表达，最高的上调了 5.7 倍，说明在真菌侵入种子定植后，种胚细胞内氮代谢加强，代谢物质进入三羧酸循环，以满足种胚发育所需的物质和能量。

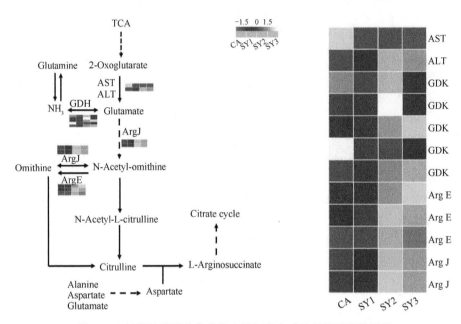

图 7-88　杜鹃兰种子共生萌发中精氨酸合成途径基因表达聚类

9. 共生萌发中杜鹃兰种子防御特征

杜鹃兰种子与白假鬼伞共生萌发过程中，种子通过激活自身的防御机制对真菌的侵入以及萌发过程的生物胁迫或非生物胁迫产生响应。对不同阶段的 DEGs 进行 KEGG 注释结果表明，参与 SOD、POD 和 CAT 的反应物质主要通过苯丙烷类生物合成（phenylpropanoid，ko00940）和过氧化酶体（peroxisome，ko04146）两条途径来合成（图 7-89）。在 SY1 vs CA 比较组中，苯丙烷类生物合成途径中有 2 个苯丙氨酸解氨酶（phenylalanine ammonia-lyase，PAL）、3 个反式肉桂酸-4-单加氧酶（trans-cinnamate 4-monooxygenase，CYP）、2 个 4-香豆酰辅酶 A 连接酶（4-coumarate-CoA ligase，4CL）、2 个莽草酸邻羟基肉桂酸转移酶（shikimate O-hydroxycinnamoyltransgerase，HCT）和 9 个编码咖啡酸 3-*O*-甲基转移酶（caffeic acid 3-*O*-methyltransferase，COMT）的 unigene 在真菌侵入种子时上调表达，这些基因大部分在 SY2 和 SY3 时间段持续性上调表达。在过氧化物酶体途径中，当白假鬼伞菌丝从种胚胚柄处侵入时，发现 2 个编码 SOD 和 4 个编码 POD 同工酶的 unigene 下调表达，2 个编码 CAT 同工酶的 unigene 上调表达。上述结果与抗氧化酶活性检测结果基本一致。

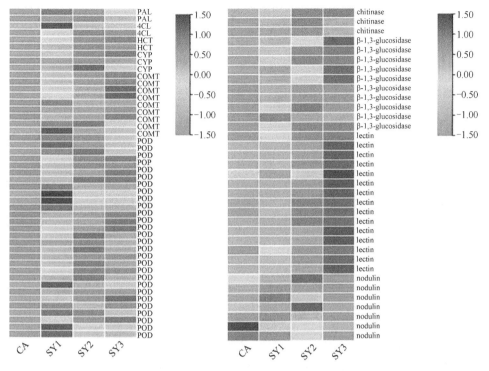

图 7-89　杜鹃兰种子共生萌发过程中参与防御相关基因表达聚类

此外，部分与植物-微生物共生互作相关的基因在杜鹃兰种子共生萌发过程中出现差异表达。SY1 时期 8 个与 Ca^{2+} 信号转导相关的基因上调表达，在 SY2 时期，上调的基因个数达到 18 个。有研究报道 Ca^{2+} 在丛枝菌根（arbuscular mycorrhizae，AM）中参与植物-真菌互作调控，说明杜鹃兰与白假鬼伞共生互作存在与 AM 类似的共生机制；凝集素（lectin）也是宿主对外源微生物产生防御反应的重要信号，在白假鬼伞菌丝刚侵入杜鹃兰种子时（SY1），大多数 lectin 基因显著上调表达，有些基因上调倍数达到 6.9 倍，在 SY3 时期，有 17 个 lectin 基因显著上调表达，说明在菌丝定植后，宿主加强了相关基因的表达，以增强自身防御。值得注意的是，在兰科-微生物互作中，结瘤素（nodulin）基因也常作为宿主防御性差异表达基因被报道，本研究结果显示，在 SY2 时期，7 个编码结瘤素基因出现差异表达（其中 6 个上调表达，1 个下调表达），在 SY3 时期这些基因集体下调表达，说明杜鹃兰种子与白假鬼伞共生互作过程中，结瘤素在不同时间段表达具有差异性，主要在共生萌发的早期发生效应。

白假鬼伞菌丝侵入杜鹃兰胚后，其释放的信号物质可以诱导宿主产生防御反应，宿主激发相关基因的表达以降解真菌细胞壁中的几丁质和 β-1,3-葡聚糖。转录组数据结果显示，10 个参与编码 β-1,3-葡萄糖苷酶基因在 SY1 时期均显著上调表达，最高的上调倍数达到 7.12 倍，能够将葡聚糖降解为葡寡糖或者进一步分解为葡萄糖；在 SY2 时期，相关基因达到 75 个，说明菌丝的定植引起宿主产生大量的降解真菌细胞壁的酶。几丁质作为真菌细胞壁的主要成分之一，在 SY1 时期出现 3 个编码几丁质酶基因显著上调表达；随着真菌的不断侵入，相关基因也不断地被激活，在 SY2、SY3 时期分别有 17 个和 9 个几丁质酶基因上调表达。这些基因上调表达能够产生大量的几丁质酶，作用于真菌细胞壁的几丁质，将其降解为几丁质寡糖，一方面作为营养物质被种胚吸收，另一方面也是宿主对外来真菌侵入的有效防御。

10. 共生萌发中杜鹃兰种子内源激素合成调控

杜鹃兰种子共生萌发受到多种内源激素的调控，激素含量的变化与类胡萝卜素生物合成途径（carotenoid biosynthesis）、色氨酸合成途径（tryptophan metabolism）、二萜类生物合成（diterpenoid biosynthesis）、α-亚麻酸代谢途径（α-linolenic acid metabolism）等相关。杜鹃兰种子共生萌发不同阶段的 DEGs 显著富集到激素合成及代谢途径上（图 7-90），前面提到，SY1 时期是启动种子萌发的关键点，在这个阶段，内源激素含量出现明显变化。GA 作为种子萌发的重要激素之一，在 SY1 阶段，4 个编码内根-柯巴基二磷酸合酶（ent-copalyl diphosphate synthase，CPS）基因、1 个编码内根-贝壳杉烯氧化酶（ent-kaurene oxidase，KO）基因、若干赤霉素氧化酶基因[2 个编码 GA 20-oxidase（GA20ox）基因、8 个编码 GA 2-oxidase（GA2ox）基因和 17 个编码 GA 3-beta dioxygenase（GA3ox）基因、1 个编码 DELLA protein 基因]显著上调。IAA 的合成通过色氨酸代谢途径进行，合成通路上 1 个编码芳香族-L-氨基酸/L-色氨酸脱羧酶（aromatic-L-amino-acid/L-tryptophan

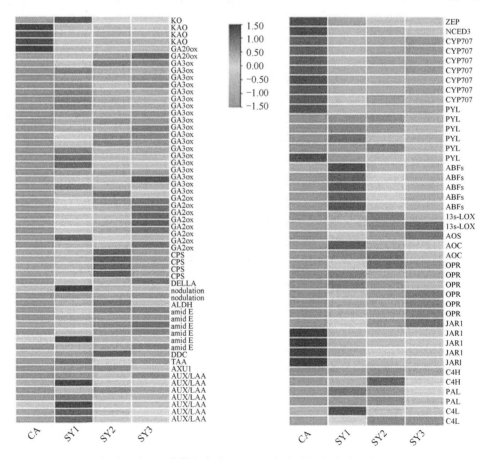

图 7-90　杜鹃兰种子共生萌发中激素合成与代谢途径相关差异表达基因聚类

decarb-oxylase，DDC）基因、1 个编码 L-色氨酸-丙酮酸转氨酶（L-tryptophan-pyruvate amionotr-ransgerase，TAA）基因、6 个编码酰胺酶（amidase，amiE）基因和 1 个编码乙醛脱氢酶（aldehyde dehydrogenase，ALDH）基因显著上调表达。其代谢途径中生长素转运蛋白（auxin transporter protein，AUX1）和生长素响应蛋白（auxin responsive protein，AUX/IAA）基因显著上调表达，以响应 IAA 合成量的增加。

　　ABA 合成和分解主要依赖类胡萝卜素途径来完成，其合成途径编码玉米黄质环氧化物酶 ZEP 和 9-顺式环氧类胡萝卜素双加氧酶 NCED3 基因在 SY1 时期显著下调表达，下调倍数为 2.6 倍；分解 ABA 途径关键酶 β-胡萝卜素羟化酶基因在 SY1 时期下调表达，表明此时 ABA 作为种子萌发的限制因素被解除；当进入菌丝结降解阶段（SY3）时，*CaZEP* 和 *CaNCED₃* 基因表达量上升，可能与胚根的形成有关（图 7-91）。此外，代谢

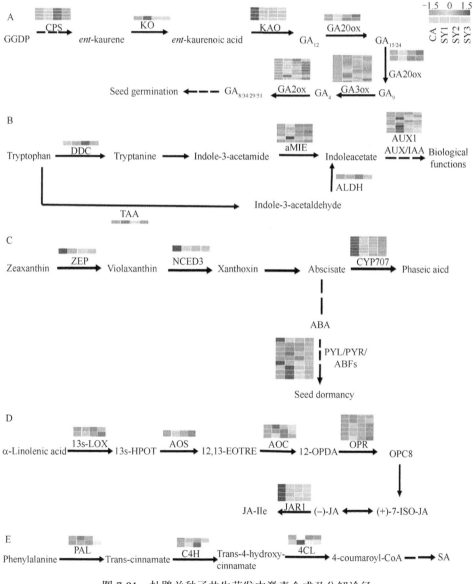

图 7-91　杜鹃兰种子共生萌发中激素合成及分解途径

途径中大多数脱落酸受体（PYLs）在 SY1 时期差异表达，7 个编码蛋白质磷酸酶 2C（PP2C）基因、6 个与 SNF1 相关蛋白激酶 2（SnRK2）基因和 4 个碱性区域亮氨酸拉链（bZIP）转录因子在 SY1 时期均显著下调。JA 合成途径上 2 个编码脂氧合酶（lipoxygenase，13s-LOX）、1 个编码丙二烯氧化合酶（alleneoxide synthtase，AOS）、3 个丙二烯环化氧化酶（allene oxidecyclase，AOC）基因表达量在 SY1 时期显著上升，而茉莉酸氨基合成酶（jasmonic acid-amino synthetase，JAR）基因表达量下降，说明种子共生萌发过程中合成 JA 加强，同时防止 JA 不被分解成茉莉酸酰异亮氨酸。从转录组数据分析，SA 合成主要依赖苯丙氨酸解氨酶途径，合成途径中关键酶基因苯丙氨酸解氨酶（phenylalanine ammonia-lyase，PAL）、肉桂酸-4 羟化酶（cinnamate-4-hydroxylase，C4H）和香豆酸辅酶 A 连接酶（4-coumarate-CoA ligase，4CL）在共生萌发中表达量明显上升。综合分析结果表明，杜鹃兰种子与白假鬼伞共生萌发存在复杂的代谢过程，受到多种激素及相关基因调控。

（二）共生萌发过程中白假鬼伞来源基因表达分析

1. 白假鬼伞来源基因功能注释及差异基因分析

将共生萌发样品的转录本与纯杜鹃兰转录本（即 CA 样品）进行匹配，与杜鹃兰转录本匹配上的序列从共生样品中剔除后重新组装拼接获得的序列被认为是来源于真菌（白假鬼伞）。将获得的序列提交到七大数据库进行功能注释，共获得 48 592 条 unigenes，其中 34 258 条序列至少与一个数据库序列匹配，占 70.50%。其中与 Nr 数据库匹配上的序列最多，占 60.55%。从分类结果来看，该物种与晶粒小鬼伞 *Coprinellus micaceus* 相似性最高，比例达到 69.02%（图 7-92A）。

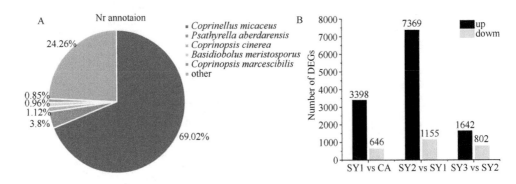

图 7-92　共生萌发过程中真菌来源基因 Nr 数据库注释及不同比较组中差异基因数量

A. Nr 数据库注释；B. 不同比较组中差异基因数量。

通过对不同比较组中差异表达基因进行分析，结果显示（图 7-92B）：SY1 vs CA 组共计获得 4044 个差异基因，其中上调 3398 个，下调 646 个；SY2 vs SY1 差异基因数量最多，共计 8524 个基因差异表达，上调基因 7369 个，下调 1155 个；SY3 vs SY2 共有 2444 个差异基因，上调和下调基因分别为 1642 个和 802 个。白假鬼伞来源的差异基因主要富集在真菌侵入和定植这两个时间段，说明白假鬼伞菌丝从杜鹃兰种子胚柄处侵入种胚并定植其基底细胞，需要启动大量的基因表达以适应种胚内环境，这样才能成功定植，这也是判断白假鬼伞能否与杜鹃兰种子形成共生关系的重要阶段。

2. 白假鬼伞来源差异基因 GO 富集分析

对共生萌发过程中白假鬼伞来源的差异表达基因进行 GO 富集分析，结果显示（表 7-57）：在 SY1 vs CA 组中，富集到 14 条 GO 条目，第一层级中分子功能占 6 条，生物学过程占 6 条，细胞组分占 2 条；第二层级中催化活性占 3 条，抗氧化层级 1 条，说明这一阶段真菌启动催化反应参与共生互作过程。在 SY2 vs SY1 组中，共富集到 49 条 GO 条目，其中分子功能有 24 条，生物学进程有 18 条，细胞组分占 7 条。在 SY3 vs SY2 组中，共有 38 条 GO 条目显著富集，其中分子功能占 20 条，生物学过程占 14 条，细胞组分占 4 条。说明白假鬼伞参与杜鹃兰种子共生萌发过程中，分子功能和生物学过程的富集因子占大多数。

表 7-57　共生萌发过程中白假鬼伞来源差异基因 GO 富集

GO Term	Gene number	q-value
SY1 vs CA		
integral component of membrane	1735	2.82×10^{-5}
structural constituent of cell wall	22	0.000 178 408
oligopeptide transport	26	0.000 202 091
protein serine/threonine kinase activity	96	0.001 062 203
fungal-type cell wall	37	0.001 125 139
sulfotransferase activity	9	0.002 845 02
peroxidase activity	45	0.004 749 226
N-terminal protein amino acid acetylation	6	0.011 256 67
lyase activity	33	0.011 256 67
regulation of protein localization	6	0.011 256 67
mitochondrial respiratory chain complex III assembly	18	0.011 783 37
intracellular signal transduction	35	0.043 687 47
spliceosomal complex disassembly	5	0.044 237 87
chitin binding	33	0.046 374 29
SY2 vs SY1		
serine-type endopeptidase activity	128	1.11×10^{-11}
oligopeptide transport	41	1.11×10^{-11}
DNA integration	199	1.11×10^{-11}
integral component of membrane	2329	1.06×10^{-9}
carbohydrate metabolic process	309	2.12×10^{-6}
chitin binding	51	6.39×10^{-6}
chitin catabolic process	18	6.52×10^{-6}
transmembrane transport	79	7.00×10^{-6}
ATPase-coupled transmembrane transporter activity	93	1.10×10^{-5}
ATPase activity	139	5.05×10^{-5}
microtubule binding	40	9.34×10^{-5}
hydrolase activity hydrolyzing O-glycosyl compounds	189	0.000 148

GO Term	Gene number	q-value
microtubule-based movement	37	0.000 232
microtubule motor activity	37	0.000 58
transferase activity transferring hexosyl groups	23	0.001 005
peroxidase activity	57	0.001 21
cell wall biogenesis	19	0.001 335
O-methyltransferase activity	23	0.001 748
cell wall macromolecule catabolic process	12	0.001 946
methylation	98	0.001 946
N-acetyl-beta-D-galactosaminidase activity	9	0.002 14
xyloglucan metabolic process	18	0.002 536
fungal-type cell wall	42	0.003 036
protein serine/threonine kinase activity	118	0.003 061
response to oxidative stress	42	0.003 401
xyloglucan：xyloglucosyl transferase activity	18	0.003 725
chitinase activity	10	0.003 998
nucleosome	44	0.004 849
cell wall modification	12	0.004 849
sugar transmembrane transporter activity	8	0.004 989
pectinesterase activity	12	0.006 552
aspartyl esterase activity	12	0.006 552
beta-N-acetylhexosaminidase activity	9	0.009 074
extracellular region	130	0.009 074
water channel activity	9	0.009 074
channel activity	24	0.009 074
ascospore formation	10	0.009 074
terpene synthase activity	19	0.009 797
intracellular signal transduction	46	0.016 576
carbohydrate transport	30	0.018 272
potassium ion transmembrane transporter activity	18	0.019 447
cell wall organization	18	0.020 821
secondary active sulfate transmembrane transporter activity	17	0.021 251
cell wall	19	0.022 135
mating projection tip	13	0.026 359
microtubule	48	0.027 306
cell wall chitin metabolic process	6	0.028 365
cell adhesion	37	0.046 724
oxidoreductase activity acting on single donors with incorporation of molecular oxygen，incorporation of two atoms of oxygen	15	0.046 724
SY3 vs SY2		
serine-type endopeptidase activity	102	1.25×10^{-20}
integral component of membrane	1272	3.35×10^{-9}

续表

GO Term	Gene number	q-value
transmembrane transport	58	3.35×10^{-9}
oligopeptide transport	27	3.61×10^{-8}
extracellular region	91	7.60×10^{-6}
carbohydrate metabolic process	175	7.60×10^{-6}
secondary active sulfate transmembrane transporter activity	17	7.60×10^{-6}
carbohydrate transport	26	1.02×10^{-5}
structural constituent of cell wall	19	2.64×10^{-5}
ATPase activity	81	0.000 781
ATPase-coupled transmembrane transporter activity	54	0.000 928
chitin binding	30	0.001 203
DNA-binding transcription factor activity	44	0.001 375
regulation of transcription，DNA-templated	54	0.002 615
chitin catabolic process	11	0.002 797
hydrolase activity，acting on ester bonds	24	0.002 797
sequence-specific DNA binding	34	0.002 797
cell wall organization	14	0.002 797
serine-type carboxypeptidase activity	21	0.003 519
cellular response to osmotic stress	11	0.004 336
fungal-type cell wall	27	0.005 327
heat shock protein binding	13	0.005 33
C-22 sterol desaturase activity	6	0.005 918
response to oxidative stress	26	0.007 272
peroxidase activity	34	0.007 571
hydrolase activity，hydrolyzing O-glycosyl compounds	103	0.009 002
cell wall macromolecule catabolic process	8	0.015 835
sugar transmembrane transporter activity	6	0.016 839
cell adhesion	24	0.022 528
response to heat	12	0.022 607
cell wall macromolecule catabolic process	8	0.015 835
sugar transmembrane transporter activity	6	0.016 839
cell adhesion	24	0.022 528
response to heat	12	0.022 607
endo-1，4-beta-xylanase activity	10	0.028 825
transmembrane transporter activity	125	0.029 309
TRC complex	6	0.035 97
N-acetyl-beta-D-galactosaminidase activity	6	0.036 05
methionine biosynthetic process	11	0.039 102
terpene synthase activity	12	0.048 1
chaperone binding	12	0.048 1
ergosterol biosynthetic process	13	0.048 388

值得注意的是，三个不同比较组中，膜组成成分（integral component of membrane）、寡肽运输（oligopeptide transport）、真菌类型细胞壁（fungal type cell wall）、过氧化物酶活性（peroxidase activity）、几丁质结合域（chitin binding）均显著富集，说明这些条目在杜鹃兰种子共生萌发过程中发挥重要作用，后期可着重关注相关基因的功能。

3. 白假鬼伞侵入杜鹃兰种胚过程中基因表达谱分析

通过结构观察及生理生化数据分析，发现白假鬼伞与杜鹃兰种子共生萌发初期，白假鬼伞菌丝分泌植物细胞壁降解酶降解了杜鹃兰种子木质化种皮，因此这里着重关注白假鬼伞菌丝侵入杜鹃兰种胚过程中相关基因表达情况（图 7-93）。在 SY1 vs CA 阶段，真菌类型细胞壁（fungal type cell wall）显著富集，共 37 个基因参与这个进程，其中 35 个基因显著上调，其上调倍数均大于 2 倍，最高上调 7.7 倍，参与这个过程的基因主要为编码真菌疏水蛋白（fungal hydrophobin）和糖苷水解酶（glycoside hydrolases，GH）基因，在 SY1 vs CA 比较组中，15 个编码真菌疏水蛋白基因在 SY1 时期显著上调表达，

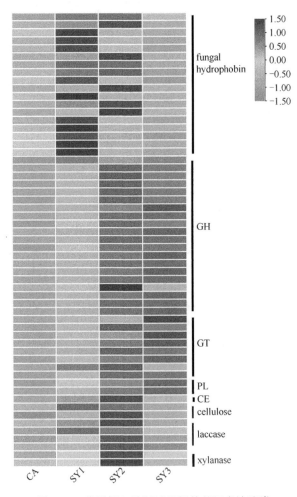

图 7-93　菌丝侵入种胚过程相关基因表达聚类

在 SY2 和 SY3 时期大多数下调表达。真菌疏水蛋白是一类表面活性较强的蛋白质，能够帮助菌丝吸附到多种表面以适应不同环境，这类基因在 SY1 时期上调表达有助于白假鬼伞菌丝附着到杜鹃兰种子种皮并侵入种胚。

白假鬼伞为腐生菌，与杜鹃兰种子共生萌发过程中，能够快速降解种皮木质素，其中漆酶、木聚糖酶、纤维素酶、糖苷水解酶等发挥重要作用。课题组发现 20 个编码糖苷水解酶、8 个编码糖基转移酶（glycosyltransferases，GT）、2 个编码多糖裂解酶（polysaccharide lyases，PL）、1 个编码碳水化合物酯酶（carbohydrate esterases，CE）基因在 SY1 时期显著上调表达，辅助菌丝穿过种皮进入种胚。在 SY2 和 SY3 时期，大多数基因持续上调表达，以辅助菌丝侵入种胚后能够穿过邻近细胞。此外，4 个编码漆酶、2 个编码纤维素酶和 2 个编码木聚糖酶基因在 SY1 时期上调表达，SY2 时期表达量达到最高，说明菌丝附着在种皮上，目的是突破种子的物理屏障。当种胚生长发育进入原球茎阶段、菌丝结被降解时，这些酶基因表达量均下调，这一结果与种子木质纤维素降解分析结果相一致，证实白假鬼伞与杜鹃兰种子共生过程中能通过分泌胞外酶系降解种皮，以利于种胚对水分、氧气和营养物质的吸收利用。

（三）qRT-PCR 转录组验证结果

为证明转录组测序结果的准确度和可靠性，从样本中随机挑选 12 个差异基因进行 qRT-PCR 验证（图 7-94），其表达模式与转录组测序结果基本一致，说明转录组数据分析结果准确可靠。

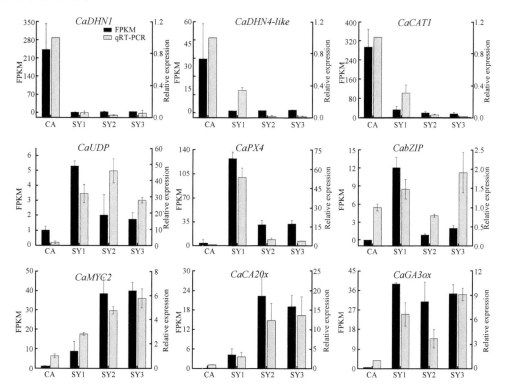

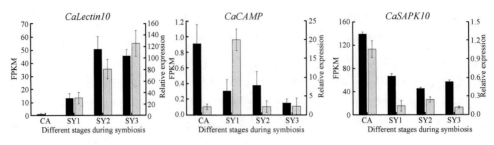

图 7-94　qRT-PCR 验证共生萌发样品 RNA 转录组测序结果

　　综上所述，杜鹃兰种子与白假鬼伞共生萌发过程极其复杂，需要物质代谢、防御系统、激素信号等多方面协同调控。在共生萌发早期阶段，真菌需要打破种皮萌发障碍，增加种胚通透性。菌丝成功侵入种胚，一方面起到传递营养物质的作用，另一方面形成的菌丝结作为营养物质被宿主降解吸收，以促进种胚发育。同时，宿主通过启动自身的防御系统，防止菌丝在细胞内大量繁殖。两者相互对抗，最终达到一个平衡的内环境。

第八章　杜鹃兰资源保护与可持续利用

随着国民经济的迅速发展和人口不断增长，天然药物需求量急剧增加，进而促进中医药产业快速发展，由此导致药用植物资源的永续利用面临巨大危机。加之长期以来人们对生药资源的合理开发利用认识不足，以及生态破坏和环境污染，致使不少药用植物资源急剧减少，甚至濒临灭绝。因此，加强药用植物资源保护工作已迫在眉睫。

药用植物资源（medicinal plant resources）是中医药产业生存和发展的物质基础，保护药用植物资源是维持生态物种多样性的重要环节。药用植物资源保护（protection of medicinal plant resources）是在了解某种药用植物的生长发育规律、自然资源状况、物种更新规律等基础上，制订相应年采收量，并根据其自然更新规律，构建自然更新和人工更新技术，从而使该物种资源得以可持续利用（sustainable utilization）。

药用植物资源是中药产业的根基，关乎民生和社会稳定，关乎生态环境保护与新兴战略产业发展，是全球竞争中国家优势的体现，具有国家战略意义。当前药用植物资源现状严峻，许多野生药用植物资源处于枯竭状态，致使中医药持续发展受到制约。药用植物资源的保护和合理开发利用是一个复杂的系统工程，只有完善相关法律法规体系、行政管理体系、技术措施、经济措施，才能更好地实现药用植物资源保护和可持续利用。

第一节　药用植物资源保护现状与可持续利用策略

一、我国药用植物资源保护现状

（一）资源考察研究

自20世纪50年代开始，我国有关部门多次组织了全国性或地区性的生态系统和生物资源的综合考察，采集和收藏了数以千万计的标本，积累了我国生物资源极其丰富的本底资料（郭巧生，2007）。通过调查、收集、整理、鉴别、分类等系统研究，植物学工作者先后完成并出版了全国性和地区性的考察专著，相继编著并出版了《中国植物志》《中国高等植物科属检索表》《中国高等植物图鉴》《中国经济植物志》《中国种子植物区系地理》等植物学专著。我国分别于1958年、1966年、1983年和2013年进行了4次大规模的全国性中药资源调查研究，基本掌握了全国药用动植物的种类、分布、重点药材品种的蕴藏量等基础资料，编著出版了《中国药用植物志》《全国中草药汇编》《中药大辞典》《中药志》等中药资源专著；中国药材公司组织编著并出版了《中国中药资源》《中国中药资源志要》《中国中药区划》《中国药材资源地图集》《中国常用中药材》等中药资源丛书，全面总结了我国中药资源的种类、分布、蕴藏量和产量、开发利用的历史和现状、资源保护管理和发展战略研究等，完成了我国中药区划，提出了各区中药资源保护管理、科学开发利用的途径和措施。资源考察研究工作的丰硕成果，为开展我国药用植物资源保护奠定了坚实的基础。

（二）管理机构设置

我国的资源与环境保护和管理机构是根据国家有关法律、政策设置的，对全国环境保护包括生物资源保护进行协调与管理的政府最高决策机构是环境与资源保护委员会，而中华人民共和国生态环境部是在国务院直接领导下负责全国环境保护，包括生物资源保护领域的工作。国务院各部委分别对相应的资源保护进行行政管理，如国家林业和草原局负责全国森林生态系统及野生动物保护与利用，中华人民共和国农业农村部负责农区及农业栽培作物遗传资源的管理，科学技术部负责全国生物资源的科学研究与技术发展等。为执行《濒危野生动植物种国际贸易公约》（Convention on International Trade in Endangered Species of Wild Fauna and Flora，CITES），成立了中华人民共和国濒危物种科学委员会，其履约的主要职责是向履约的管理机构——中国濒危物种进出口管理办公室提供公约附录物种进出口及有关 CITES 技术问题的咨询意见。与国家机构相适应，各级地方政府的相应部门，负责本地区有关环境与资源保护领域的工作。

（三）自然保护区和植物园建设

建立自然保护区是自然资源包括药用植物资源保护工作的重要手段之一，在保护自然资源、自然生态系统、维护生物多样性和挽救濒危野生动植物方面起到了十分重要的作用。自 1872 年世界上第一个自然保护区黄石公园（Yellowstone National Park）在美国建立，到目前为止全球约有 15 万个自然保护区，覆盖了除南极以外的 12.9% 的陆地面积。我国自 1956 年由中国科学院建立鼎湖山自然保护区以来，截至 2017 年底，全国共建立各类自然保护区 2750 个，其中国家级自然保护区 474 个，保护区总面积约 147 万 km^2，占我国陆域国土面积的 15%，超过世界平均水平，初步形成类型比较齐全、布局比较合理、功能比较健全的全国自然保护区网络。

植物园的建立在保护植物资源、植物引种驯化、收集或栽培多样化的植物等方面起着重要而有效的作用，更是植物资源迁地保护的主要措施。我国植物园建设虽起步较晚，但由于国家和各级政府的重视，自 20 世纪 80 年代以来得以迅速发展，目前已建有各级各类植物园数百个。我国植物园一直重视野生经济植物尤其是稀有濒危植物的生物学特性、引种驯化、产业化应用的研究，已取得令人瞩目的研究与应用成果。中国科学院武汉植物园将长江三峡库区内淹没的珍稀濒危植物物种（其中很多是药用植物）引种到宜昌市附近及本所内的种质资源圃异地保存；许多植物园还专门设置药用植物园区，如中国医学科学院药用植物研究所在北京、云南、海南、广西建有 4 座药用植物园，总占地面积约 200 hm^2，保存药用植物种质资源 4000 余种，并建立了较为完善的药用植物活体标本保存体系，为其保护和永续利用提供了保障。

（四）政策法规颁布

为便于自然环境和资源的保护与管理，世界各国制定并颁布了相应的法规、法令、制度、公约、条例和规定。我国自 1956 年起，至今已公布的涉及生物资源管理与保护的法规、条例等有数十项，如《中国珍稀濒危保护植物名录》（1984）、《中华人民共和国环境保护法》（1989）、《中华人民共和国自然保护区条例》（1994）、《中国生物多样性保护行动计划》（1994）、《中华人民共和国野生植物资源保护条例》（1996）、《中华人民共和国植物新品种保护条例》（1997）、《国家重点保护野生植物名录》（1999）等。1982 年的《中华人民共和国宪法》中明确规定：国家保护环境和自然资源，防治污染和其他公害，国家保障自然资源的合理利用，保护珍贵的动物和植物。从此，中国植物资源的管理和保护逐步走上了法治轨道。在资源调查分析、总结评价基础上，我国政府和有关管理部门制定了一系列有效的管理和保障措施，加强了对濒危物种的保护。

（五）人工种植兴起

我国有对药用植物野生资源引种驯化和植物类药材种植生产的悠久历史，借此缓解野生药用植物尤其是濒危物种资源的市场供需矛盾。经过长期系统研究，已建立多种重要、珍稀药用植物的人工种植技术，如半夏、太子参、天麻、石斛、白及、天冬、黄精、淫羊藿、丹参、党参、地黄、头花蓼、金银花、钩藤、杜仲、黄柏、厚朴、吴茱萸、罗汉果、三叶木通等已实现规模化生产。但由于多种原因，药用植物生产还存在如种质不清或退化、种植加工粗放、质量标准不规范、储存及包装落后、药材生产分散、新技术新方法难以推广等一系列问题。为此，2002 年原国家药品监督管理局发布试行版《中药材生产质量管理规范（GAP）（试行）》，2022 年发布了由国家药品监督管理局、农业农村部、国家林业和草原局、国家中医药管理局研究制定的《中药材生产质量管理规范》（GAP），要求按GAP 进行无公害、无污染的绿色中药材生产，以促进中药标准化、现代化和国际化。

二、我国药用植物资源保护与开发利用面临的主要问题

（一）人口增长导致人均资源拥有量降低

我国是世界上少数几个生物多样性大国之一，拥有全球物种总数的 10%～14%。据全国第三次中药资源普查结果统计，我国有药用植物资源 11 146 种（第四次普查结果尚未正式公布）。然而，我国是世界上人口最多、人口增长速度较快的发展中国家，人均占有资源量相对不足，人们对药用植物资源的需求量日益增大，必然导致人均资源拥有量的迅速降低。

（二）需求增加致使药用植物资源保护压力增大

人类的生存、社会的发展、健康的保证，在一定程度上依赖于植物资源的合理开发和综合利用。人类在从植物资源中获取食品、药物和工业原料用以改善其生活质量的同时，却给植物资源保护带来了巨大的压力。随着世界各国对天然药物的需求和开发的不断增加，使药用植物面临着日益严重的资源危机。

（三）无序开发利用造成药用植物资源严重破坏

随着医药、保健品等工业生产的发展，以及城市建设规模的扩大，人们对土地、森林、草原的不合理利用，尤其是毁林开荒、乱采滥挖，严重地破坏了药用植物的生态环境和资源分布，导致生态环境失衡，使野生药用植物的分布区发生了重大改变，连续的

分布区被分隔，呈岛屿化，物种的数量和质量急剧下降，不少药用植物资源的自我再生能力已难以满足市场需求。

（四）药用植物资源保护意识和协调管理亟待加强

长期以来，由于受我国丰富资源"取之不尽，用之不竭"观念的影响，人们对药用植物资源的保护意识较为淡薄，尤其是受市场高额利润的刺激，对野生药用植物资源往往是先破坏再保护，甚至采取掠夺式采挖，而忽视资源保护与开发利用的相互关系，甚至置国家有关保护资源的法律法规于不顾。我国资源管理和经营管理部门众多，野生动植物的行政主管部门是农业农村部、国家林业和草原局，中药材生产经营的主管部门是各级药品与食品监督管理局、中医药管理局、卫生部（局）等多个部门。同时，资源保护管理部门与生产经营部门之间协调不够，缺乏有效的沟通和信息交流，致使资源保护的相关法律法规难以贯彻实施；中药行业的生产经营活动有法难依的现象普遍存在；企业的生产经营活动往往一方面符合国家药品生产经营法规，另一方面却又违反了野生动植物保护法规。

（五）珍稀濒危药用植物资源拯救力度急需加大

传统医药事业的发展导致野生药用植物物种的濒危甚至灭绝已是不争的事实，并引起世界各国的密切关注，对珍稀濒危药用植物物种的拯救和保护已成为国际社会关注的热点。我国已有 168 种药用植物被国家列入珍稀濒危物种，其中有些濒危物种已大大影响到药材市场需求，对其进行有效保护已成为药用植物资源保护最为重要的任务之一。

三、我国药用植物资源保护与可持续利用策略

（一）健全完善资源保护法律法规与相关机构

由国家制定统一、可行的有关环境、资源与生物多样性的保护法规，是统一认识、调整和协调政策的有效措施。在我国已经颁布的相关文件中，有的法规相互冲突或已不适应当前形势，有的法规可操作性不强，使中医药生产经营企业难以执行。例如，我国野生动植物保护的某些法律法规对来自野生动植物的中药材及中成药的使用规定缺乏准确的可操作性，虽有文件规定禁止使用人工驯养繁殖或人工栽培的国家一级保护野生动植物及其产品作为保健品成分使用，但往往难以执行，在一定程度上，影响或制约了药用动植物资源保护与利用的协调发展。因此，应在充分调查研究、广泛征求意见的基础上，制定统一全面、切实可行，有利于资源利用、保护与可持续发展的国家和地方性法规条例及发展规划。同时，国家和各级地方政府还应建立完整的财政支持机制，采取多种途径，确保资源保护规划和措施的实施。

长期以来，由于政府各部门之间协调不够，缺乏有效的沟通和信息交流，致使资源保护管理机构与资源经营管理机构各自为政，制定的政策法规无法统一甚至相互矛盾，难以形成保护管理与经营使用的统一机制。各级政府部门的决策和规划，对自然资源包

括药用植物资源的重视程度，应首先反映在制定保护法规和相关政策及其导向的调整上，防止在评价植物资源时，只注意到植物作为食品、药物和工业原料的直接价值，忽略植物多样性对于稳定生态环境和保证持续发展能力等方面的间接价值。各级管理机构制定的政策与规定必须完全体现保护与发展、局部与全局、眼前与长远利益相结合的原则，避免市场需求与政策导向不一致的情况出现，切实处理好中药行业生产经营活动有法难依的问题。

（二）适时开展资源普查与科学评价

新中国成立以来，我国已进行过 4 次全国性的中药资源调查，各地区也开展了多次不同目的、不同范围的资源普查，基本掌握了我国药用植物资源的家底，对我国急需保护的植物物种，明确划分了保护等级，制定了相应的保护条例和措施。但是，随着时间的推移、社会经济的发展、环境条件的变化以及新的历史时期人类生产生活活动的影响，自然资源也在发生着巨大变化。物种资源是动态变化的，如需准确把握资源状况，则必须适时进行资源普查及其科学评价，决不能寄希望于根据某一时期的普查结果或资料来制定药用植物资源永久规划以解决资源的所有问题。资源调查是长期而艰巨的工作，需要国家和各级政府部门、全国相关领域的科技工作者长期努力，不断进行全国和局部、全面和专项、普查和细查等调查研究工作。

针对目前我国药用植物资源的现状和最新发展变化，在进行资源普查时，应科学地考察评价资源的自然现状和国家已制定的相关保护法规、条例等的执行情况；考察评价各级各类自然保护区、植物园区保护药用植物资源的成果和经验，以及加强药用植物种质资源保护的研究及其措施；重点系统地调查濒危药用植物资源现状、濒危原因与发展趋势，编制濒危药用植物名录。

（三）树立资源合理开发与可持续利用观念

资源开发（resource development）是指人们对资源进行劳动以达到利用所采取的措施，资源利用（resource utilization）则是人们对已开发出来的资源进行某种目的的使用。从经济发展的角度来看，资源应以利用为主；而从环境保护角度来看，资源应以保护为主。社会经济发展与植物资源保护是我国经济发展中长期存在的一对矛盾，如何正确处理好这一矛盾，真正做到合理开发利用资源，提高资源效益，是药用植物资源保护与利用所面临的一项重大课题。合理开发利用资源，是保护药用植物资源的有效对策。

资源的合理开发利用，即可持续利用，也就是对可更新资源（可再生资源）的利用以不导致环境及资源退化为前提，进行科学地、适当地利用，利用速率应保持在其再生速率的限度之内。药用植物资源具有可再生性，是可更新资源，但是其再生过程需要一定的周期，在开发利用时必须确保一定的资源储量，保持资源增长量与开发利用量相一致，维持其再生能力，才能达到开发与更新的平衡。要坚决杜绝"竭泽而渔""乱采滥伐"等掠夺式开发利用方式。我国曾一度对甘草、麻黄等疗效好、用量大的药用植物过度开发利用，导致其野生资源难以有效更新、资源濒危，这样的教训，应受到足够重视。

对药用植物资源的合理开发利用，就是要争取资源的最大效益。由于种种原因，我国在药用植物资源的开发利用中，对原材料、副产品和中间产物的深加工水平不高，资源的综合利用率低，资源的优势未得到充分发挥，加剧了资源的破坏程度。综合开发利用资源，可以在一定程度上有效缓解资源的压力，提高资源效益。例如，在深入研究的基础上，利用三七绒根和茎叶生产"三七冠心片""七叶安神片"；利用药材加工的废弃物、药渣等生产家禽家畜饲料；加强药用植物除药用之外用途的开发利用等，都有效地降低了成本，取得了较大的经济效益，间接地保护了资源。

（四）寻找珍稀濒危中药材替代品

中药材替代品，亦称代用品，是指在特定条件下，当正品中药材严重缺货甚至无法获得时，经有关部门特许，用其他药效相同或非常相近的品种替代。稀有和濒危的药用植物常常是常用药材的基原，其用途广泛、需求量大、疗效卓著，随着中药产业的发展，其资源面临的压力日益增大，资源保护更应受到足够重视。积极开展寻找有效的珍稀濒危药用植物替代品研究，不仅可以解决临床应用方面的市场需求，更重要的是可以在很大程度上降低珍稀濒危药用植物的临危程度。近几十年来，我国已开展了卓有成效的珍稀濒危中药材替代品的研究，取得了一系列成果。例如，用国产萝芙木、新疆阿魏、西藏胡黄连、白木香等药效相近的药材代替进口品种，满足了市场需求。此外，扩大药用部位也是寻找中药材替代品的有效途径，如近年来我国对人参、三七、三尖杉、甘草、钩藤等稀有濒危药用植物的药用部位的开发；基于黄芪在药物性味功效及主治方面与冬虫夏草相近，提出可以考虑用黄芪替代冬虫夏草使用等，均为保护珍稀濒危药用植物资源的有效对策。

（五）基于药用植物种质保护的自然保护区和药用植物园的建设与完善

建立并完善各类自然保护区和药用植物园，是对药用植物资源尤其是珍稀濒危物种进行有效保护的重要对策。近几十年来，我国已先后建成了一批自然保护区和植物园，在生物多样性和生物物种的保护上取得了显著成效。但必须看到，对亟待保护物种的动态规律和与环境的关系，以及导致其衰退的原因、保护措施等方面的系统研究还存在诸多问题；我国 34 种稀有濒危药材仅有 20 种在保护区或原产地得到针对性保护；有些种类在其分布的核心区并未得到有效保护，如明党参、天麻、膜荚黄芪、桃儿七、短萼黄连、巴戟天等。因此，必须尽快采取有效措施，对保护区和植物园进行科学的综合管理，要有计划地组织多学科队伍，对保护区进行更深入、更全面地综合考察，制定总体发展规划与科学管理制度，以更好地发挥自然保护区和植物园区在保存种质资源以及生态系统等方面的积极作用。

（六）加强宣传与执法力度

资源保护的基础是全民保护意识和法治观念的提高，要教育全民将保护环境和资源作为国家社会经济发展、人民生活质量提高的生命线，彻底改变自然资源无限的、先破坏后保护的错误观念，使全社会重视、理解、支持、参与资源保护工作。要从国家和中医药长远发展出发，公正评价药用植物资源保护和利用方面的成功经验和存在的问题，促进中医药界同自然保护界的相互理解、相互支持、通力合作。要大力宣传自然环境、资源保护和可持续发展的重要性，各级政府和资源管理部门应及时制定并修订有关药用植物资源保护的法律法规，强力制止和严厉打击破坏药用植物资源及其生长环境的违法活动，进一步加强和完善资源保护的法治建设和管理，采取切实有效的措施，真正做到有法可依、有法必依、执法必严、违法必究。

（七）重视国际交流合作与中医药产业现代化

当今资源与环境保护已步入全球化时代，其规模之广大，影响之深远，早已超越国界。近年来，在"回归大自然"趋势下，很多国家越来越重视从天然药物中研究和开发新药，中医药进入世界医疗主流体系，已成为不可逆转的潮流，中医药产业发展的前景十分广阔。面对医药行业的快速发展，中医药日趋国际化的形势，中医药产业迫切需要现代化。有两个例子至今仍然是中医药界人士心中的痛。第一例，青蒿素是我国唯一被列入世界卫生组织（WHO）基本用药目录的药物，从1978年我国向世界公布青蒿素研制成功至今，40多年过去了，青蒿素及其衍生物使数以千万计的疟疾病人免于死亡，但它从诞生到今天，却一直是国外大药厂的摇钱树。当时中国既没有专利概念，也没有保护知识产权的意识，不但在学术杂志上，而且在国际大会上多次详尽地公布了青蒿素的化学结构、药效、临床等资料，国际医药界在公认青蒿素成就的同时争相效仿，没几年，外国同类产品陆续问世。据统计，青蒿素类产品目前在国际市场上的销售额每年大约15亿美元，而中国产品的市场占有量还不到1%。另一例是关于含马兜铃酸成分的"关木通"等中药材导致肾损害的结论，国外早在几年前就已作出，而且在国际市场上，此类中药材和中成药基本上是被禁止的，这在医药行业已是旧闻，中医药因此在国际上一度陷入困境。上述例子足以说明加速我国中医药产业现代化的必要性。

中医药现代化（the modernization of traditional Chinese medicine）就是以中医药理论和经验为基础，将传统中医药的优势、特色与现代科学技术相结合，借鉴国际通行的医药标准和规范，运用现代科学技术研究、开发、生产、经营、使用和监督管理中医药，以适应当代社会发展需求的过程。相关的国际标准和规范包括：中药材生产质量管理规范（good agricultural practice，GAP）、药物非临床研究质量管理规范（good laboratory practice，GLP）、中药提取物与植物药提取质量管理规范（good extracting practice，GEP）、药品生产质量管理规范（good manufacturing practice，GMP）、药物临床试验质量管理规范（good clinical practice，GCP）、药品经营质量管理规范（good supplying practice，GSP）、药品使用质量管理规范（good using practice，GUP），这一系列标准规范贯穿于中医药种植（GAP）、实验（GLP）、生产（GMP）、临床（GCP）、营销（GSP）、使用（GUP）等各个环节，使其安全性、有效性和质量可控性均得到充分保证。

为适应新时期药用植物资源保护与可持续利用，实现中医药产业现代化与国际化，必须开展广泛的国际交流与合作。应根据资源保护的客观现实，积极开展与世界各国尤其是发达国家的合作，引进现代科学技术和科学理念，借鉴别国有益的经验，加强我国资源与环境保护工作，保证药用植物资源的永续利用和长远发展。

第二节　杜鹃兰资源保护与可持续利用

由于生理障碍和传媒昆虫的缺乏，导致杜鹃兰在自然条件下难以结果（或结果很少），其繁殖方式主要依靠假鳞茎进行营养繁殖。作者多年研究发现，杜鹃兰新生假鳞茎对串联的其他假鳞茎有强烈的抑制作用，致使众多串联的假鳞茎中，每年均只有最新的一个假鳞茎出苗长成植株，由此植株再形成一个新的假鳞茎，而其他假鳞茎不能产生新植株和新假鳞茎；即使采用机械剪切根状茎的手段使串联的各假鳞茎分离得以出芽成苗，也因假鳞茎本身不定芽极少（1~2个）且不易产生丛生芽而难以提高繁殖系数，从而极大地限制了杜鹃兰的繁殖；加之杜鹃兰植株生长发育对环境的要求苛刻，使该物种逐渐趋于濒危的境地，已被列为国家二级重点保护野生植物。因此，开展杜鹃兰的资源保护工作已刻不容缓。

一、杜鹃兰资源保护

杜鹃兰资源保护可以采用就地保护、迁地保护、离体保护等有机结合的方式进行。

（一）就地保护

药用植物资源的就地保护（in situ conservation），是将药用植物资源及其生存的自然环境就地加以维护，从而达到保护药用植物资源的目的。杜鹃兰的就地保护可以使其在已适应的生长环境中得以迅速恢复和发展，其措施可以通过扩大并完善相关自然保护区和采用有效的生产性保护手段等措施。

自然保护区（nature reserve）是指对有代表性的自然生态系统、珍稀濒危野生动植物物种的天然集中分布区，以及有特殊意义的自然遗迹等保护对象所在的陆地、陆地水体或者海域等，依法划出一定面积予以特殊保护和管理，使该地区自然资源得以永久或较长时期保护的区域。自然保护区是保护、利用、改造自然综合体及其生态系统和自然资源的战略基地，可以就地保存植物和动物的种质资源，是药用物种的天然基因库，也是开展科学研究的实验基地。实践证明，建立自然保护区是保护自然环境和生物资源的最有效措施，也是保护珍稀濒危物种的最有效手段之一。杜鹃兰主要分布于中国，尤其以贵州相对较多，可以在梵净山国家级自然保护区、茂兰国家级自然保护区、雷公山国家级自然保护区、宽阔水国家级自然保护区、麻阳河国家级自然保护区、佛顶山国家级自然保护区等区域重点保护和开展科学研究。

采用有效的生产性保护手段保护杜鹃兰种质资源也有重要作用。有效的生产性保护手段主要有如下几个。

1. 抚育更新

抚育更新就是在杜鹃兰主要产地恢复和发展其资源，如各地普遍采用的封山育林、保护林药，在原适应地播种并控制其药材采挖等。就地抚育与保护区的主要区别在于它没有明显的保护区界，要求也没有保护区严格。其特点是：药用生物种类不脱离原有的适生地，资源自然更新和人工抚育相结合。

2. 合理采收

这种生产性保护手段表现在采收方法、采收季节和采收量三个方面。

（1）采收方法：药材的采收除获得药用部位（如杜鹃兰的假鳞茎）外，还应注意保证药材原植物的再生能力和资源的良性循环。目前最值得推广的是采用边挖边育、挖大留小、挖密留疏等采收方法。

（2）采收季节：避开药用植物的繁殖期，在药用部位主要活性成分积累到最高时，进行适时采收。根据杜鹃兰假鳞茎生物量与药效成分的动态变化关系，8 月至翌年 1 月为杜鹃兰药材（假鳞茎）的适宜采收期。

（3）采收量：根据药用生物资源的再生能力进行合理采收，合理采收量应控制在资源再生量之内，以保证药材常采常生，永续利用。若超负荷采收，资源得不到及时补充和恢复，则会导致资源减少，甚至消亡。由于杜鹃兰野生资源极其稀少，加之自然条件下主要依靠其假鳞茎繁殖，且繁殖系数很低，因此必须最大限度控制采挖野生资源。

（二）易地保护

易地保护（ex situ conservation）又称迁地保护，就是将珍稀濒危药用生物迁出其自然生长地，保存在保护区、植物园、种植园内，进行引种驯化研究。我国已建立了许多药用植物园，或在植物园内设立了专门的药用植物种质资源圃。变野生种类为家种种类，发展大规模的种植业，也是药用植物资源易地保护的重要途径之一，通过引种和野生转家种，既可扩大药用资源，缓解市场供求矛盾，又能起到保护野生资源的作用。20 年前，贵州大学张明生教授课题组就开始了杜鹃兰种质资源圃建设和相关基础研究工作，并与有关企业合作开展了杜鹃兰人工繁殖与仿野生种植技术试验示范。

（三）离体保护

离体保护（in vitro conservation），即充分利用现代生物技术保存药用植物的某一器官、组织、细胞或原生质体等，其目的主要是长期保留药用植物的种质基因，巩固和发展药用植物资源。其中，组织培养是最基本的技术。

组织培养（tissue culture）是采用植物某一器官、组织、细胞或原生质体，通过人工无菌离体培养，产生愈伤组织，诱导分化成完整植株或生产活性物质的一种生物技术。其基本原理是利用细胞的全能性（totipotency）；优点在于容易控制生长环境条件，且不受季节、区域的限制，便于大量繁殖药用植物甚至进行工业化生产，可以消除植株的病毒感染，培育无病毒植株等。

组织培养除了可以快速繁殖和生产药用成分外，还具有下述意义和用途。

（1）通过组织培养可实现植物种质资源的离体保存，防止其遗传资源枯竭并有效降低种质保存成本。

（2）用于有性生殖障碍物种的繁衍，或使原来不能进行无性繁殖的植物实现其无性繁殖。

（3）因其繁殖系数大、生产周期短，可加速引种与优良品种的推广进程，使一个新的栽培种能在短期内满足生产需要。

（4）用于繁殖和保存去除病原微生物的植物，从而达到复壮原种、提高产量和品质的效果。

（5）能繁殖在自然条件下无法用种子繁殖与维持的杂种一代，以及三倍体、多倍体植物。

（6）通过原生质体融合培育新品种或创制新物种，或通过对细胞进行诱变处理离体筛选突变体以培育对人类有用的新品种。

（7）通过胚培养取得在自然条件下易败育的杂种胚的愈伤组织或胚，然后进行大量繁殖。

（8）将组织细胞通过生物反应器生产次生代谢物，以满足人类对药物、染料、香料、食品等天然有机物的需要。

可见，组织培养在保护珍稀濒危药用植物资源上具有重要的意义和作用。

作者以带顶芽或不定芽的杜鹃兰假鳞茎切块为外植体进行组织培养，发现不同的培养基和植物生长物质附加杜鹃兰共生真菌提取物对其拟原球茎的诱导、增殖与分化全过程有着重要影响（张明生等，2005，2009），明确了杜鹃兰拟原球茎诱导和增殖的适宜培养基为：MS+2.0 mg·L^{-1} BA+0.5 mg·L^{-1} 2,4-D+30.0 g·L^{-1} 蔗糖+ 10.0 mg·L^{-1} 共生真菌提取物+ 0.5 g·L^{-1} PVP+8.0 g·L^{-1} 琼脂，pH 5.8；芽和根分化及试管苗生长的适宜培养基为：1/2MS+0.5 mg·L^{-1} NAA+0.5 mg·L^{-1} IBA+30.0 g·L^{-1} 蔗糖+10.0 mg·L^{-1} 共生真菌提取物+ 0.5 g·L^{-1} PVP+8.0 g·L^{-1} 琼脂，pH 5.8。上述培养条件均为：温度（25±1）℃，光照时间12 h·d^{-1}，光照强度 25.0 μmol·m^{-2}·s^{-1}。

二、杜鹃兰资源可持续利用

杜鹃兰为兰科杜鹃兰属的多年生药用草本植物，以干燥假鳞茎入药（药材称毛慈菇或山慈菇），为常用重要紧缺中药材，也是我国重要的出口药材，国际药材市场需求量大。20 年前仅上海华宇药业有限公司年需求量就达 100 t 之多，到目前为止，该药材几乎只能靠采挖野生资源，而自然储量极为稀少，作为主产区的贵州，每年最多也只能提供 1t 左右。2019 年毛慈菇的价格涨到 450 元一斤，2021 年鲜货 250 元一斤，干货卖到900 多元一斤。由于长期以来人们对该资源的掠夺式采挖，加之自身生殖机制的限制和阴湿的森林生境遭到破坏，其栖息地面积急剧缩小，造成分布片断化，野外分布地区和数量锐减，资源濒临灭绝。因此，切实加强对这一珍稀资源的保护与抚育，及时开展其野生变家种的人工种植工作十分迫切。

为实现杜鹃兰规模化人工种植，使之造福于人类，20 余年来，本课题组从野外生境考察（张明生，2006；张丽霞，2008）、资源收集保存（张明生，2006；张丽霞，2008）、形态结构（Zhang et al.，2010；高晓峰，2016）、生物学特性（张明生，2006；张丽霞，2008；Zhang et al.，2010）、生理生态适应性（张明生，2006；张丽霞，2008；Zhang et al.，2010）、生长发育（彭斯文，2010；Zhang et al.，2010；高晓峰等，2016；Lv et al.，2017，2018；吕享等，2018a；田莉，2020；田莉等，2021）、假鳞茎繁殖（高晓峰，2016；吕享，2018）、离体繁殖（张明生等，2005，2009；张明生，2006；吴彦秋等，2016，2017；叶睿华等，2018，刘思佳，2020；刘思佳等，2021）、人工授粉结实（张丽霞，2008；田海露等，2019）、种子共生与非共生萌发（Zhang et al.，2006；Zhang and Yang，2008；王汪中等，2017；彭思静等，2021；Gao et al.，2022a；高燕燕，2022）、设施种植（张丽霞，2008；吕享等，2018b）、药用成分（彭斯文等，2009；彭斯文，2010）等方面对杜鹃兰进行了系统研究，从基础到应用均取得了一系列成果，为杜鹃兰这一珍稀资源的可持续利用奠定了良好基础，同时也为研究解决其他珍稀兰科植物资源保护与可持续利用问题提供了科学借鉴。

（一）人工种植试验

以杜鹃兰假鳞茎为种栽进行盆栽试验，采用 L_9（3^4）正交设计，主要涉及种栽年龄、栽培基质、光照、肥料等关键因子（张丽霞，2008）。具体设计见表 8-1 和表 8-2。

表 8-1　正交试验设计 L_9（3^4）

试验因素	水平设置		
	1	2	3
种栽年龄（A）	一年生	二年生	三年生
基质种类（B）	腐殖土	田土	混合土
光照强度（C）	遮光 45%	遮光 95%	遮光 0%
肥料用量（D）	5 g·盆$^{-1}$	10 g·盆$^{-1}$	15 g·盆$^{-1}$

注：混合土为腐殖土与田土按 1∶1 混合。
光照：采用设置遮阳网的层数达到遮光 45%、遮光 95%，以不遮光为对照。
肥料：8-6-6 型氮磷钾泥炭复混肥。

表 8-2　正交试验方案

处理	因素及水平			
	A	B	C	D
1	$A_1B_1C_1D_1$	一年生	腐殖土	遮光 45%	5 g·盆$^{-1}$
2	$A_1B_2C_2D_2$	一年生	田土	遮光 95%	10 g·盆$^{-1}$
3	$A_1B_3C_3D_3$	一年生	混合土	遮光 0%	15 g·盆$^{-1}$
4	$A_2B_1C_2D_3$	二年生	腐殖土	遮光 95%	15 g·盆$^{-1}$
5	$A_2B_2C_3D_1$	二年生	田土	遮光 0%	5 g·盆$^{-1}$
6	$A_2B_3C_1D_2$	二年生	混合土	遮光 45%	10 g·盆$^{-1}$
7	$A_3B_1C_3D_2$	三年生	腐殖土	遮光 0%	10 g·盆$^{-1}$
8	$A_3B_2C_1D_3$	三年生	田土	遮光 45%	15 g·盆$^{-1}$
9	$A_3B_3C_2D_1$	三年生	混合土	遮光 95%	5 g·盆$^{-1}$

注：3 株·盆$^{-1}$，每个处理重复 3 次，整个正交试验重复 3 次。

不同处理的盆栽试验结果见表 8-3 和表 8-4，总体来看，光照是影响杜鹃兰营养器官生长的主要因素。

表 8-3 不同栽培处理对杜鹃兰营养生长相关指标的影响

处理	出苗日期	出苗率/%	叶长/cm	叶面积/cm²	根长/cm	根粗/mm	经济产量/(g·株⁻¹)
1	7月23日	82.22B	23.40F	41.01c	6.60b	1.26c	2.50b
2	7月29日	51.11D	37.15B	61.74a	10.10a	1.53b	3.22a
3	8月3日	34.33F	13.15G	14.93f	4.90b	1.05d	2.06b
4	7月23日	40.00E	28.5E	43.39c	9.20a	1.45b	3.35a
5	8月12日	33.33F	10.2H	13.13f	2.33c	1.06d	2.09b
6	7月25日	64.44C	31.5C	30.60d	5.37b	1.22c	2.30b
7	8月6日	35.56F	8.00I	18.98e	3.13c	1.07d	2.21b
8	7月15日	90.48A	29.6D	41.25b	6.10b	1.32c	2.31b
9	7月13日	91.11A	41.5A	45.11b	10.83a	1.83a	3.44a

注：表中大写字母表示差异极显著（$P<0.01$），小写字母表示差异显著（$P<0.05$）。下同。

表 8-4 杜鹃兰出苗率和形态指标极差分析表

指标	水平与极差	A（种栽年龄）	B（基质种类）	C（光照强度）	D（肥料用量）
出苗率	K_1	55.55	52.59	79.05	68.89
	K_2	45.92	58.31	60.74	50.37
	K_3	72.38	62.96	34.07	54.60
	R	26.46	10.37	44.97	18.52
叶长	K_1	24.57	19.97	28.17	25.03
	K_2	23.40	25.65	35.72	25.55
	K_3	26.37	28.72	10.45	23.75
	R	2.97	8.75	25.27	1.80
叶面积	K_1	33.46	33.46	38.28	32.42
	K_2	39.37	39.37	48.41	37.11
	K_3	29.55	29.55	15.68	32.86
	R	11.19	9.83	32.73	4.69
根长	K_1	7.20	6.31	6.02	6.59
	K_2	5.63	6.18	10.04	6.20
	K_3	6.69	7.03	3.46	6.73
	R	1.57	0.86	6.59	0.53
根粗	K_1	1.28	1.24	1.27	1.39
	K_2	1.25	1.31	1.61	1.27
	K_3	1.49	1.37	1.06	1.28
	R	0.16	0.13	0.55	0.11
生物量	K_1	2.59	2.76	2.34	2.68
	K_2	2.58	2.51	3.34	2.65
	K_3	2.69	2.60	2.19	2.54
	R	0.11	0.25	1.15	0.14

注：K 为各水平均值，R 为极差。

（1）假鳞茎出苗：45%和95%遮光处理的假鳞茎出苗时间均较不遮光处理（自然光下）早，且出苗率也比不遮光的高。不同因素对出苗率影响大小顺序为：光照强度>种栽年龄>肥料用量>基质种类。

（2）叶长变化：虽然不同处理间叶长变化的差异均达到极显著水平，但45%和95%

遮光处理的叶长显著长于不遮光者。不同处理条件下叶长的变化如图8-1所示。不同因素对叶长影响大小顺序为：光照强度>基质种类>种栽年龄>肥料用量。

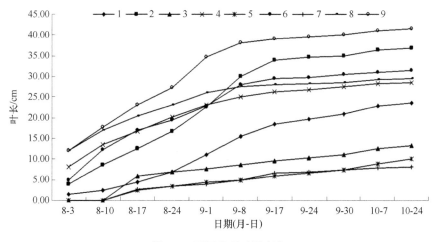

图8-1　不同处理叶长变化

（3）叶面积变化：95%遮光处理的叶面积均较大，但叶片较窄（叶片呈细长形）。遮光45%的次之，不遮光的叶面积最小。不同因素对叶面积影响大小顺序为：光照强度>种栽年龄>基质种类>肥料用量。

（4）根的变化：95%遮光处理的根长和根粗均最大，45%遮光处理的次之，不遮光的最小。不同因素对根长和根粗的影响大小顺序均为：光照强度>种栽年龄>基质种类>肥料用量。

（5）经济产量变化：杜鹃兰的药用部位为假鳞茎，假鳞茎产量（经济产量）是其经济性状的集中表现，也是杜鹃兰栽培的最终目标。95%遮光处理的经济产量最大，45%遮光处理的次之，不遮光的最小。不同因素对经济产量影响大小顺序为：光照强度>基质种类>肥料用量>种栽年龄。

（二）规模化生产

1. 种苗繁育

目前，生产上杜鹃兰的种苗繁育方式主要采用种子与真菌直播共生育苗。其主要技术流程如下所述。

（1）菌种培养：将筛选得到的促进杜鹃兰种子萌发的共生真菌（萌发菌）接种培养并制作成生产菌种，其流程为：拌料→装瓶（袋）→灭菌→接种→培养；培养基为：青冈、板栗等阔叶树木屑和杂木屑77.5%（1 cm×1 cm×0.3 cm的阔叶树木屑与粒径0.2～0.5 cm的杂木屑按质量比2∶1混匀）、麸皮15%、玉米粉5%、葡萄糖1%、石膏粉1%、磷酸二氢钾0.3%、硫酸镁0.2%。接种时，要用接菌钩适度推压菌种块，使其与培养基紧密接触，以利菌丝萌发生长，接种后需竖立放置培养并防止振动。经25 d左右培养，萌发菌的菌丝长满全部培养基时，即可用于生产（称"生产菌种"，亦可置于4℃条件下保存半年）。

（2）直播萌发：①于林下整理苗床，或在田地搭建遮阳网起高垄做成苗床（苗床标准：宽 1～1.2 m、高 20～25 cm，要求土质疏松、土粒细匀、有机质丰富、排灌设施良好）；②在苗床基部铺一层菌材（菌材制备：于秋末至春初砍伐直径 10 cm 左右的壳斗科、桦木科、蔷薇科等不含芳香油脂的树种，锯成长 20 cm 的小段并将每段劈成 2～4 块，直径 5 cm 以上的树枝亦可）；③在菌材上面撒一层 2 cm 厚的菌料（菌料制备：搜集上一年或当年早春掉落于林中的壳斗科等阔叶树种的枯黄树叶和干枯细碎树枝，适当粉碎后混匀，经蒸汽灭菌后备用）；④拌种与撒种（操作方法：于早春气温回升后，掰开杜鹃兰蒴果果荚暴露种子，将种子与生产菌种拌匀后，均匀撒播在苗床的菌料上，再覆盖 1 cm 厚的菌料和 0.5 cm 厚的林下腐殖土，最后均匀洒水，覆盖薄层枯叶保温保湿）；⑤日常管理（播种后的苗床必须经常保持一定湿度，2～3 个月后种子共生萌发长出原球茎，俗称"龙蛋"，4～5 个月后出苗，10 个月后种苗即可移栽）（图 8-2）。

图 8-2　杜鹃兰种子与真菌直播共生出苗情况

2. 仿野生种植

（1）林地选择：杜鹃兰性喜冷凉阴湿，适生于海拔 1500 m 左右、透光率 20% 左右、年均温度 15℃ 左右、年降水量 1100 mm 以上、中性偏酸的腐殖质深厚的林下坡地。

（2）种植方法：在不破坏森林植被的前提下，充分利用林下空地，秋末栽种。收集林下腐殖质，于林地间隙开穴并放入腐殖质，将从苗床挖取并带有菌料的杜鹃兰种苗或一、二年生假鳞茎栽入穴中，压实，随即浇水。生长过程中，根据需要适当浇水、除草，不需要过于精细。

3. 采收加工

（1）采收：杜鹃兰种植 2～3 年后即可采收。于夏、秋两季挖起假鳞茎，除去地上部分、须根及泥沙。直径 1 mm 以上的假鳞茎作为药材；小的假鳞茎可用于栽种，随挖随栽。选生长 3 年以上的植株留种，籽粒较为饱满。

（2）加工：流水洗净假鳞茎，按大小分开置沸水锅中蒸煮至透心，晾至半干后，再晒干或烘干。

（3）炮制：流水洗净假鳞茎，水浸 1 h，润透，切 2 mm 厚薄片，晒干或烘干。

参 考 文 献

陈藏器. 2002. 本草拾遗(再版) [M]. 合肥: 安徽科学技术出版社

陈德媛, 胡成刚, 陈远光, 等. 1998. 杜鹃兰引种栽培观察[J]. 中国林副特产, 45(2): 5

陈谦海, 陈心启. 2003. 贵州兰科新资料[J]. 植物分类学报, 41(3): 263-266

陈谦海. 2004. 贵州植物志 (第十卷·种子植物) [M]. 贵阳: 贵州科技出版社

陈心启, 吉占和, 罗毅波. 1999. 中国野生兰科植物彩色图鉴[M]. 北京: 科学出版社

陈秀芳, 王坤范. 1995. 桃果实发育中褐变因子变化规律的研究[J]. 园艺学报, (3): 230-234

陈志英, 李水福, 张芝英. 2001. 山慈菇的真伪优劣检定[J]. 中草药, 32(7): 653, 4

范若莉, 张庆伟. 1991. 紫金锭的临床应用[J]. 中成药, 13(11): 22-23

干国平, 刘焱文, 段木盛. 2005. 山慈菇伪品山兰的显微鉴别[J]. 中药材, 28(8): 657-658

高晓峰, 吕享, 吴彦秋, 等. 2016. 杜鹃兰假鳞茎发育中内源激素的含量变化[J]. 山地农业生物学报, 35(2): 34-39

高晓峰. 2016. 杜鹃兰新老假鳞茎的结构和生理差异研究[D]. 贵阳: 贵州大学硕士学位论文

高燕燕. 2022. 杜鹃兰种子及其促萌发真菌互作机制研究[D]. 贵阳: 贵州大学博士学位论文

郭东贵, 王寒, 朱晓鹤, 等. 2009. 山慈姑体外抑菌活性的初步研究[J]. 时珍国医国药, 20(3): 594-595

郭立恒, 周欢萍. 1999. 浅谈山慈姑经验鉴别[J]. 时珍国医国药, 10(11): 838

郭巧生. 2007. 药用植物资源学[M]. 北京: 高等教育出版社

郭顺星, 徐锦堂. 1990. 真菌在兰科植物种子萌发生长中的作用及相互关系[J]. 植物学通报, 7(1): 13-17

国家药典委员会. 2020. 中华人民共和国药典 (2020 年版, 一部) [M]. 北京: 中国医药科技出版社

胡熙明. 1999. 中华本草[M]. 上海: 上海科学技术出版社

黄越燕, 余廷华, 黄桂林. 2002. 山慈菇复方制剂对再生障碍性贫血小鼠的药效学[J]. 中国医院药学杂志, 22(8): 469-471

鞠志国, 朱广廉, 曹宗巽. 1988. 莱阳茌梨果实褐变与多酚氧化酶及酚类物质区域化分布的关系[J]. 植物生理学报, (4): 356-361

赖应辉, 吴锦忠. 1997. 金线莲中无机元素及糖类的分析[J]. 中药材, 20(2): 84-85

李经纬, 余瀛鳌, 蔡景峰, 等. 1998. 中医大辞典[M]. 北京: 人民卫生出版社

李经纬, 余瀛鳌, 欧永欣. 1995. 中医大辞典[M]. 北京: 人民卫生出版社

李琴华. 2002. 山慈菇本草考证[J]. 浙江中西医结合杂志, 12(2): 122-123

李时珍. 1959. 本草纲目[M]. 北京: 人民卫生出版社

李时珍. 1977. 本草纲目. 刘衡如校[M]. 北京: 人民卫生出版社

李恩威. 1958. 山慈姑散治乳房炎[J]. 江苏中医, (8): 37

梁颖. 2009. 山慈菇与白及的鉴别[J]. 海峡药学, 21(2): 64-65

刘苗, 杜森山, 王海南, 等. 2009. 山慈菇及其伪品的蛋白质电泳鉴别[J]. 中药材, 32(5): 698-699

刘思佳, 高燕燕, 杨宁线, 等. 2021. 杜鹃兰丛生芽诱导发生的适宜条件[J]. 分子植物育种, 19(9): 3022-3028

刘思佳. 2020. 杜鹃兰丛生芽的诱导研究[D]. 贵阳: 贵州大学硕士学位论文

罗晓芳, 田砚亭, 姚洪军. 1999. 组织培养过程中 PPO 活性和总酚含量的研究[J]. 北京林业大学学报, (1): 98-101

吕侠卿. 1995. 中药鉴别真传[M]. 长沙: 湖南科学技术出版社

吕享, 李小兰, 阙云飞, 等. 2018a. 杜鹃兰侧芽萌发及其相关基因表达分析[J]. 植物生理学报, 54(9):

1467-1474

吕享, 叶睿华, 田海露, 等. 2018b. 生长素介导细胞分裂素(玉米素)调控杜鹃兰侧芽萌发[J]. 农业生物技术学报, 26(11): 1872-1879

吕享. 2018. 杜鹃兰假鳞茎串"分枝"发育机制研究[D]. 贵阳: 贵州大学博士学位论文

牛佳佳. 2009. 牡丹愈伤组织继代培养的研究[D]. 郑州: 河南农业大学硕士学位论文

潘恒勤. 2000. 3 种商品山慈菇的比较鉴别[J]. 江苏药学与临床研究, 8(1): 35-36

彭思静. 2021. 杜鹃兰种子萌发中细胞及其物质变化研究[D]. 贵阳: 贵州大学硕士学位论文

彭思静, 高燕燕, 杨宁线, 等. 2021. 杜鹃兰种子非共生萌发中的形态结构变化[J]. 种子, 40(12): 1-8

彭斯文, 张明生, 王玉芳. 2009. 杜鹃兰生物碱组织化学定位初步研究[J]. 世界科学技术——中医药现代化, 11(5): 728-730

彭斯文. 2010. 杜鹃兰的结构发育与生物碱积累相关性研究[D]. 贵阳: 贵州大学硕士学位论文

任玮, 杨韧, 张永新, 等. 2021. 中国中部太白山不同海拔杜鹃兰根部内生真菌多样性[J]. 菌物学报, 40(2): 1-16

沈连生. 2000. 彩色图解中药学[M]. 北京: 华夏出版社

唐慎微. 2002. 大观本草(再版) [M]. 合肥: 安徽科学技术出版社

田海露. 2019. 杜鹃兰授粉方法和胚胎学研究[D]. 贵阳: 贵州大学硕士学位论文

田海露, 高燕燕, 田莉, 等. 2019. 人工授粉对杜鹃兰结实率及果实生长的影响[J]. 江西农业大学学报, 41(4): 683-690

田莉. 2020. 生长素与细胞分裂素配比不同对杜鹃兰种子胚发育的影响[D]. 贵阳: 贵州大学硕士学位论文

田莉, 高燕燕, 杨宁线, 等. 2021. 植物生长调节剂对杜鹃兰种胚发育的影响[J]. 分子植物育种, 19(9): 3090-3095

屠伯言, 徐正福, 吴圣农, 等. 1980. 复方山慈菇治疗肝硬化的临床疗效观察[J]. 江苏中医杂志, 1(3): 33-34

王珏, 李水福, 朱筱芬. 2002. 山慈菇与其伪品山兰的生药学鉴定[J]. 中国药业, 11(8): 64-65

王汪中, 张明生, 吕享, 等. 2017. 杜鹃兰种子萌发适宜培养基的筛选[J]. 北方园艺, (11): 157-161

王汪中. 2017. 杜鹃兰种子萌发障碍原因及其破除方法研究[D]. 贵阳: 贵州大学硕士学位论文

吴顺俭. 2001. 山慈菇同名异物解惑[J]. 北京中医, (1): 36

吴彦秋, 吕享, 李小兰, 等. 2016. 杜鹃兰原球茎增殖培养条件[J]. 北方园艺, (19): 124-128

吴彦秋, 叶睿华, 吕享, 等. 2017. 秋水仙素诱导杜鹃兰原球茎产生多倍体[J]. 植物生理学报, 53(3): 407-412

吴彦秋. 2017. 兰科几种珍稀药用植物的丛生芽诱导研究[D]. 贵阳: 贵州大学硕士学位论文

吴仪洛. 1990. 本草从新(点校本) [M]. 北京: 人民卫生出版社

武广恒, 刘冰, 陆培信, 等. 1998. 山慈菇拮抗环磷酰胺诱发体细胞遗传损伤的实验研究[J]. 长春中医学院学报, 14(2): 56

夏文斌, 薛震, 李帅, 等. 2005. 杜鹃兰化学成分及肿瘤细胞毒活性研究[J]. 中国中药杂志, 30(23): 1827-1830

谢宗万. 1996. 全国中草药汇编[M]. 北京: 人民卫生出版社

谢宗万. 2004. 汉拉英对照中药材正名词典[M]. 北京: 北京科学技术出版社

徐步青, 崔永一, 郭岑, 等. 2012. 不同光照强度和培养时间下铁皮石斛类原球茎生物量、多糖和生物碱量的动态变化[J]. 中草药, 43(2): 355-359

徐志辉, 蒋宏, 叶德平, 等. 2010. 云南野生兰花[M]. 昆明: 云南科技出版社

薛震, 李帅, 王素娟, 等. 2005. 山慈菇 Cremastra appendiculata 化学成分[J]. 中国中药杂志, 30(7): 511-513

晏本菊, 李焕秀. 1998. 梨外植体褐变与多酚氧化酶及酚类物质的关系[J]. 四川农业大学学报, (3): 24-27

杨涤清, 朱燮桴. 1984. 十二种国产兰科植物的染色体数目[J]. 植物分类学报, 22(3): 252-255

叶睿华, 吕享, 李小兰, 等. 2018. 五种抗褐化剂对杜鹃兰原球茎增殖培养的作用效果[J]. 植物生理学报, 54(6): 1103-1110

叶睿华. 2018. 杜鹃兰组织培养中褐变成分及其影响因素研究[D]. 贵阳: 贵州大学硕士学位论文

尹其昌, 吴志利. 2009. 中药山慈菇饮片质量标准的研究[J]. 中外健康文摘, 6(9): 197-199

曾旭, 杨建文, 凌鸿, 等. 2018. 石斛小菇促进天麻种子萌发的转录组研究[J]. 菌物学报, 37(1): 52-63

曾志坚, 梁慧明, 钟颖. 2005. 市售山慈菇的一种混淆品[J]. 广东药学, 15(4): 6-7

张华海. 2000. 贵州野生珍贵植物资源[M]. 北京: 中国林业出版社

张华海. 2010. 贵州野生兰科植物地理分布研究[J]. 贵州科学, 28(1): 47-56

张集慧, 王春兰, 郭顺星, 等. 1999. 兰科药用植物的5种内生真菌产生的植物激素[J]. 中国医学科学院学报, 21(6): 460-465

张金超, 申勇, 朱国元, 等. 2007a. 杜鹃兰 Cremastra appendiculata 化学成分研究[J]. 河北大学学报(自然科学版), 27(3): 262-264, 303

张金超, 申勇, 朱国元, 等. 2007b. 杜鹃兰的化学成分研究[J]. 中草药, 38(8): 1161-1162

张丽霞. 2008. 杜鹃兰重要生理特性和生态适应性研究[D]. 贵阳: 贵州大学硕士学位论文

张明生, 彭斯文, 杨小蕊, 等. 2009. 杜鹃兰人工种子技术研究[J]. 中国中药杂志, 34(15): 1894-1897

张明生, 戚金亮, 刘志, 等. 2005. 药用兰科植物杜鹃兰的组织培养与快速繁殖[J]. 种子, 24(8): 82

张明生. 2006. 植物抗旱生理机制及快繁生物技术研究[D]. 南京: 南京大学博士学位论文

张希太, 宁书祥, 刘淑云. 2004. 脱毒甘薯人工种子研究[J]. 中国种业, (4): 29-30

张燕, 何晖, 吴国良. 2010. 核桃组织培养中外植体褐变多酚氧化酶活性的控制[J]. 安徽农业科学, 20: 10553-10556

赵伶俐, 葛红, 范崇辉, 等. 2006. 蝴蝶兰组培中 pH 和温度对外植体褐化的影响[J]. 园艺学报, 6: 1373-1376

郑宏钧, 詹亚华. 2001. 现代中药材鉴别手册[M]. 北京: 中国医药科技出版社

周李刚. 2001. 山慈菇与混淆品的区别[J]. 浙江中医学院学报, 25(6): 63

朱国胜. 2009. 贵州特色药用兰科植物杜鹃兰和独蒜兰共生真菌研究与应用[D]. 武汉: 华中农业大学博士学位论文

遊川, 知久. 1999. Cremastra aphylla (Orchidaceae), a new mycoparasitic species from Japan [J]. Yukawa Annales of the Tsukuba Botanical Garden, 12(18): 59-63

Bangerth F. 1994. Response of cytokinin concentration in the xylem exudate of bean (Phaseolus vulgaris L.) plants to decapitation and auxin treatment, and relationship to apical dominance [J]. Planta, 194: 439-442

Booker J, Chatfield S, Leyser O. 2003. Auxin acts in xylem-associated or medullary cells to mediate apical dominance [J]. Plant Cell, 15(2): 495-507

Brossi A. 1990. Results of recent investigations with colchicine and physostigmine[J]. Journal of Medicinal Chemistry, 33(9): 2311-2326

Chase M W, Cameron K M, Freudenstein J V, et al. 2015. An updated classification of Orchidaceae [J]. Botanical Journal of the Linnean Society, 177: 151-174

Christenhusz M J M, Byng J W. 2016. The number of known plants species in the world and its annual increase [J]. Phytotaxa, 261(3): 201-217

Chung M Y, Chung M G. 2003. The breeding systems of Cremastra appendiculata and Cymbidium goeringii: high levels of annual fruit failure in two self-compatible orchids [J]. Annales Botanici Fennici, 40(2): 81-85

Curtis J T. 1939. The relation of specificity of orchid mycorrhizal fungi to the problem of symbiosis [J]. American Journal of Botany, 26: 390-399.

Duan C, Li X, Gao D, et al. 2004. Studies on regulations of endogenous ABA and GA$_3$ in sweet cherry fower buds ondormancy [J]. Acta Horticulturae Sinica, 31: 149-154

Fochi V, Chitarra W, Kohler A, et al. 2017. Fungal and plant gene expression in the *Tulasnella calospora-Serapias vomeracea* symbiosis provides clues about nitrogen pathways in orchid mycorrhizas [J]. New Phytologist, 213(1): 365-379

Gao J, Zhang T, Xu B X, et al. 2018. CRISPR/Cas9-mediated mutagenesis of *Carotenoid Cleavage Dioxygenase 8* (*CCD8*) in tobacco affects shoot and root architecture [J]. International Journal of Molecular Sciences, 19(4): 1062-1081

Gao X F, Lv X, Li X L, et al. 2016. The correlation between pseudobulb morphogenesis and main biochemical components of *Cremastra appendiculata* (D. Don) Makino [J]. African Journal of Plant Science, 10(5): 89-96

Gao Y Y, Ji J, Zhang Y J, et al. 2022b. Biochemical and transcriptomic analyses of the symbiotic interaction between *Cremastra appendiculata* and the mycorrhizal fungus *Coprinellus disseminatus* [J]. BMC Plant Biology, 22: 15

Gao Y Y, Peng S J, Hang Y, et al. 2022a. Mycorrhizal fungus *Coprinellus disseminatus* influences seed germination of the terrestrial orchid *Cremastra appendiculata* (D. Don) Makino [J]. Scientia Horticulturae, 293: 110724

González-Grandío E, Pajoro A, Franco-Zorrilla J M, et al. 2016. Abscisic acid signaling is controlled by a *BRANCHED1/HD-ZIP I* cascade in *Arabidopsis* axillary buds [J]. Proceedings of the National Academy of Science USA, 114(2): 245-254

He Y, Guo X L, Lu R, et al. 2009. Changes in morphology and biochemical indices in browning callus derived from *Jatropha curcas* hypocotyls [J], Plant Cell Tissue Organ Culture, 98: 11-17

Holalu S V, Finlayson S A. 2017. The ratio of red light to far red light alters *Arabidopsis* axillary bud growth and abscisic acid signalling before stem auxin changes [J]. Journal of Experimental Botany, 68(5): 943-952

Horvath D P, Anderson J V, Chao W S, et al. 2003. Knowing when to grow: signals regulating bud dormancy [J]. Trends in Plant Science, 8(11): 534-540

Hu G W, Long C L, Motley T J. 2013. *Cremastra malipoensis* (Orchidaceae), a new species from Yunnan, China [J]. Systematic Botany, 38(1): 64-68

Hynson N A, Schiebold J M, Gebauer G. 2016. Plant family identity distinguishes patterns of carbon and nitrogen stable isotope abundance and nitrogen concentration in mycoheterotrophic plants associated with ectomycorrhizal fungi [J]. Annals of Botany, 118(3): 467-479

Ikeda Y, Nonaka H, Furumai T, et al. 2005. Cremastrine, a pyrrolizidine alkaloid from *Cremastra appendiculata*[J]. Journal of Natural Products, 68: 572-573

Kuga Y, Sakamoto N, Yurimoto H. 2014. Stable isotope cellular imaging reveals that both live and degenerating fungal pelotons transfer carbon and nitrogen to orchid protocorms [J]. New Phytologist, 202(2): 594-605

Leake J R. 2004. Myco-heterotroph/epiparasitic plant interactions with ectomycorrhizal and arbuscular mycorrhizal fungi [J]. Current Opinion in Plant Biology, 7(4): 422-428

Li H. 1996. A report on four cases of liver carcinoma treated by topical adhesive method[J]. Journal of Traditional Chinese Medicine, 16: 243-246

Lv X, Zhang M S, Li X L, et al. 2018. Transcriptome profiles reveal the crucial roles of auxin and cytokinin in the "shoot branching" of *Cremastra appendiculata* [J]. International Journal of Molecular Sciences, 19: 33-54

Lv X, Zhang M S, Wu Y Q, et al. 2017. The roles of auxin in regulating "shoot branching" of *Cremastra appendiculata* [J]. Journal of Plant Growth Regulation, (36): 281-289

Mason M G, Ross J J, Babst B A, et al. 2014. Sugar demand, not auxin, is the initial regulator of apical dominance [J]. Proceedings of the National Academy of Science USA, 111(16): 6092-6097

McKendrick S L, Leake J R, Taylor D L, et al. 2002. Symbiotic germination and development of the myco-heterotrophic orchid *Neottia nidus-avis* in nature and its requirement for locally distributed *Sebacina* spp. [J]. New Phytologist, 154: 233-247

Mehra S, Morrison P D, Coates F, et al. 2017. Differences in carbon source utilisation by orchid mycorrhizal fungi from common and endangered species of *Caladenia* (Orchidaceae) [J]. Mycorrhiza, 27(2): 95-108

Mornya P M P, Cheng F. 2013. Seasonal changes in endogenous hormone and sugar contents during bud dormancy in tree peony[J]. Journal of Applied Horticulture, 15: 159-165

Murashige T. 1978. The impact of plant tissue culture on agriculture [M]. Canada: University of Calgary Alberta, The International Association for Plant Tissue Culture

Ni J, Gao C, Chen M, et al. 2015. Gibberellin promotes shoot branching in the perennial woody plant *Jatropha curcas* [J]. Plant Cell Physiology, 56(8): 1655-1666

Nordström A, Tarkowski P, Tarkowska D, et al. 2004. Auxin regulation of cytokinin biosynthesis in *Arabidopsis thaliana*: a factor of potential importance for auxin-cytokinin-regulated development [J]. Processsdings of the National Academy of Science USA, 101(21): 8039-8044

Padamsee M, Matheny P B, Dentinger B T M, et al. 2008. The mushroom family Psathyrellaceae: evidence for large-scale polyphyly of the genus *Psathyrella* [J]. Molecular Phylogenetics and Evolution, 46(2): 415-429

Prasad T K, Li X, Abdel-Rahman A M, et al. 1993. Does auxin play a role in the release of apical dominance by shoot inversion in ipomoea nil? [J]. Annals of Botany, 71(3): 223-229

Rameau C, Bertheloot J, Leduc N, et al. 2015. Multiple pathways regulate shoot branching [J]. Frontiers in Plant Science, 5: 741

Saltiest M E. 2000. Wound induced changes in phenolic metabolism and tissue browning are altered by heat shock [J]. Postharvest Biology and Technology, 21(1): 61-69

Shim J S, Kim J H, Lee J Y, et al. 2004. Anti-angiogenic activity of a homoisoflavanone from *Cremastra appendiculata*[J]. Planta Medica, 70(2): 171-173

Smith S E. 1966. Physiology and ecology of orchid mycorrhizal fungi with reference to seedling nutrition [J]. Orchid Mycorrhizal Fungi, 65: 488-499

Stöckel M, Téšitelová T, Jersáková J, et al. 2014. Carbon and nitrogen gain during the growth of orchid seedlings in nature [J]. New Phytologist, 202(2): 606-615

Suetsugu K, Haraguchi T F, Tayasu I. 2022. Novel mycorrhizal cheating in a green orchid: *Cremastra appendiculata* depends on carbon from deadwood through fungal associations [J]. The New Phytologist, 235(1): 333-343

Sutherland E W, Robison G A. 1966. The role of cyclic-3', 5'-AMP in responses to catecholamines and other hormones [J]. Pharmacological Reviews, 18(1): 145-161

Tanaka M, Takei K, Kojima M, et al. 2006. Auxin controls local cytokinin biosynthesis in the nodal stem in apical dominance [J]. The Plant Journal, 45(6): 1028-1036

Thimann K V, Skoog F. 1933. Studies on the growth hormone of plants. III. The inhibitory action of the growth substance on bud development [J]. Proceedings of the National Academy of Science USA, 19(7): 714-716

Vašutová M, Antonín V, Urban A. 2008. Phylogenetic studies in Psathyrella focusing on sections Pennatae and Spadiceae–new evidence for the paraphyly of the genus [J]. Mycological Research, 112(10): 1153-1164

Vigneron T. 1997. Cryopreservation of gametophytes of *Laminaria digitata* L. Lamouroux by encapsulation dehydration [J]. Cryo-Letter, 18 (2): 93-98

Wang Q, Kohlen W, Rossmann S, et al. 2014. Auxin depletion from the leaf axil conditions competence for axillary meristem formation in *Arabidopsis* and tomato [J]. The Plant Cell, 26(5): 2068-2079

Yagame T, Funabiki E, Nagasawa E, et al. 2013. Identification and symbiotic ability of Psathyrellaceae fungi isolated from a photosynthetic orchid, *Cremastra appendiculata* (Orchidaceae) [J]. American Journal of Botany, 100(9): 1823-1830

Yagame T, Funabiki E, Yukawa T, et al. 2018. Identification of mycobionts in an achlorophyllous orchid, *Cremastra aphylla* (Orchidaceae), based on molecular analysis and basidioma morphology [J]. Mycoscience, 59(1): 18-23

Yang J N, Thames S, Best N B, et al. 2018. Brassinosteroids modulate meristem fate and differentiation of unique inflorescence morphology in *Setaria viridis* [J]. The Plant Cell, 30(1): 48-66

Yao C, Finlayson S A. 2015. Abscisic acid is a general negative regulator of *Arabidopsis* axillary bud growth[J]. Plant Physiology, 169(1): 611-626

Zhang M S, Peng S W, Wang W. 2010. Macro research on growth and development of *Cremastra appendiculata* (D. Don.) Makino (Orchidaceae) [J]. Journal of Medicinal Plants Research, 4(18): 1837-1842

Zhang M S, Wu S J, Jie X J, et al. 2006. Effect of endophyte extract on micropropagation of *Cremastra appendiculata* (D. Don.) Makino (Orchidaceae) [J]. Propagation of Ornamental Plants, 6 (2): 83-89

Zhang M S, Yang Y H. 2008. Endophyte extracts in the improvement of *Cremastra appendiculata* (D. Don.) Makino (Orchidaceae) in vitro tissue culture and micropropagation [J]. Floriculture, Ornamental and Plant Biotechnology, 5: 433-437

Zheng C L, Halaly T, Acheampong A K, et al. 2015. Abscisic acid (ABA) regulates grape bud dormancy, and dormancy release stimuli may act through modification of ABA metabolism[J]. Journal of Experimental Botany, 66(5): 1527-1542